工事担任者

2024年版

第1級デジタル通信

実戦問題

電気通信工事担任者の会 監修

リックテレコム

はしがき

　電気通信事業法第71条により、電気通信役務の利用者は、端末設備等を電気通信事業者の電気通信設備に接続するときは、工事担任者に、その工事担任者資格者証の種類に応じ、これに係る工事を行わせ、または実地に監督させなければならないとされています。

　工事担任者資格には、第1級アナログ通信、第2級アナログ通信、第1級デジタル通信、第2級デジタル通信、総合通信の5つの種別があります。本書は、「第1級デジタル通信」の資格取得を目指す受験者のための書籍です。

　「第1級デジタル通信」の試験は、毎年2回（通常、5月と11月）実施される定期試験となっています。最新の試験（令和5年度第2回）は2023年11月26日（日）に行われました。本書では、この最新試験を含めて過去5回分の問題を掲載しています。

　本書は、工事担任者資格を目指す方々に、これをもとにどのような学習をすればよいか、特に何が重点かを理解していただくことを目的として解説し、解答例を付して編集したものです。

　なお、本書の内容に関しては、電気通信工事担任者の会に監修のご協力をいただきました。

　本書の活用により、工事担任者資格の取得を目指す方々が一人でも多く合格し、新しい時代の担い手として活躍されることを願ってやみません。

編者しるす

【読者特典について】

模擬試験問題および解説・解答（PDFファイル）を無料でダウンロード頂けます。
ダウンロード方法等につきましては、本書の76頁をご参照ください。

工事担任者について

1. 工事担任者とは

　工事担任者国家資格は、電気通信事業者が設置する電気通信回線設備に利用者の端末設備または自営電気通信設備を接続するための工事を行い、または監督する者に必要な資格です。電気通信サービスの利用者は、サービスを提供する電気通信事業者の電気通信回線設備に端末設備または自営電気通信設備を接続するときは、総務大臣から工事担任者資格者証の交付を受けている者にその工事を行わせ、または実地に監督させなければなりません。「工事担任者」とは、この工事担任者資格者証の交付を受けている者をいいます。

　工事担任者資格者証の種類は、端末設備等を接続する電気通信回線の種類や端末設備等の規模などに応じて、表1に示す5種類が規定されています。

　工事担任者資格者証は、工事担任者試験に合格した者、総務省令で定める基準に適合していると総務大臣が認定した養成課程を修了した者、これらの者と同等以上の知識および技能を有すると総務大臣が認定した者に交付されます。

表1　資格者証の種類と工事の範囲

資格者証の種類	工事の範囲	
	総務省令の規定	工事の例
第1級アナログ通信	アナログ伝送路設備(アナログ信号を入出力とする電気通信回線設備をいう。以下同じ。)に端末設備等を接続するための工事および総合デジタル通信用設備に端末設備等を接続するための工事	PBX、ボタン電話装置、I-1500DSUの取付けおよび構内・オフィス配線
第2級アナログ通信	アナログ伝送路設備に端末設備を接続するための工事(端末設備に収容される電気通信回線の数が1のものに限る。)および総合デジタル通信用設備に端末設備を接続するための工事(総合デジタル通信回線の数が基本インタフェースで1のものに限る。)	一般電話機、ホームテレホン、I-64DSUの取付けおよび宅内配線
第1級デジタル通信	デジタル伝送路設備(デジタル信号を入出力とする電気通信回線設備をいう。以下同じ。)に端末設備等を接続するための工事。ただし、総合デジタル通信用設備に端末設備等を接続するための工事を除く。	ルータ、SIPゲートウェイ、IP－PBXの取付けおよび構内・オフィス配線
第2級デジタル通信	デジタル伝送路設備に端末設備等を接続するための工事(接続点におけるデジタル信号の入出力速度が毎秒1ギガビット以下であって、主としてインターネットに接続するための回線に係るものに限る。)。ただし、総合デジタル通信用設備に端末設備等を接続するための工事を除く。	家庭向けONU、ブロードバンドルータの取付けおよび宅内配線
総合通信	アナログ伝送路設備またはデジタル伝送路設備に端末設備等を接続するための工事	すべての接続工事

2. 工事担任者試験について

工事担任者試験は、電気通信事業法第73条に基づく国家試験であり、一般財団法人日本データ通信協会が試験事務を実施しています。

2.1 試験実施の公示

試験は毎年少なくとも1回は行われることが総務省令（工事担任者規則第12条）で定められています。試験は、実施方法により、「定期試験」と「CBT方式の試験」に分かれます。定期試験は、マークシート方式の筆記により行われる試験で、受験者があらかじめ公示された日時（通常は5月と11月）に各試験地に集合し、全国一斉に行います。また、CBT方式の試験はコンピュータを操作して解答する試験で、通年で行われ、受験者はテストセンターの空き状況を確認し、その中から都合の良い日時を選択して受験することができます。

第1級デジタル通信の試験は、現在、定期試験により行われています。試験の実施日、試験地、申請の手続方法・受付期間等は、一般財団法人日本データ通信協会電気通信国家試験センターのホームページ（https://www.dekyo.or.jp/shiken/）により公示されます。

2024（令和6）年度における定期試験の概要は、以下のようになります。

●2024年度試験概要

試験手数料　　8,700円（全科目免除の場合は5,600円）

実施試験種別　第1級アナログ通信、第2級アナログ通信※、第1級デジタル通信、第2級デジタル通信※、総合通信

　　　　　　　※第2級アナログ通信および第2級デジタル通信の試験は、原則としてCBT方式で行われる。ただし、身体に障害があるなどの事情によりCBT方式を受けられない場合に限り、定期試験での受験が可能になる。

第1回試験日　2024年5月19日（日）

第2回試験日　2024年11月24日（日）

試験実施地　　札幌、青森、仙台、さいたま、東京、横浜、長野（第1回のみ）、新潟（第2回のみ）、金沢、名古屋、大阪、広島、高松、福岡、鹿児島、那覇。近郊都市を含む。

試験申請方法　原則としてインターネットによる申請のみ。

試験申請期間　次表のとおり。

試験回	試験申請受付期間	試験手数料払込期限
第1回（2024年5月19日）	2024年2月1日（木）から2月21日（水）まで	試験申請後3日以内
第2回（2024年11月24日）	2024年8月1日（木）から8月21日（水）まで	試験申請後3日以内

（注1）申請受付時間は、試験申請受付期間内の終日（0：00～23：59）です。
（注2）実務経歴による科目免除申請の有無にかかわらず、試験申請受付期間は同一です。
（注3）全科目免除申請の場合も、試験手数料払込期限は申請後3日以内となります。

2.2 試験申請

　試験申請の手続は、インターネットにより行います。申請に要する各種手数料は、申請者が負担します。

●申請手続の流れ

　本書は第1級デジタル通信の受験対策書なので、ここでは定期試験の申請手続についてのみ記述し、CBT方式の試験については割愛します。

① 　電気通信国家試験センターのホームページにアクセスする。

② 　「電気通信の工事担任者」のボタン(「詳しくはこちら」と書かれた右側の円)を選び、工事担任者試験の案内サイトにアクセスする。

③ 　「工事担任者定期試験」のメニューから「試験申請」を選び、定期試験申請サイトにアクセスする。

④ 　マイページにログインする。マイページを作成したことがない場合は、指示に従ってマイページアカウントを登録し、所定の情報を設定する。1つのアカウントでCBT試験、定期試験、全科目免除の各申請が行えるので、以降は、試験の種別や方法等にかかわらずこのアカウントを使用する。

⑤ 　マイページ上で指示に従い試験を申し込む。顔写真ファイルをアップロードする必要があるので、事前に用意しておく。顔写真は、申請者本人のみがはっきり写っているもので、申込前6か月以内に撮影、白枠なし、無帽、正面、上三分身、無背景、JPEG形式(容量2Mバイト以下)などの要件を満たしたものとする。また、科目免除申請では免除根拠書類の提出が必要になることがある。免除根拠書類は、経歴証明書はワード、エクセル等で作成してPDF形式で保存したものまたはスキャナーで読み込んでPDF化したものを用意し、認定学校の修了証明書および電気通信工事施工管理技術検定の合格証明書はスキャナーで読み込んでPDF化(文字等が鮮明ならJPEGファイルも可)しておく。なお、既に所有している資格者証と同等または下位の資格種別の申込みはできない。

⑥ 　所定の払込期限まで(試験申込みから3日以内)に、試験手数料をPay-easy(ペイジー)または指定されたコンビニエンスストアで払い込む。また、団体受験の場合は、事前にホームページで購入したバウチャー(受験チケット)での払込みが可能である。

2.3 受験票

　定期試験では、受験票が試験実施日の2週間前までに発行され、マイページに掲載されます。受験票に記載された、試験種別、試験科目、試験日時および試験会場を確認したら、A4用紙に印刷(できるだけカラーで)し、黒色または青色のボールペンまたは万年筆で氏名および生年月日を記入して、試験当日には必ず携行してください。受験票がないと、試験会場に入場することができません。

2.4 試験時間

　試験時間は、1科目につき原則として40分相当の時間が与えられます。3科目受験なら試験時間は120分、2科目受験なら80分となります。なお、総合通信の「端末設備の接続のための技術及び理論」科目のみ80分の時間が与えられ、たとえば総合通信を3科目で受験する場合の試験時間は160分にな

ります。

　試験時間内なら、各科目への時間配分は受験者が自由に決めることができます。たとえば、3科目受験で120分の試験時間が与えられている場合、「電気通信技術の基礎」科目に100分の時間を費やし、残りの20分を「端末設備の接続のための技術及び理論」と「端末設備の接続に関する法規」に充てることも可能です。

2.5 試験上の注意

　試験場では、受験票に記載されている事項および以下の注意事項を必ず守るようにしてください。なお、ここに列挙するのは、従来型のマークシート方式の試験の場合の注意事項です。CBT形式の試験では、各テストセンターの係員の指示に従ってください。

① 受験票を必ず携行し、試験室には受験票に印字されている集合時刻までに入ること。

② 受験番号で指定された座席に着席し、受験票を机上に置くこと。受験票は係員の指示に従って提出すること。

③ 試験開始までに携帯電話、スマートフォンなどの電源は必ず切り、鞄などに収納すること。

④ 鉛筆、シャープペンシル、消しゴム、アナログ式時計(液晶表示のあるものは認めない)、以外の物は机の上に置かないこと。

⑤ 試験はマークシート方式で実施されるので、筆記具には、鉛筆またはシャープペンシル、プラスチック消しゴムを使用すること。ボールペンや万年筆で記入した答案は機械で読み取ることができないので採点されない。

⑥ 不正行為が発見された場合または係員の指示に従わない場合は退室を命じられ、この場合は採点から除外され、受験が無効になる。

⑦ 試験問題の内容についての質問は一切受け付けられない。試験問題またはマークシートの印刷が不鮮明な場合には、挙手して係員に申し出ること。

⑧ 試験室から退室する場合は、係員の指示によりマークシートを提出すること。

2.6 合格基準

　合否判定は科目ごとに行い、100点満点で60点以上(配点は各問題の末尾に記載されています)であればその科目は合格です。ただし、3科目の得点の合計が6割に達していたとしても、60点に満たない科目は不合格になるので、ご注意ください。

　なお、科目合格は合格の日の翌月の初めから3年以内に行われる試験で有効であり、申請によりその科目の受験は免除されます。

2.7 結果の通知

　定期試験の試験結果(合否)は、試験の3週間後にマイページで確認することができます。郵送等による通知はされないので、ご注意ください。

3．資格者証の交付申請

　試験に合格したら、合格の日から3か月以内に資格者証の交付申請を行います。合格の日および交付申請書の提出先（総務省の地方総合通信局または沖縄総合通信事務所）は、マイページの試験結果通知に記載されています。この際、たとえば既にAI第1種または第1級アナログ通信の資格者証の交付を受けていて、今回は第1級デジタル通信の試験に合格した場合などには、資格の組み合せにより総合通信の資格者証の交付申請をすることも可能です。

　なお、既に資格者証の交付を受けている場合および今回合格した種別に代えて資格の組み合わせにより総合通信の交付申請をした場合、それと同一または下位の種別については、交付申請書類を提出しても資格者証の交付を受けることはできません。これらの対応関係を表2に示します。

表2　既に交付を受けている資格者証と新たに交付申請が可能な資格者証の対応関係

交付申請 できる資格者証 ＼ 既に交付を受けている 資格者証	総合通信 （AI・DD 総合種）	第1級 アナログ 通信 （AI第1種）	AI第2種	第2級 アナログ 通信 （AI第3種）	第1級 デジタル 通信 （DD第1種）	DD 第2種	第2級 デジタル 通信 （DD第3種）
総合通信	×	◯	◯	◯	◯	◯	◯
第1級アナログ通信	×	×	◯	◯	◯	◯	◯
第2級アナログ通信	×	×	×	×	◯	◯	◯
第1級デジタル通信	×	◯	◯	◯	×	◯	◯
第2級デジタル通信	×	◯	◯	◯	×	×	×

（◯：交付申請可、×：交付申請不可）

目　次

1　電気通信技術の基礎（基礎科目）————————11

　　出題分析と対策の指針　　・・・・・・・・・・・・・・・・・・・・・・　12

　　1．電気回路　　・・・・・・・・・・・・・・・・・・・・・・　14

　　2．電子回路　　・・・・・・・・・・・・・・・・・・・・・・　28

　　3．論理回路　　・・・・・・・・・・・・・・・・・・・・・・　40

　　4．伝送理論　　・・・・・・・・・・・・・・・・・・・・・・　52

　　5．伝送技術　　・・・・・・・・・・・・・・・・・・・・・・　64

2　端末設備の接続のための技術及び理論（技術・理論科目）——　77

　　出題分析と対策の指針　　・・・・・・・・・・・・・・・・・・・・・・　78

　　1．端末設備の技術　　・・・・・・・・・・・・・・・・・・・・・・　80

　　2．ネットワークの技術　　・・・・・・・・・・・・・・・・・・・・・・　92

　　3．情報セキュリティの技術　・・・・・・・・・・・・・・・・・・・・　104

　　4．接続工事の技術（Ⅰ）　　・・・・・・・・・・・・・・・・・・・・・・　116

　　5．接続工事の技術（Ⅱ）及び施工管理・・・・・・・・・・・・・・・・・・　130

3　端末設備の接続に関する法規（法規科目）————————　147

　　出題分析と対策の指針　　・・・・・・・・・・・・・・・・・・・・・・　148

　　1．電気通信事業法　　・・・・・・・・・・・・・・・・・・・・・・　150

　　2．工担者規則、認定等規則、有線電気通信法　・・・・・・・・・・　162

　　3．端末設備等規則（Ⅰ）　　・・・・・・・・・・・・・・・・・・・・・・　178

　　4．端末設備等規則（Ⅱ）　　・・・・・・・・・・・・・・・・・・・・・・　190

　　5．有線電気通信設備令、
　　　不正アクセス禁止法、電子署名法・・・・・・・・・・・・・・・・・・　202

電気通信技術の基礎

1 …… 電気回路

2 …… 電子回路

3 …… 論理回路

4 …… 伝送理論

5 …… 伝送技術

基礎

技術・理論

法規

電気通信技術の基礎

出題分析と対策の指針

第1級デジタル通信における「基礎科目」は、第1問から第5問まであり、各問の配点は20点である。それぞれのテーマ、解答数、概要は以下のとおりである。

●第1問　電気回路

解答数は4で、配点は解答1つにつき5点となっている。出題項目としては、次のようなものがある。
- 直流回路(抵抗回路、コンデンサのみの回路)の計算
- 交流回路(抵抗、コイル、コンデンサからなる直列・並列のもの)の計算
- 電気磁気現象(静電気、電磁気、その他)
- 正弦波交流(波形、電力など)

計算問題は、基本的解法や公式、考え方をマスターすれば確実な得点源となる。

●第2問　電子回路

解答数は5で、配点は解答1つにつき4点となっている。出題項目としては、次のようなものがある。
- 原子の構造など
- 半導体(真性、p形、n形)の性質
- 各種半導体素子の種類、動作、特性など

問題のバリエーションはそれほど多くはないので、既出問題にあたっておけば、かなり得点できると思われる。

●第3問　論理回路

解答数は4で、配点は解答1つにつき5点となっている。出題項目としては、次のようなものがある。
- 2進数、16進数の計算(加算、乗算)
- ベン図を使った論理和、論理積の表し方
- 入・出力レベルによる未知の論理素子の推定
- フリップフロップ回路(NANDゲート、NORゲート)
- ブール代数の公式等を用いた論理式の変形

論理回路の計算は、一度コツを掴めば最も手堅い得点源になる。各論理素子の真理値表が書けるようにするとよい。

●第4問　伝送理論

解答数は4で、配点は解答1つにつき5点となっている。出題項目としては、次のようなものがある。
- 線路の伝送量と伝送損失
- 漏話減衰量の計算
- 一様線路の性質
- ケーブル(平衡対、同軸)の伝送特性
- 通信品質の劣化要因(誘導作用、ひずみ、反射)
- 信号電力

毎回、目新しい問題はみられないので、取りこぼしのないよう、既出問題をしっかり解けるようにしておくとよい。

●第5問　伝送技術

解答数は5で、配点は解答1つにつき4点となっている。出題項目としては、次のようなものがある。
- 変調方式(アナログ、デジタル)
- 多元接続方式、多重アクセス制御方式
- PCM伝送方式
- フィルタ
- デジタル伝送(伝送品質劣化要因、符号誤り評価尺度、誤り訂正方式)
- 光ファイバ通信(変調方法、中継器、波形劣化要因)

新傾向の問題が最も出題されやすい分野である。

●出題分析表

次の表は、第1級デジタル通信の試験における3年分の出題実績を示したものである。問題の傾向をみるうえで参考になるので是非活用していただきたい。

表　「電気通信技術の基礎」科目の出題分析

出題項目		出題実績						学習のポイント
		23秋	23春	22秋	22春	21秋	21春	
第1問	抵抗回路	○	○	○	○	○	○	合成抵抗、オームの法則、キルヒホッフの法則
	コンデンサの回路							合成静電容量
	直列交流回路				○			合成インピーダンス、共振周波数
	並列交流回路	○	○	○		○	○	
	静電気				○		○	電荷、静電容量、静電誘導、平行板コンデンサ、容量性リアクタンス
	電磁気	○			○			磁界、磁束、磁束密度、磁気エネルギー、電磁誘導、レンズの法則、誘導性リアクタンス
	電気現象その他		○	○				過渡現象、時定数、抵抗率、導電率
	正弦波交流	○	○			○	○	実効値、位相差、力率、無効率

表 「電気通信技術の基礎」科目の出題分析（続き）

出題項目		出題実績						学習のポイント
		23秋	23春	22秋	22春	21秋	21春	
第2問	原子の構造など	○			○			共有結合、価電子、エネルギー帯
	半導体の性質			○		○	○	p形半導体、n形半導体、拡散現象、ドリフト現象
	トランジスタの回路	○	○	○	○	○	○	バイアス回路、増幅回路、電流増幅率
	ダイオードの回路							波形整形回路、クリッパ、リミッタ、スライサ
	半導体回路素子		○		○			ツェナーダイオード、可変容量ダイオード
	光半導体素子	○					○	フォトダイオード、フォトトランジスタ
	電界効果トランジスタ				○	○		ユニポーラ形、電圧制御形
	半導体集積回路	○		○				DRAM、マスクROM、EPROM、ASIC
	トランジスタ増幅回路の特性	○	○	○	○	○	○	ベース接地、エミッタ接地、静特性、電流増幅率
第3問	2進数、16進数の計算	○	○	○	○	○	○	2進数、16進数、加算、乗算
	ベン図	○	○	○	○	○	○	論理積、論理和
	未知の論理素子の推定			○				論理素子
	フリップフロップ回路	○	○		○	○	○	NANDゲート、NORゲート
	論理式の変形	○	○	○	○	○	○	ブール代数の公式
第4問	線路の伝送量と伝送損失		○	○	○	○	○	伝送損失、増幅器の利得、減衰器、変成器
	漏話減衰量の計算	○						遠端漏話減衰量、増幅器の利得
	一様線路の性質						○	一次定数、減衰定数
	ケーブルの伝送特性	○	○	○	○	○		平衡対ケーブル、同軸ケーブル
	電力線からの誘導作用		○			○		電磁誘導電圧、静電誘導電圧
	ひずみ							非直線ひずみ、減衰ひずみ
	線路の接続点における反射	○		○	○	○	○	電圧反射係数、電流反射係数、変成器の巻線比
	信号電力	○	○	○	○		○	デシベル、相対レベル、絶対レベル、SN比
第5問	アナログ変調方式							AM、FM、PM
	デジタル変調方式	○	○	○	○	○		ASK、FSK、BPSK、QPSK、QAM
	多重伝送方式				○			CWDM、DWDM
	多元接続方式など			○				CDMA、FDMA、TDMA、SDMA、CSMA
	PCM伝送方式	○	○					量子化、標本化、遮断周波数、量子化雑音
	フィルタ			○	○		○	アナログフィルタ、デジタルフィルタ、低域通過フィルタ
	デジタル信号の伝送	○	○	○	○			周波数帯域幅、符号間干渉、ジッタ、雑音指数
	デジタル伝送路の評価尺度	○				○	○	BER、%ES、%SES、%DM
	デジタル通信の誤り訂正方式			○				FEC
	光の変調方法		○			○	○	ポッケルス効果、光カー効果
	光ファイバ伝送路の中継器				○	○	○	再生中継器、線形中継器、光ファイバ増幅器
	光信号波形の劣化要因	○				○	○	レイリー散乱、モード分散、波長分散

（凡例）「出題実績」欄の○印は、当該項目がいつ出題されたかを示しています。
　　　 23秋：2023年秋(11月)試験に出題　　23春：2023年春(5月)試験に出題
　　　 22秋：2022年秋(11月)試験に出題　　22春：2022年春(5月)試験に出題
　　　 21秋：2021年秋(11月)試験に出題　　21春：2021年春(5月)試験に出題

基礎

基礎 1 電気回路

直流回路

●オームの法則

電気回路に流れる電流Iは、回路に加えた電圧Vに比例し、抵抗Rに反比例する。これを**オームの法則**という。

$$I = \frac{V}{R} \text{〔A〕} \quad \text{または} \quad V = IR \text{〔V〕}, \ R = \frac{V}{I} \text{〔Ω〕}$$

●合成抵抗

2つの抵抗(R_1、R_2)を直列接続したときの合成抵抗をR_S、並列接続したときの合成抵抗をR_Pとすれば、

$$R_S = R_1 + R_2 \qquad R_P = \frac{R_1 \cdot R_2}{R_1 + R_2}$$

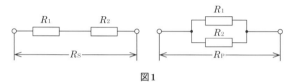

図1

●キルヒホッフの法則

・**第一法則**…回路網の任意の分岐点に流入する電流の和は、流出する電流の和に等しい。

・**第二法則**…回路網内の任意の閉回路について、一定の方向で計算した起電力の和は、それと同方向に計算した電圧降下の和に等しい。

例として、図2の回路において閉回路①と②にキルヒホッフの法則を適用すると、E点について第一法則により、

$$I_1 + I_2 + I_3 = 0$$

①の閉回路について第二法則を適用。

$$E_1 - E_2 = R_1 I_1 - R_2 I_2$$

②の閉回路について第二法則を適用。

$$E_2 = R_2 I_2 - R_3 I_3$$

以上の3つの式より、I_1、I_2、I_3を求めることができる。

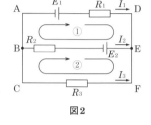

図2

●電力と電力量

抵抗に流れる電流をI、抵抗の両端の電圧をV、抵抗で消費する電力をP〔W〕とすれば、

$$P = VI = I^2 R = \frac{V^2}{R} \text{〔W〕}$$

また、電力と時間t〔秒〕の積を**電力量**という。

電力量　　$W = Pt$〔J；ジュール〕

なお、実用上は、時間の単位として〔h〕(時間)を用い、ワット時〔Wh〕、キロワット時〔kWh〕と表す。

静電容量とコンデンサ

●静電容量と電荷

コンデンサに蓄えられる電荷をQ〔C：クーロン〕、2つの電極間の電位差をE〔V〕とすれば、静電容量Cは、

$$C = \frac{Q}{E} \text{〔F：ファラド〕}$$

●平行板コンデンサの静電容量

極板の面積S〔m²〕、極板間の距離d〔m〕、2つの極板間の誘電体の誘電率をε、真空中の誘電率をε_0、比誘電率をε_Sとすれば、静電容量Cは、

$$C = \varepsilon \frac{S}{d} = \varepsilon_0 \varepsilon_S \frac{S}{d} \text{〔F〕}$$

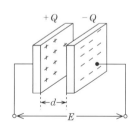

図3

●コンデンサに蓄えられるエネルギー

コンデンサの極板間の電位差をE〔V〕、蓄えられた電荷をQ〔C〕とすれば、静電エネルギーU〔J〕は、

$$U = \frac{1}{2}QE = \frac{1}{2}CE^2 \text{〔J〕}$$

●合成静電容量

2つのコンデンサ(C_1、C_2)を並列接続したときの合成静電容量をC_P、および直列接続したときの合成静電容量をC_Sとすれば、

$$C_P = C_1 + C_2 \qquad C_S = \frac{C_1 \cdot C_2}{C_1 + C_2}$$

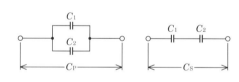

図4

●コンデンサの過渡現象

・**過渡現象**…回路の定数を変化させると回路内の電流や電圧が変化し、落ち着いた状態(定常状態)になるまでに時間がかかる。この現象を過渡現象という。図5のようにCおよびRの値が大きいほど定常状態に達するまでの時間が長くなる。なお、次式のτ(タウ)を**時定数**という。

$$\tau = C \cdot R \text{〔秒〕}$$

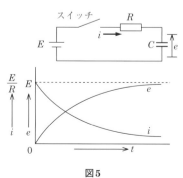

図5

磁界と磁気回路

●磁界と右ねじの法則

磁気力が働く空間を**磁界**という。直線状の導体に電流を流すと、電流に垂直な平面内に、電流を中心とする磁界が同心円状にできる。右ねじを締めつけるときのねじの進む方向に電流が流れているとすると、磁界の方向はその回転方向になる。これを**アンペアの右ねじの法則**という。磁界の強さはH〔A/m〕で表される。

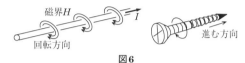

図6

●磁力線、磁束、透磁率

磁力線は磁石の外部をN極を出てS極に入ると考える。単位面積当たりの磁束の数は**磁束密度**B〔T：テスラ：Wb/m^2〕を用いて表す。また、$B = \mu H$であり、μは物質の磁束の通りやすさを表す比例定数である。**比透磁率**μ_sは、真空の透磁率μ_0との比をとったものであり、$\mu_s = \mu / \mu_0$となる。

●磁気回路

鉄心にコイルをN回巻き、電流I〔A〕を流すと鉄心の中に$N \times I$に比例した磁束が発生する。これを**起磁力**$F = NI$〔A：アンペア〕という。鉄心は磁気の通路（磁路）と考えられ、磁束はほとんど鉄心の中を通って閉回路を作っており、これを**磁気回路**という。

鉄心の一部に隙間があると磁束が通りにくくなり、磁気抵抗(R_m)となる。これらの関係を電気回路のオームの法則に当てはめて**磁気回路のオームの法則**という。

$$\Phi \text{(磁束〔Wb〕)} = \frac{NI \text{(起磁力〔A〕)}}{R_m \text{(磁気抵抗〔A / Wb〕)}} = \frac{\mu NIS}{\ell}$$

$$\therefore \quad R_m = \frac{\ell}{\mu S}$$

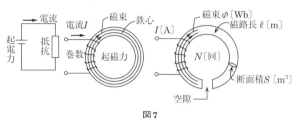

図7

●磁化曲線

磁化力Hと磁束密度Bの関係をグラフに描き、原点0からHを次第に増加していくと飽和点（図中のa点）に到達する。

次にHを負の方向に下げていくとb点を経てc点で再び飽和する。

このような環状の経路を**ヒステリシスループ**という。図8の0～fおよび0～cの磁化力の大きさを**保磁力**、0～bおよび0～eの大きさを**残留磁気**という。

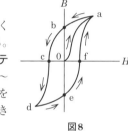

図8

電磁誘導

●電磁誘導

磁束中にある導体を移動させ磁束を横切ると、誘導起電力が発生する。この現象を**電磁誘導**という。

●レンツの法則

コイル中に磁極を出し入れするとコイルに誘導起電力が発生する。発生する電流の方向は、コイルによって発生する磁束の変化を妨げる方向となる。

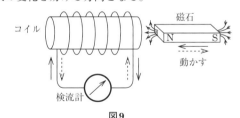

図9

●ファラデーの電磁誘導の法則

巻数nのコイルの磁束がΔt〔秒〕間に$\Delta \phi$〔Wb〕変化したとするとコイルに発生する起電力eは次式のようになる。

$$e = n \times \frac{\Delta \phi}{\Delta t} \text{〔V〕}$$

●自己インダクタンス

コイルに流れる電流がΔt〔秒〕間にΔI〔A〕変化したとき、**自己誘導**によって起電力(e)が生じる。これを逆起電力といい、その大きさは、定数Lに比例する。このLを自己インダクタンス〔H：ヘンリー〕という。

$$e = -L \times \frac{\Delta I}{\Delta t} \text{〔V〕}$$

●相互インダクタンス

A、Bの2つのコイルを接近して置き、コイルAの電流を変化させるとコイルBに誘導起電力が発生する。この現象を**相互誘導**といい、誘導起電力の方向はコイルAの電流の変化を妨げる方向となり、誘導起電力(e)の大きさは、比例定数M（相互インダクタンス〔H〕）により決まる。

$$e = -M \times \frac{\Delta I}{\Delta t} \text{〔V〕}$$

図10

●電流と導体に作用する力

・フレミング左手の法則

磁界に導線を置き、電流を流すと電流は磁界から力を受ける。左手の親指、人差し指、中指を直角に開き、人差し指を磁界の方向、中指を電流の方向とすれば、力が作用する方向は左手の親指が指す方向となる。

・フレミング右手の法則

導線が磁力線を横切るように移動すると、導線に誘導電流が流れる。右手の親指、人差し指、中指を直角に開き、人差し指を磁力線の方向、親指を導線が動く方向とすると、電流が流れる方向は中指が指す方向となる。

交流の波形

●正弦波交流の性質

電流の最大値をI_m、電圧の最大値をE_mとすると、

$$実効値 = \frac{1}{\sqrt{2}}I_m \fallingdotseq 0.707I_m \,[A] \quad または \quad 0.707E_m \,[V]$$

$$平均値 = \frac{2}{\pi}I_m \fallingdotseq 0.637I_m \,[A] \quad または \quad 0.637E_m \,[V]$$

●ひずみ波交流の性質

・**ひずみ波**…正弦波以外の波形をひずみ波といい、基本波と、その2倍、3倍、…、n倍の周波数を含んだ波とに分解できる。このn倍の波を高調波という。

・**波形のひずみ**…ひずみの度合いを表す指数として波高率、波形率を用いる。正弦波なら右辺の値となる。

$$波高率 = \frac{最大値}{実効値} = \sqrt{2} \fallingdotseq 1.414$$

$$波形率 = \frac{実効値}{平均値} = \frac{\pi}{2\sqrt{2}} \fallingdotseq 1.11$$

交流回路

●交流回路の抵抗要素

交流回路において電流を妨げる抵抗要素には、抵抗R、インダクタンスL、コンデンサCがある。

・**誘導性リアクタンス**…インダクタンスLが交流電流を妨げる抵抗は、Lだけでなく周波数fに比例する。この抵抗力を誘導性リアクタンスX_Lといい、次のようになる。

$$X_L = \omega L = 2\pi f L \,[\Omega]$$

このとき、X_Lは交流抵抗を示すだけでなく、加えられた電圧に比べ、電流の位相を$\frac{\pi}{2}$遅らせる作用がある。

・**容量性リアクタンス**…コンデンサCが交流電流を妨げる抵抗は、Cおよび周波数fに反比例する。この抵抗を容量性リアクタンスX_Cといい、次のようになる。

$$X_C = \frac{1}{\omega C} = \frac{1}{2\pi f C} \,[\Omega]$$

このとき、X_Cは交流抵抗を示すだけでなく、加えられた電圧に比べ、電流の位相を$\frac{\pi}{2}$進ませる作用がある。

・**インピーダンス**…R、L、Cの複数の要素でできた交流回路全体が、電流の流れを妨げる抵抗をインピーダンスZ〔Ω〕という。このうちX_LとX_Cは、図11に示すように逆位相であるから、相殺されリアクタンスXとなる。

インピーダンスZは、抵抗軸上のRとリアクタンス軸上のXとからなる直角三角形の斜辺の長さで表され、次のようになる。

$$X_L = \omega L, \quad X_C = \frac{1}{\omega C}$$
$$X = X_L - X_C$$
$$Z = \sqrt{R^2 + (X_L - X_C)^2}$$

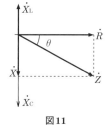

図11

交流回路の計算

●RLCの直列回路

・**RL直列回路**…抵抗Rと、インダクタンスLの直列回路において、R、Lの各両端の電圧V_R、V_Lは、

$$V_R = RI、V_Rの位相はIと同相。$$

$$V_L = X_L I、V_Lの位相はIより\frac{\pi}{2}進む。$$

回路全体の電圧Vと電流Iの関係は次のようになる。

$$V = IZ = I\sqrt{R^2 + X_L^2}$$

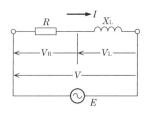

図12

・**RC直列回路**…抵抗Rと、コンデンサCの直列回路において、R、Cの各両端の電圧V_R、V_Cは、

$$V_R = RI、V_Rの位相はIと同相。$$

$$V_C = X_C I、V_Cの位相はIより\frac{\pi}{2}遅れる。$$

回路全体の電圧Vと電流Iの関係は次のようになる。

$$V = IZ = I\sqrt{R^2 + X_C^2}$$

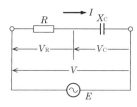
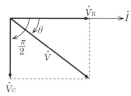

図13

・**RLC直列回路**…R、L、Cの各両端の電圧をV_R、V_L、V_Cとすると、回路全体の電圧Vと電流Iの関係は次のようになる。

$$V = IZ = I\sqrt{R^2 + (X_L - X_C)^2}$$

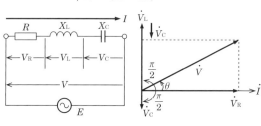

図14

基礎

●*RLC*の並列回路

・**RL並列回路**…RとLの並列回路では、RとLにかかる電圧Vは一定（どちらも同じ）であるから、Vを基準にとると、RおよびLに流れる各電流I_R、I_Lは図15のようになる。

$$I_R = \frac{V}{R}、I_R\text{の位相は}V\text{と同相。}$$

$$I_L = \frac{V}{X_L}、I_L\text{の位相は}V\text{より}\frac{\pi}{2}\text{遅れる。}$$

したがって、回路全体の電流Iは次のようになる。

$$I = \sqrt{I_R{}^2 + I_L{}^2} = \sqrt{\left(\frac{1}{R}\right)^2 + \left(\frac{1}{X_L}\right)^2} \cdot V$$

よって、回路の合成インピーダンスZは、

$$Z = \frac{V}{I} = \frac{1}{\sqrt{\left(\frac{1}{R}\right)^2 + \left(\frac{1}{X_L}\right)^2}}$$

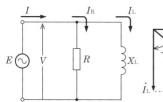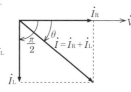

図15

・**RC並列回路**…電圧Vを基準にとると、RおよびCに流れる各電流I_R、I_Cは図16のようになる。

$$I_R = \frac{V}{R}、I_R\text{の位相は}V\text{と同相。}$$

$$I_C = \frac{V}{X_C}、I_C\text{の位相は}V\text{より}\frac{\pi}{2}\text{進む。}$$

したがって回路全体の電流Iは次のようになる。

$$I = \sqrt{I_R{}^2 + I_C{}^2} = \sqrt{\left(\frac{1}{R}\right)^2 + \left(\frac{1}{X_C}\right)^2} \cdot V$$

よって、回路の合成インピーダンスZは、

$$Z = \frac{V}{I} = \frac{1}{\sqrt{\left(\frac{1}{R}\right)^2 + \left(\frac{1}{X_C}\right)^2}}$$

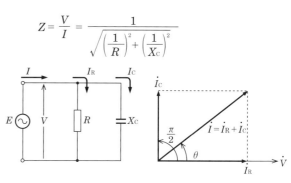

図16

・**RLC並列回路**…電圧Vを基準とすると、R、LおよびCに流れる各電流I_R、I_L、I_Cは図17のようになる。

$$I_R = \frac{V}{R}、I_R\text{の位相は}V\text{と同位相。}$$

$$I_L = \frac{V}{X_L}、I_L\text{の位相は}V\text{より}\frac{\pi}{2}\text{遅れる。}$$

$$I_C = \frac{V}{X_C}、I_C\text{の位相は}V\text{より}\frac{\pi}{2}\text{進む。}$$

I_LとI_Cは逆位相となり、互いに打ち消し合うから、

$$I = \sqrt{I_R{}^2 + (I_L - I_C)^2} = \sqrt{\left(\frac{1}{R}\right)^2 + \left(\frac{1}{X_L} - \frac{1}{X_C}\right)^2} \cdot V$$

よって回路の合成インピーダンスZは、

$$Z = \frac{V}{I} = \frac{1}{\sqrt{\left(\frac{1}{R}\right)^2 + \left(\frac{1}{X_L} - \frac{1}{X_C}\right)^2}}$$

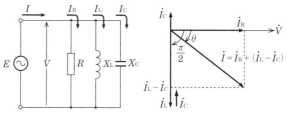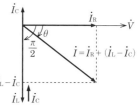

図17

1

電気回路

交流電力

●有効電力・無効電力・皮相電力

交流をコイルやコンデンサの回路に加えると電圧と電流との間に位相差が生ずる。この電力には、実際に仕事をする**有効電力**と、負荷で消費されない**無効電力**とがある。

図18のように電圧に対して電流が遅れている場合を例にとると、電圧Vと同方向成分の電流$I\cos\theta$を有効電流といい、この電流のみが有効に仕事をする。

これに対して垂直な成分の電流$I\sin\theta$は電力が消費されないので無効電流という。また、電圧の実効値Vと電流の実効値Iの積を**皮相電力**という。

これらの電力をベクトルの関係で表すと、図19に示すようになる。

　　　皮相電力$S = V \cdot I$〔V・A；ボルトアンペア〕

　　　有効電力$P = V \cdot I\cos\theta$〔W；ワット〕

　　　無効電力$Q = V \cdot I\sin\theta$〔var；バール〕

●力率

交流の電力は、電圧の実効値と電流の実効値の積だけでなく、電圧と電流の位相差が関係する。有効電力Pの式の$\cos\theta$は、電圧と電流の積のうちで、電力として消費される割合を示している。これを**力率**といい、その位相差θを力率角という。

$$\text{力率：}\cos\theta = \frac{P}{V \cdot I} = \frac{P}{S}$$

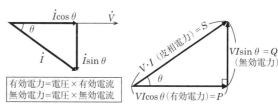

有効電力＝電圧×有効電流
無効電力＝電圧×無効電流

図18　　　　　　　図19

次の各文章の 内に、それぞれの[　]の解答群の中から最も適したものを選び、その番号を記せ。 (小計20点)

(1) 図1に示す回路において、抵抗R_4に流れる電流は、 (ア) アンペアである。ただし、電池の内部抵抗は無視するものとする。 (5点)

[① 4　② 6　③ 8　④ 10　⑤ 12]

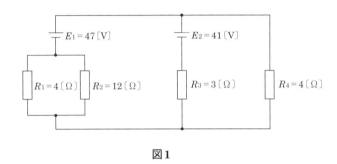

図1

(2) 図2に示す回路の皮相電力は、 (イ) ボルトアンペアである。 (5点)

[① 450　② 600　③ 750　④ 900　⑤ 1,050]

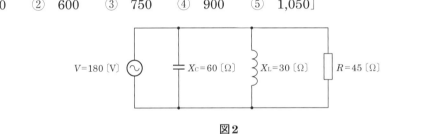

図2

(3) コイルを貫く磁束が変化したとき、電磁誘導によってコイルに生ずる (ウ) は、これによって生ずる電流の作る磁場が、与えられた磁束の変化を妨げるような向きに発生する。これは、レンツの法則といわれる。 (5点)

[① 起電力　② 電磁力　③ 保持力　④ 起磁力　⑤ 磁化力]

(4) 正弦波交流電流の流れる回路における力率は、 (エ) を皮相電力で除することで求められる。 (5点)

[① 実効電流　② 無効電力　③ 最大電力　④ 実効電圧　⑤ 有効電力]

解 説

(1) 図1の回路は、R_1とR_2の2つの抵抗が並列に接続された部分の合成抵抗をR_{12}として、図3のように書き替えることができる。ここで、R_{12}の抵抗値〔Ω〕は、

$$R_{12} = \frac{R_1 \times R_2}{R_1 + R_2} = \frac{4 \times 12}{4 + 12} = \frac{48}{16} = 3\,〔Ω〕$$

となる。また、図3において、抵抗R_4を含む2つの閉回路を流れる電流I_1〔A〕、I_2〔A〕を仮定し、R_4に流れる電流をI〔A〕とすると、キルヒホッフの法則により、次の連立方程式が成り立つ。

$$\begin{cases} I = I_1 + I_2 & \cdots\cdots\cdots\text{ⓐ} \\ E_1 = R_{12}I_1 + R_4 I & \cdots\cdots\text{ⓑ} \\ E_2 = R_3 I_2 + R_4 I & \cdots\cdots\text{ⓒ} \end{cases}$$

ここで、$E_1 = 47$〔V〕、$E_2 = 41$〔V〕、$R_{12} = 3$〔Ω〕、$R_3 = 3$〔Ω〕、$R_4 = 4$〔Ω〕だから、ⓑ式およびⓒ式はそれぞれⓑ'式、ⓒ'式のようになる。

$$\begin{cases} 47 = 3I_1 + 4I & \cdots\cdots\text{ⓑ'} \\ 41 = 3I_2 + 4I & \cdots\cdots\text{ⓒ'} \end{cases}$$

さらに、ⓑ' + ⓒ'を計算すると、

$$\begin{array}{r} 47 = 3I_1 + 4I \\ +\,)\ \ 41 = 3I_2 + 4I \\ \hline 88 = 3(I_1 + I_2) + 8I \end{array}$$

となる。これとⓐ式より、$I = I_1 + I_2$だから

$$88 = 3I + 8I = 11I$$

$$\therefore\quad I = 8\,〔A〕$$

となり、これと図3より、抵抗R_4を流れる電流は**8**〔A〕であることがわかる。

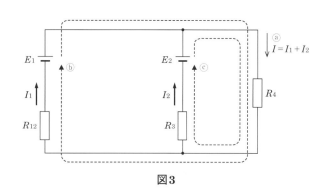

図3

(2) 図2の回路の合成インピーダンスの大きさZ〔Ω〕は、

$$Z = \frac{1}{\sqrt{\left(\frac{1}{R}\right)^2 + \left(\frac{1}{X_L} - \frac{1}{X_C}\right)^2}} = \frac{1}{\sqrt{\left(\frac{1}{45}\right)^2 + \left(\frac{1}{30} - \frac{1}{60}\right)^2}} = \frac{1}{\sqrt{\left(\frac{1}{45}\right)^2 + \left(\frac{1}{60}\right)^2}} = \frac{45 \times 60}{45 \times 60 \times \sqrt{\left(\frac{1}{45}\right)^2 + \left(\frac{1}{60}\right)^2}}$$

$$= \frac{45 \times 60}{\sqrt{45^2 \times 60^2 \times \left(\frac{1}{45^2} + \frac{1}{60^2}\right)}} = \frac{45 \times 60}{\sqrt{60^2 + 45^2}} = \frac{45 \times 60}{\sqrt{15^2 \times (4^2 + 3^2)}} = \frac{45 \times 60}{15 \times \sqrt{4^2 + 3^2}} = \frac{3 \times 60}{\sqrt{5^2}} = \frac{180}{5} = 36\,〔Ω〕$$

となる。よって、図2の回路全体を流れる電流の大きさI〔A〕は、$I = \dfrac{V}{Z} = \dfrac{180}{36} = 5$〔A〕となり、皮相電力$S$〔V・A〕は、次のようになる。

$$S = VI = 180 \times 5 = \mathbf{900}\,〔V・A〕$$

(3) コイルを貫く磁束が変化すると、コイルには**起電力**が誘起される。この現象を電磁誘導作用といい、発生した起電力を誘導起電力という。そして、この誘導起電力によってコイルの導体に電流(誘導電流)が流れるが、誘導起電力の向きは、誘導電流により生じる磁場が磁束の変化を妨げるような向きに発生する。これを**レンツの法則**という

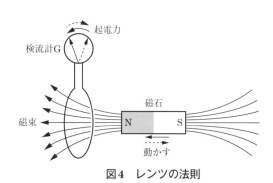

図4 レンツの法則

(4) 正弦波交流回路において、交流電圧$\dot{E}$の実効値をE〔V〕、交流電流$\dot{I}$の実効値をI〔A〕、$\dot{E}$と$\dot{I}$の位相差をϕ〔rad〕とすると、皮相電力は$S = EI$〔V・A〕、有効電力は$P = EI\cos\phi$〔W〕、無効電力は$Q = EI\sin\phi$〔var〕の式で表される。

ここで、$\cos\phi$を力率、$\sin\phi$を無効率といい、皮相電力、有効電力、無効電力を用いて次のように表すことができる。

力率：$\cos\phi = \dfrac{EI\cos\phi}{EI} = \dfrac{\textbf{有効電力}}{\text{皮相電力}}$　　　　無効率：$\sin\phi = \dfrac{EI\sin\phi}{EI} = \dfrac{\text{無効電力}}{\text{皮相電力}}$

答	
㈦	③
㈤	④
㈥	①
㈨	⑤

次の各文章の 　　　　　 内に、それぞれの[　　]の解答群の中から最も適したものを選び、その番号を記せ。　　　　　　　　　　　　　　　　　　　　　　　　　　　　　　　（小計20点）

(1) 図1に示す回路において、3オームの抵抗に流れる電流Iは、 　(ア)　 アンペアである。ただし、電池の内部抵抗は無視するものとする。　　　　　　　　　　　　　　　　　　　　　　　　　　　（5点）

　　　[① 1　　② 2　　③ 3　　④ 4　　⑤ 5]

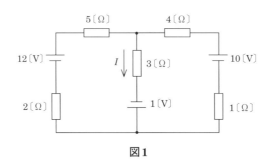

図1

(2) 図2に示す回路において、端子a－b間に90ボルトの交流電圧を加えたとき、回路に流れる全電流Iは、 　(イ)　 アンペアである。　　　　　　　　　　　　　　　　　　　　　　　　　　　　　　　（5点）

　　　[①　3　　②　6　　③　9　　④　12　　⑤　15]

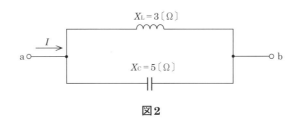

図2

(3) 導体の導電率をσ、抵抗率をρとすると、これらの間には、$\sigma = $ 　(ウ)　 の関係がある。　　（5点）

$$\left[① \ \frac{1}{\rho^2} \quad ② \ \frac{1}{\rho} \quad ③ \ \frac{1}{\sqrt{\rho}} \quad ④ \ \sqrt{\rho} \quad ⑤ \ \rho^2 \right]$$

(4) 正弦波交流回路において、電圧の実効値をEボルト、電流の実効値をIアンペア、電圧と電流の位相差をϕラジアンとすると、この回路の 　(エ)　 電力は、$EI\sin\phi$で求められる。　　　　　　　　（5点）

　　　[① 相　対　　② 瞬　時　　③ 皮　相　　④ 有　効　　⑤ 無　効]

解説

(1) 図1の回路内を図3のように電流I_1、I_2が流れていると仮定すると、キルヒホッフの法則より次の連立方程式が成り立つ。

$$\begin{cases} I = I_1 + I_2 \quad \cdots\cdots\cdots\cdots\cdots\cdots\cdots\cdots\cdots ⓐ \\ E_1 + E = (R_1 + R_2)I_1 + RI \quad \cdots\cdots\cdots ⓑ \\ E_2 + E = (R_3 + R_4)I_2 + RI \quad \cdots\cdots\cdots ⓒ \end{cases}$$

ここで、$E_1 = 12$〔V〕、$E_2 = 10$〔V〕、$E = 1$〔V〕、$R_1 = 5$〔Ω〕、$R_2 = 2$〔Ω〕、$R_3 = 4$〔Ω〕、$R_4 = 1$〔Ω〕、$R = 3$〔Ω〕、およびⓐ式より、ⓑ、ⓒ式はそれぞれⓑ'、ⓒ'式のようになる。

$$\begin{cases} 13 = 7I_1 + 3(I_1 + I_2) = 10I_1 + 3I_2 \cdots\cdots\cdots ⓑ' \\ 11 = 5I_2 + 3(I_1 + I_2) = 3I_1 + 8I_2 \cdots\cdots\cdots ⓒ' \end{cases}$$

$8 \times ⓑ' - 3 \times ⓒ'$を計算すると、$I_1$が次のように求められる。

$$\begin{array}{r} 104 = 80I_1 + 24I_2 \\ -)\quad 33 = 9I_1 + 24I_2 \\ \hline 71 = 71I_1 \end{array}$$

$$\therefore \quad I_1 = 1〔A〕$$

これをⓑ'式に代入して計算すると$I_2 = 1$〔A〕が求められ、ⓐ式より、電流Iは次のようになる。

$$I = I_1 + I_2 = 1 + 1 = \mathbf{2}〔A〕$$

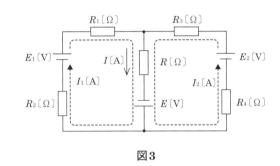

図3

(2) 図2のLC並列回路において、a－b間の合成インピーダンスZ〔Ω〕を計算すると、

$$Z = \cfrac{1}{\cfrac{1}{X_L} - \cfrac{1}{X_C}} = \cfrac{1}{\cfrac{1}{3} - \cfrac{1}{5}} = \cfrac{1}{\cfrac{1}{3} \times \cfrac{5}{5} - \cfrac{1}{5} \times \cfrac{3}{3}} = \cfrac{1}{\cfrac{5}{15} - \cfrac{3}{15}} = \cfrac{1}{\cfrac{2}{15}} = \cfrac{15}{2} = 7.5〔Ω〕$$

となる。この$Z = 7.5$〔Ω〕の回路に$V = 90$〔V〕の交流電圧を加えたときに流れる電流I〔A〕は、オームの法則より、

$$I = \frac{V}{Z} = \frac{90}{7.5} = \mathbf{12}〔A〕$$

となる。

(3) 抵抗率ρは、ある材質の物体固有の抵抗値を、単位断面積、単位長の大きさのものについて示した値であり、電流の流れにくさを表している。導電率σは、抵抗率とは逆に、電流の流れやすさを示しており、抵抗率〔Ω・m〕の逆数で表され、単位は〔S／m〕または〔Ω^{-1}m^{-1}〕を用いる。

したがって、$\sigma = \dfrac{1}{\rho}$となる。

(4) 正弦波交流回路では、電圧の実効値E〔V〕と電流の実効値I〔A〕の積$S = EI$〔VA〕を皮相電力という。抵抗とリアクタンスで構成されている回路において、抵抗によって消費される電力を有効電力P〔W〕といい、皮相電力と力率の積で表され、電圧と電流の位相差をϕ〔rad〕とすれば、$P = EI\cos\phi$〔W〕となる。また、リアクタンスに一時的に蓄積されるエネルギーを**無効**電力Q〔var〕といい、皮相電力と無効率の積で表され、$Q = EI\sin\phi$〔var〕となる。

答	
㋐	②
㋑	④
㋒	②
㋓	⑤

次の各文章の　　　　　内に、それぞれの[　　]の解答群の中から最も適したものを選び、その番号を記せ。　　（小計20点）

(1) 図1に示す回路において、端子a－b間の合成抵抗が16オームのとき、抵抗Rは、　（ア）　オームである。　　（5点）

　　　[①　8　　②　13　　③　16　　④　24　　⑤　26]

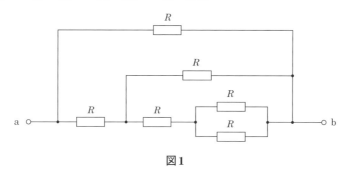

図1

(2) 図2に示す回路において、回路に流れる全交流電流Iが10アンペアであるとき、抵抗Rに流れる電流I_Rは、　（イ）　アンペアである。　　　　　　　　　　　　　　　　　　　　　　　　　　（5点）

　　　[①　2　　②　3　　③　4　　④　6　　⑤　8]

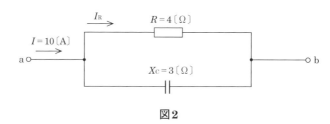

図2

(3) 電気回路において、ある定常状態から電流や電圧の変化により別の定常状態に変化するとき、安定した状態になるまでの間の現象は、　（ウ）　現象といわれる。　　　　　　　　　　　　　　（5点）

　　　[①　飽　和　　②　過　渡　　③　波　動　　④　共　鳴　　⑤　共　振]

(4) Rオームの抵抗、Lヘンリーのコイル及びCファラドのコンデンサを直列に接続した回路の共振周波数は、　（エ）　ヘルツである。　　　　　　　　　　　　　　　　　　　　　　　　　　　　　　　（5点）

$$\left[\ ①\ \ \frac{1}{2\pi\sqrt{LC}}\quad ②\ \ \frac{R}{2\pi\sqrt{LC}}\quad ③\ \ \frac{1}{2\pi LC}\quad ④\ \ \frac{R}{2\pi LC}\quad ⑤\ \ \sqrt{\frac{1}{2\pi LC}}\ \right]$$

解 説

(1) ここでは、図1の端子a－b間の合成抵抗R_{ab}をRで表す式を立て、$R_{ab}=8$〔Ω〕と置き、Rについて整理してやればよい。合成抵抗R_{ab}をRで表す式は、図3の破線で囲まれた部分ⓐ→ⓑ→ⓒ→ⓓ→ⓔの手順で順次求めていく。

図3のⓐの破線で囲まれた部分の合成抵抗R_aは、$R_a = \dfrac{R \times R}{R + R} = \dfrac{R^2}{2R} = \dfrac{R}{2}$

ⓑの破線で囲まれた部分の合成抵抗R_bは、$R_b = R + R_a = R + \dfrac{R}{2} = \dfrac{3R}{2}$

ⓒの破線で囲まれた部分の合成抵抗R_cは、$R_c = \dfrac{R \times R_b}{R + R_b} = \dfrac{R \times \dfrac{3R}{2}}{R + \dfrac{3R}{2}} = \dfrac{\dfrac{3R^2}{2}}{\dfrac{5R}{2}} = \dfrac{3R}{5}$

ⓓの破線で囲まれた部分の合成抵抗R_dは、

$$R_d = R + R_c = R + \dfrac{3R}{5} = \dfrac{8R}{5}$$

ⓔの破線で囲まれた部分の合成抵抗R_eは、

$$R_e = \dfrac{R \times R_d}{R + R_d} = \dfrac{R \times \dfrac{8R}{5}}{R + \dfrac{8R}{5}} = \dfrac{\dfrac{8R^2}{5}}{\dfrac{13R}{5}} = \dfrac{8R}{13}$$

となる。よって、$R_{ab} = R_e = \dfrac{8}{13}R = 16$〔Ω〕で、これを$R$について整理すると、$R = \mathbf{26}$〔Ω〕となる。

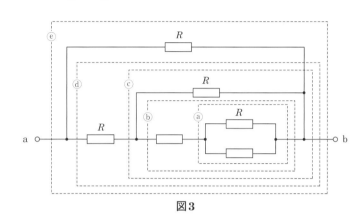

図3

(2) 図2のRC並列回路において、a－b間の合成インピーダンスZ〔Ω〕を計算すると、

$$Z = \dfrac{1}{\sqrt{\left(\dfrac{1}{R}\right)^2 + \left(\dfrac{1}{X_C}\right)^2}} = \dfrac{1}{\sqrt{\left(\dfrac{1}{4}\right)^2 + \left(\dfrac{1}{3}\right)^2}} = \dfrac{(4\times 3)\times 1}{(4\times 3)\times\sqrt{\left(\dfrac{1}{4}\right)^2 + \left(\dfrac{1}{3}\right)^2}} = \dfrac{12}{\sqrt{(4\times 3)^2 \times \left\{\left(\dfrac{1}{4}\right)^2 + \left(\dfrac{1}{3}\right)^2\right\}}}$$

$$= \dfrac{12}{\sqrt{(4^2\times 3^2)\times\left(\dfrac{1}{4^2} + \dfrac{1}{3^2}\right)}} = \dfrac{12}{\sqrt{\dfrac{4^2\times 3^2}{4^2} + \dfrac{4^2\times 3^2}{3^2}}} = \dfrac{12}{\sqrt{3^2 + 4^2}} = \dfrac{12}{\sqrt{5^2}} = \dfrac{12}{5} = 2.4\,〔Ω〕$$

となる。したがって、a－b間に加わる電圧V_{ab}〔V〕は、

$$V_{ab} = IZ = 10 \times 2.4 = 24\,〔V〕$$

であり、この電圧が抵抗$R = 4$〔Ω〕の両端に加わるから、このとき抵抗Rに流れる電流I_R〔A〕は、

$$I_R = \dfrac{V_{ab}}{R} = \dfrac{24}{4} = \mathbf{6}\,〔A〕$$

となる。

(3) 電気回路において、落ち着いた状態（定常状態）から回路定数や入力を急激に変化させると、回路内の電流や電圧はそれに遅れて変化し、別の定常状態になるまでに時間がかかる。この時間中に起こる現象を**過渡**現象という。

抵抗RのほかにコンデンサCやインダクタンスLを含む回路では、スイッチを閉じて電流を流すと、過渡現象により電流や電圧が変化するが、落ち着くまでの速さは、R、L、Cから求められる時定数によって定まる。RとCの直列回路の場合の時定数τ（タウ）は、$\tau = C \times R$〔s〕、また、RとLの直列回路の場合は$\tau = \dfrac{L}{R}$〔s〕の式で求められる。

(4) 抵抗R〔Ω〕、コイルL〔H〕、コンデンサC〔F〕を直列に接続した回路のインピーダンスZ〔Ω〕の大きさは、電源の周波数をf〔Hz〕とすれば、$Z = \sqrt{R^2 + \left(2\pi fL - \dfrac{1}{2\pi fC}\right)^2}$〔Ω〕で表される。この回路の共振周波数$f_0$〔Hz〕は、$Z$が最小となるときの周波数であるが、抵抗$R$は周波数にかかわらず一定であるから、$2\pi f_0 L - \dfrac{1}{2\pi f_0 C} = 0$が成立する。よって、共振周波数$f_0$〔Hz〕を表す式は、次のようになる。

$$\therefore\ 2\pi f_0 L \times 2\pi f_0 C - 1 = 0 \qquad \therefore\ 2^2\pi^2 f_0^2 LC = 1 \qquad \therefore\ f_0^2 = \dfrac{1}{2^2\pi^2 LC} \qquad \therefore\ f_0 = \dfrac{1}{2\pi\sqrt{LC}}\,〔Hz〕$$

答	
(ｱ)	⑤
(ｲ)	④
(ｳ)	②
(ｴ)	①

次の各文章の 　　　内に、それぞれの[　　]の解答群の中から最も適したものを選び、その番号を記せ。 (小計20点)

(1) 図1に示す回路において、抵抗R_3に流れる電流Iは、 (ア) アンペアである。ただし、電池の内部抵抗は無視するものとする。 (5点)

[① 6　② 8　③ 10　④ 12　⑤ 14]

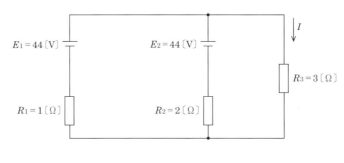

図1

(2) 図2に示す回路において、端子a－b間の電圧が24ボルト、端子b－c間の電圧が7ボルトであった。このとき、端子a－c間に加えた交流電圧は、 (イ) ボルトである。 (5点)

[① 15　② 17　③ 20　④ 25　⑤ 31]

図2

(3) 静電容量Cファラドのコンデンサに蓄えられている電荷をQクーロンとすると、このときのコンデンサの端子電圧は、 (ウ) ボルトである。 (5点)

$$\left[① \ \frac{Q}{C} \quad ② \ \frac{2C}{Q} \quad ③ \ 2CQ \quad ④ \ \frac{Q}{2C} \quad ⑤ \ \frac{C}{Q} \right]$$

(4) 磁束密度Bテスラの平等磁界内において、磁界に直交して長さLメートルの直線導体を置き、この直線導体にIアンペアの直流電流を流したとき、この直線導体には、磁界及び電流に垂直な方向に、 (エ) ニュートンの力が働く。 (5点)

[① BIL　② BI^2L　③ BI^3L　④ B^2IL　⑤ B^3IL]

解 説

(1) 図1の回路において、2つの閉回路を流れる電流I_1〔A〕、I_2〔A〕を仮定し、それぞれ図3のように流れているとすると、キルヒホッフの法則により、次の連立方程式が成り立つ。

$$\begin{cases} I = I_1 + I_2 & \cdots\cdots\cdots ⓐ \\ E_1 = R_1 I_1 + R_3 I & \cdots\cdots ⓑ \\ E_2 = R_2 I_2 + R_3 I & \cdots\cdots ⓒ \end{cases}$$

ここで、$E_1 = 44$〔V〕、$E_2 = 44$〔V〕、$R_1 = 1$〔Ω〕、$R_2 = 2$〔Ω〕、$R_3 = 3$〔Ω〕だから、ⓑ式およびⓒ式はそれぞれⓑ'式、ⓒ'式のようになる。

$$\begin{cases} 44 = I_1 + 3I & \cdots\cdots ⓑ' \\ 44 = 2I_2 + 3I & \cdots\cdots ⓒ' \end{cases}$$

$2 \times ⓑ' + ⓒ'$を計算すると、

$$\begin{array}{r} 88 = 2I_1 + 6I \\ +)\quad 44 = 2I_2 + 3I \\ \hline 132 = 2(I_1 + I_2) + 9I \end{array}$$

となる。これとⓐ式より、

$$132 = 2I + 9I = 11I$$
$$\therefore \quad I = \mathbf{12}\,〔A〕$$

となる。

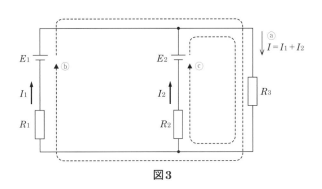

図3

(2) 図2の回路を流れる電流の大きさは、端子a‐b間も端子b‐c間も同じである。いま、図4のように回路を流れる電流を$\dot{I}$〔A〕、抵抗Rに加わる電圧を$\dot{V}_R$〔V〕、リアクタンスX_Lに加わる電圧を$\dot{V}_L$〔V〕とすると、$\dot{V}_R$は$\dot{I}$と同相であるが、$\dot{V}_L$は$\dot{I}$に対して位相が90°進む。これらの関係は、ベクトルを用いて図5のように表され、端子a‐c間に加わる交流電圧の大きさE〔V〕は、次式で求められる。

$$E = |\dot{E}| = |\dot{V}_R + \dot{V}_L| = \sqrt{V_R^2 + V_L^2} = \sqrt{24^2 + 7^2} = \sqrt{576 + 49} = \sqrt{625} = \sqrt{5 \times 5 \times 5 \times 5} = 5 \times 5 = \mathbf{25}\,〔V〕$$

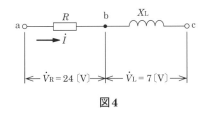

図4

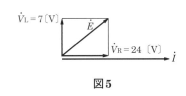

図5

(3) 一般に、コンデンサに蓄えられる電気量Q〔C〕は、コンデンサの端子電圧V〔V〕に比例する。この関係は、比例定数をCとすれば、$Q = CV$〔C〕と表せる。したがって、端子電圧V〔V〕は、

$$V = \frac{Q}{C}\,〔V〕$$

となる。ここで、比例定数Cを静電容量といい、単位に〔F〕を用いる。

(4) 磁束密度B〔T〕の平等磁界中に長さL〔m〕の導体を吊るし、この導体に大きさI〔A〕の電流を流すと、導体は大きさF〔N〕の力を受け移動する。この力を電磁力という。このとき電流の方向を逆方向にすると働く力の向きも逆になる。

磁力線、電流、電磁力の各方向には一定の関係があり、フレミング左手の法則が適用される。左手の親指、人さし指、中指を互いに直角に開き、人さし指を磁力線の方向に、中指を電流の方向に見立てると、親指の方向に電磁力が働くことになる。電磁力の大きさは、一様な磁界中であれば電流の大きさと導体の長さに比例し、導体が磁界と直交する場合の電磁力は、$F = \mathbf{BIL}$〔N〕となる。また、導体と磁界のなす角がθの場合は、磁束に対する導体の有効長が$L\sin\theta$〔m〕となるので、電磁力は$F = BIL\sin\theta$〔N〕となる。

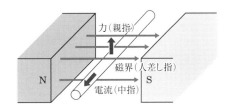

図6　フレミングの左手の法則

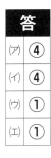

答	
(ア)	④
(イ)	④
(ウ)	①
(エ)	①

次の各文章の ⬚ 内に、それぞれの[ ]の解答群の中から最も適したものを選び、その番号を記せ。 (小計20点)

(1) 図1に示す回路において、端子 a－b 間の電圧は、 (ア) ボルトである。ただし、電池の内部抵抗は無視するものとする。 (5点)

[① 12 ② 14 ③ 15 ④ 16 ⑤ 18]

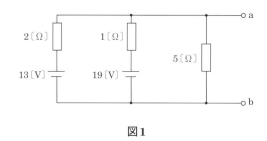

図1

(2) 図2に示す回路において、抵抗 R、コイル L 及びコンデンサ C にそれぞれ図に表記した大きさの電流が流れているとき、回路に流れる全電流 I は、 (イ) アンペアである。 (5点)

[① 11 ② 13 ③ 15 ④ 17 ⑤ 19]

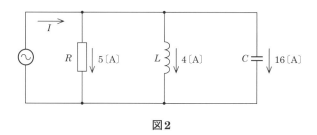

図2

(3) 正弦波交流回路において、電流と電圧の位相差を小さくすれば、この回路の (ウ) は、大きくなる。 (5点)

[① 力 率 ② アドミタンス ③ 無効率 ④ 波高率 ⑤ インピーダンス]

(4) 正弦波交流回路において、電圧の実効値を E ボルト、電流の実効値を I アンペア、電圧と電流の位相差を φ ラジアンとすると、この回路の (エ) 電力は、EIsin φ で求められる。 (5点)

[① 相 対 ② 瞬 時 ③ 皮 相 ④ 無 効 ⑤ 有 効]

解 説

(1) 図1において、電流I_1〔A〕、I_2〔A〕を仮定し、これらの電流が回路内を図3のように流れているとすると、キルヒホッフの法則より次の連立方程式が成り立つ。

$$\begin{cases} I = I_1 + I_2 & \cdots\cdots\cdots\cdots ⓐ \\ E_1 = R_1 I_1 + R_3 I & \cdots\cdots\cdots ⓑ \\ E_2 = R_2 I_2 + R_3 I & \cdots\cdots\cdots ⓒ \end{cases}$$

ここで、図1より、$E_1 = 13$〔V〕、$E_2 = 19$〔V〕、$R_1 = 2$〔Ω〕、$R_2 = 1$〔Ω〕、$R_3 = 5$〔Ω〕だから、ⓑ、ⓒ式はそれぞれ ⓑ'、ⓒ'式のようになる。

$$\begin{cases} 13 = 2I_1 + 5I & \cdots\cdots\cdots ⓑ' \\ 19 = \ \ I_2 + 5I & \cdots\cdots\cdots ⓒ' \end{cases}$$

次に、ⓑ' $+ 2 ×$ ⓒ'を計算する。

$$\begin{array}{r} 13 = 2I_1 \qquad\quad + 5I \\ +)\ 38 = 2I_2 \qquad\quad + 10I \\ \hline 51 = 2(I_1 + I_2) + 15I \end{array}$$

これと ⓐ式より、

$$51 = 2I + 15I = 17I$$
$$\therefore \quad I = 3 \text{〔A〕}$$

となり、端子 a − b 間の電圧 V_{ab}〔V〕は、

$$V_{ab} = R_3 I = 5 × 3 = \mathbf{15} \text{〔V〕}$$

であることがわかる。

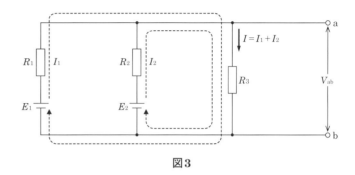

図3

(2) 図2の回路において、抵抗R、コイルL、コンデンサCは並列に接続されているので、それぞれの両端に加わる電圧はすべて等しい。ここで、電源 $\bigcirc\!\!\!\sim$ の電圧をE〔V〕とし、コイルLの誘導性リアクタンスをX_L〔Ω〕、コンデンサCの容量性リアクタンスをX_C〔Ω〕とすると、オームの法則から、

$$E = 5R = 4X_L = 16X_C$$

が成り立つ。この関係をRLC並列回路のインピーダンスZ〔Ω〕を求める公式に代入すると、

$$\frac{1}{Z} = \sqrt{\left(\frac{1}{R}\right)^2 + \left(\frac{1}{X_L} - \frac{1}{X_C}\right)^2} = \sqrt{\left(\frac{5}{E}\right)^2 + \left(\frac{4}{E} - \frac{16}{E}\right)^2} = \sqrt{\left(\frac{5}{E}\right)^2 + \left(\frac{-12}{E}\right)^2} = \sqrt{\frac{5^2}{E^2} + \frac{(-12)^2}{E^2}}$$

$$= \sqrt{\frac{1}{E^2}(5^2 + (-12)^2)} = \frac{1}{E}\sqrt{5^2 + (-12)^2} = \frac{1}{E}\sqrt{5^2 + 12^2} = \frac{1}{E}\sqrt{13^2} = \frac{1}{E} × 13 = \frac{13}{E} \text{〔Ω}^{-1}\text{〕}$$

となる。したがって、回路を流れる全交流電流Iは、次のようになる。

$$I = \frac{E}{Z} = E × \frac{1}{Z} = E × \frac{13}{E} = \mathbf{13} \text{〔A〕}$$

(3) 正弦波交流回路において、回路に加えられた電圧を$\dot{V}$〔V〕、そのときに回路を流れる電流を$\dot{I}$〔A〕とし、$\dot{V}$と$\dot{I}$の位相差をθ〔rad〕とすると、有効電力の大きさP〔W〕は、$P =$（電圧の実効値）×（電流の実効値）×（力率）$= |\dot{V}||\dot{I}|\cos\theta$〔W〕で表される。$\theta$は$0 \sim \frac{\pi}{2}$の範囲で変化し、$\theta = 0$のとき$\cos\theta = 1$となり、力率は最大である。また、$\theta = \frac{\pi}{2}$のとき$\cos\theta = 0$で力率は最小となる。したがって、正弦波交流回路において、電流の位相と電圧の位相の差θを小さくすれば、**力率**$\cos\theta$は、大きくなる。

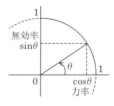

図4　位相差と力率、無効率

(4) 正弦波交流回路では、電圧の実効値E〔V〕と電流の実効値I〔A〕の積$S = EI$〔VA〕を皮相電力という。抵抗とリアクタンスで構成されている回路において、抵抗によって消費される電力を有効電力P〔W〕といい、皮相電力と力率の積で表され、電圧と電流の位相差をϕ〔rad〕とすれば、$P = EI\cos\phi$〔W〕となる。また、リアクタンスに一時的に蓄積されるエネルギーを**無効**電力Q〔var〕といい、皮相電力と無効率の積で表され、$Q = EI\sin\phi$〔var〕となる。

答

㋐	③
㋑	②
㋒	①
㋓	④

基礎 ❷ 電子回路

半導体の原理と性質

●半導体の原理
あらゆる物質は、電流の通りやすさにより、導体、半導体、絶縁体に分類される。一般に、半導体を構成する物質として、価電子(最外殻電子)の数が4個(**4価**)のシリコン(Si)やゲルマニウム(Ge)などが使用されている。

これらの素子の真性半導体(不純物を含まない半導体)は絶縁体に近い性質をもつが、これに不純物を加えると、**自由電子**または**正孔**(ホール)を生じ、これがキャリアとなって電流を流す働きをする。この場合、自由電子を多数キャリアとする半導体を**n形半導体**、正孔を多数キャリアとする半導体を**p形半導体**という。

●半導体の性質
半導体は次のような性質をもっている。
- **負の温度係数** 金属等の導体は温度が上昇すると抵抗値も増加する。これに対し半導体は、温度が上昇すると抵抗値が減少する負の温度係数をもっている。
- **整流効果** 異種の半導体を接合すると、電圧のかけかたにより導通したり不導通になる。これを整流効果という。
- **光電効果** 光の変化に反応して抵抗値が変化する性質がある。これを光電効果という。
- **熱電効果** 異種の半導体を接合し、その接合面の温度が変化すると電気が発生する。この性質を熱電効果という。

ダイオードと波形整形回路

●pn接合と空乏層
p形とn形の半導体を接合させると、p形半導体の正孔とn形半導体の自由電子は接合面を越えて**拡散**し、正孔と自由電子が打ち消しあって消滅するので、接合面付近にはキャリアの存在しない領域ができる。これを**空乏層**といい絶縁体に近い状態になる。このときp形は正孔を失って負電位となり、n形は自由電子を失って正電位となるから、n形からp形に向かう電位差が生ずる。これを障壁電位といい、空乏層領域の拡大を防止する。

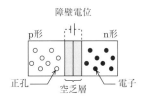

図1　pn接合

●ダイオードの整流作用
p形とn形の半導体を接合させた半導体をpn接合半導体といい、その両端に電極を接続した素子を**ダイオード**という。ダイオードではp形電極をアノード、n形電極をカソードといい、アノードに正電圧を加えると電流が流れるから、これを**順方向**という。逆にカソードに正電圧を加えると電流が流れないので、この向きを**逆方向**という。

・順方向電圧をかけた場合
障壁電位を上回る電圧を加えると、正孔は接合面を越えて電池の負電極へ流れ、自由電子は逆に正電圧に引かれて電池の正電極に流れるので、結果として電流が流れる。

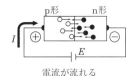

図2　順方向電圧の場合

・逆方向電圧をかけた場合
p形内の正孔はp形に接続された負電極に引き寄せられ、n形内にある自由電子はn形に接続された正電極に引き寄せられて空乏層が拡大するから電流は流れない。

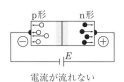

電流が流れない
図3　逆方向電圧の場合

●ダイオードの波形整形回路
ダイオードを利用した回路には、整流回路や波形整形回路などがある。整流回路は交流波形を直流波形に変換する回路であり、出力する波形の違いにより半波整流回路と全波整流回路がある。

波形整形回路は振幅操作回路ともよばれ、入力波形の一部を切り取り、違った波形の出力を得る回路である。代表的なものに**クリッパ**とよばれる回路がある。クリッパは入力波形に対し基準電圧以上または以下の部分を取り出す回路であり、回路構成と出力波形の例を表1に示す。

表1　波形整形回路(クリッパ)と出力波形

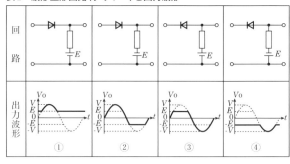

① アノード側の電圧がカソード側の電圧 + E を上回ったときのみ入力波形が出力側に現れる。
② アノード側の電圧がカソード側の電圧 - E を上回ったときのみ出力側に現れる。
③ カソード側の電圧がアノード側の電圧 + E を下回ったときのみ出力側に現れる。
④ カソード側の電圧がアノード側の電圧 - E を下回ったときのみ出力側に現れる。

各種半導体素子

●定電圧ダイオード

ツェナーダイオードともよばれ、逆方向の電圧に対して降伏現象といわれる定電圧特性を示す素子で、定電圧電源回路などに利用されている。

●サーミスタ

温度変化に対して著しくその抵抗値が変化する素子で、負の温度係数(温度が上昇すると抵抗値が減少するもの)を持つものがよく利用されている。用途としては温度センサや電子回路の温度補償に利用されている。

●発光ダイオード

pn接合部分に順方向電流を流すと接合面から光を発するダイオードで、電気エネルギーを光エネルギーに変換する発光素子である。

●可変容量ダイオード

可変容量ダイオードは、pn接合に加える逆方向電圧により空乏層の幅を変化させ、この空乏層が絶縁体となり可変コンデンサの働きをするものである。

表2 各種半導体素子の名称と図記号の例

①定電圧ダイオード （ツェナーダイオード）	②トンネルダイオード	③サーミスタ	④バリスタ	⑤3極逆阻止 サイリスタ（pゲート）	⑥3極逆阻止 サイリスタ（nゲート）
⑦トライアック	⑧発光ダイオード	⑨ホトダイオード	⑩可変容量ダイオード （バラクタ）	⑪pnp形ホト トランジスタ	⑫npn形アバランシ トランジスタ

トランジスタ

●トランジスタと動作原理

エミッタ電流をI_E、ベース電流をI_B、コレクタ電流をI_Cとし、それらの電流方向を矢印で示すと、pnp形とnpn形とでは電流方向が異なるが、それらの間には次の関係がある。

$$I_E = I_B + I_C$$

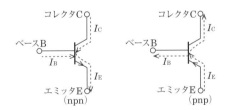

図4 トランジスタの各端子と電流の方向

●トランジスタの接地方式

・**ベース接地**…入力インピーダンスが低く、出力インピーダンスが高い特徴があり、周波数特性が最も良いので、高周波増幅回路として利用される。

・**エミッタ接地**…3つの接地方式の中で電力利得が最も大きく、入力インピーダンスも出力インピーダンスも同程度の値であるから、多段接続の際のインピーダンス整合の必要がないので低周波増幅回路として最も多く使用される。この回路は入力電圧と出力電圧の位相が逆位相となる。

・**コレクタ接地**…ベース接地とは逆に、入力インピーダンスが高く、出力インピーダンスが低いので、エミッタホロワ増幅器として使用される。エミッタホロワは電力利得は最も低いが、出力インピーダンスが低いので電圧よりも電流を必要とする回路に使用される。

表3 トランジスタの接地方式

ベース接地	エミッタ接地	コレクタ接地
入力 出力 R_L	入力 出力 R_L	入力 R_L 出力

●電流増幅率

・ベース接地の電流増幅率（αまたはh_{FB}）

$$\alpha = h_{FB} = \frac{I_C（コレクタ電流）}{I_E（エミッタ電流）}$$

・エミッタ接地の電流増幅率（βまたはh_{FE}）

$$\beta = h_{FE} = \frac{I_C（コレクタ電流）}{I_B（ベース電流）}$$

FET（電界効果トランジスタ）

●FETの構造

トランジスタがベース電流によって出力電流を制御する素子であるのに対し、FETは**電圧**によって出力電流を制御する素子である。FETは**入力インピーダンスが高い**ので、高周波まで使用でき、雑音も少ない。

FETは電流の流れる通路(チャネル)を構成する半導体によりnチャネル形と、pチャネル形に分けられる。また、構造的には**接合型**FETと**MOS型**FETとがあり、電流の流れが異なるが、どちらもソースとゲート間の電圧V_{GS}を変化させることによりドレイン電流I_Dを制御することができる。

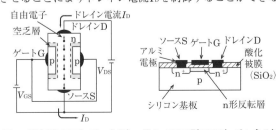

図5 接合型FET（nチャネル）　図6 MOS型FET（nチャネル）

次の各文章の 内に、それぞれの[　]の解答群の中から最も適したものを選び、その番号を記せ。　　　　　　　　　　　　　　　　　　　　　　　　　　　　　　　（小計20点）

(1) 半導体の結晶内において共有結合をしている電子は、 (ア) といわれるエネルギー帯にある。（4点）
　　[① ドナー　　② 伝導帯　　③ 禁制帯　　④ 価電子帯　　⑤ アクセプタ]

(2) 図1に示すトランジスタ回路において、V_Bを (イ) ボルト、ベース－エミッタ間の電圧降下を0.3ボルトとするとき、コレクタ電流I_Cを5ミリアンペア流すためには、ベース抵抗R_Bは、50キロオームにする必要がある。 ただし、直流電流増幅率h_{FE}は50とする。　　　　　　　　　　（4点）
　　[① 4.7　　② 5　　③ 5.3　　④ 5.7　　⑤ 6]

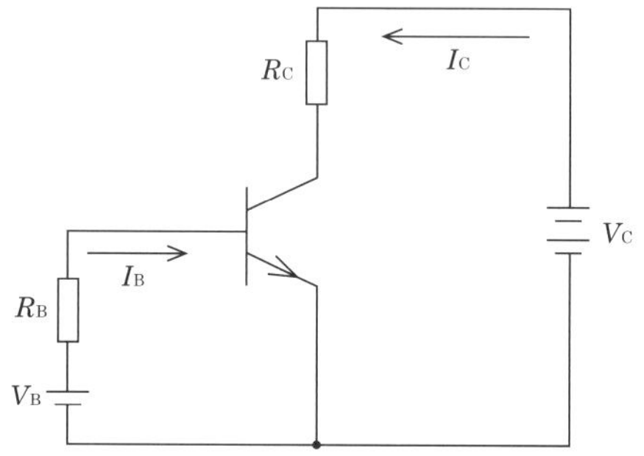

図1

(3) アバランシェフォトダイオードは、 (ウ) による電流増幅作用を利用した受光素子であり、光検出器などに用いられる。　　　　　　　　　　　　　　　　　　　　　　　　　　　　（4点）
　　[① マイクロ波　　　　② トンネル効果　　　　③ 励起光
　　④ ポッケルス効果　　⑤ 電子なだれ増倍現象]

(4) USBメモリ、SDカードなどに用いられる (エ) は、電気的にデータの消去と書き込みを繰り返すことができる不揮発性の半導体メモリである。　　　　　　　　　　　　　　　　　　（4点）
　　[① DRAM　　② DVD－RAM　　③ ROM　　④ ASIC　　⑤ フラッシュメモリ]

(5) エミッタ接地増幅回路において、エミッタ電流が2ミリアンペア、コレクタ電流が1.95ミリアンペアであるとき、直流電流増幅率h_{FE}は、 (オ) となる。　　　　　　　　　　　　（4点）
　　[① 0.975　　② 1.02　　③ 3.95　　④ 39　　⑤ 40]

解　説

(1) 半導体は、通常は絶縁体であり、電流は流れない。しかし、禁制帯の幅が狭いため、禁制帯のエネルギーギャップを超えて価電子帯の電子を励起すると、価電子帯の電子が伝導帯に移って自由電子になり、導体として振る舞う。

①、⑤　アクセプタは、p型半導体をつくるために添加する不純物をいい、ドナーは、n型半導体をつくるために添加する不純物をいう。これらは、エネルギー帯ではないので、解答の候補にはならない。

②　伝導帯は、禁制帯の直上にあり、通常時は電子がない領域をさす。

③　禁制帯（バンドギャップ）は、結晶のバンド構造において電子が存在できない領域全般をいい、電子に占有された最も高い価電子帯から、最も低い伝導帯までの間のエネルギーギャップをさす。

④　**価電子帯**は、価電子によって満たされたエネルギー帯をさす。価電子は、原子の最外殻にある電子で、イオンの形成や化学結合の形成に関与し、原子価などの化学的性質を決定する。

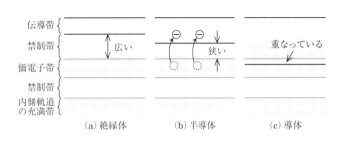

図2　エネルギー帯

(2) 図3において、$V_B = V_R + V_{BE}$〔V〕であり、ベース－エミッタ間の電圧降下$V_{BE} = 0.3$〔V〕が与えられているから、V_B〔V〕を求めるにはV_R〔V〕がわかればよい。V_R〔V〕はR_Bの両端電圧であり、オームの法則よりR_Bの抵抗値〔Ω〕とR_Bを流れる電流I_B〔A〕の積$V_R = R_B I_B$〔V〕となるから、$V_B = R_B I_B + V_{BE}$〔V〕である。

ここで、図3よりI_B〔A〕はベース電流であり、設問でコレクタ電流$I_C = 5 \times 10^{-3}$〔A〕、直流電流増幅率$h_{FE} = \dfrac{I_C}{I_B} = 50$が与えられているから、ベース電流$I_B$〔A〕は、

$$I_B = \frac{I_C}{h_{FE}} = \frac{5 \times 10^{-3}}{50} = 0.1 \times 10^{-3} \text{〔A〕}$$

である。設問より、$R_B = 50 \times 10^3$〔Ω〕としたいので、V_B〔V〕は、

$$V_B = R_B I_B + V_{BE} = 50 \times 10^3 \times 0.1 \times 10^{-3} + 0.3 = \textbf{5.3}\text{〔V〕}$$

となる。

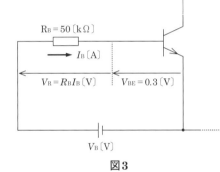

図3

(3) アバランシェホトダイオード（APD）は、空乏層における格子原子の衝突電離を連鎖的に繰り返すことにより、発生する電子の量をなだれ（雪崩）のように急激に増加させ、光電流を増倍して出力する、**電子なだれ増倍現象**を利用したダイオードである。APDに逆方向の電圧を印加した状態で光を当てると、極めて小さな光電流であっても電子なだれ増倍効果により大きな電流を得られるため、光ファイバ通信における光→電気変換器の受光素子によく用いられている。

(4) パソコンやデジタルカメラなどの記憶媒体として使われているUSBメモリやSDカードには、**フラッシュメモリ**が用いられている。フラッシュメモリは不揮発性メモリの一種で、記憶内容の書換えを繰り返し行うことができる。

①　DRAM：随時書き込み・読み出しが可能な半導体メモリで、一般に、パーソナルコンピュータ等の主記憶装置に使用されている。電源を切ると記憶内容が消失するので揮発性メモリといわれる。

②　DVD－RAM：映像やデータなどを記録するための光ディスク媒体の一種で、記録内容を繰り返し書き換えることができる。記録面の材料に$Ge_2Sb_2Te_5$などの合金を用い、これにレーザ光で熱を加えてその部分を結晶相／アモルファス相に相変化させ、結晶相とアモルファス相で光の反射率が異なることを利用して情報を記録する相変化記録方式を採用している。

③　ROM：読出し専用のメモリで、情報の書き換えが不可能なマスクROMと、通常の動作中は書き換えられないが書き込み器によってユーザが記憶内容を書き込めるPROM、EPROM、フラッシュメモリなどの種類がある。

④　ASIC：ある特定の用途のために設計、製造された集積回路で、ゲートアレイ、エンベデッドアレイ、スタンダードセル（セルベースIC）、ストラクチャードASICなどがある。

(5) エミッタ接地回路の直流電流増幅率は、ベース電流I_B〔A〕に対するコレクタ電流I_C〔A〕の比をいう。また、キルヒホッフの第1法則よりエミッタ電流$I_E = I_C + I_B$〔A〕が成り立つから、直流電流増幅率h_{FE}は、

$$h_{FE} = \frac{I_C}{I_B} = \frac{I_C}{I_E - I_C} = \frac{1.95 \times 10^{-3}}{2 \times 10^{-3} - 1.95 \times 10^{-3}} = \frac{1.95}{0.05} = \textbf{39}$$

となる。

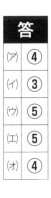

答	
㈠	④
㈡	③
㈢	⑤
㈣	⑤
㈤	④

次の各文章の　　　　　内に、それぞれの[　　]の解答群の中から最も適したものを選び、その番号を記せ。　　　　　　　　　　　　　　　　　　　　　　　　　　　　　　　　　　　　（小計20点）

(1) サイリスタは、p形とn形の半導体を交互に二つ重ねたpnpnの4層構造を基本とした半導体　(ア)　素子であり、シリコン制御整流素子ともいわれる。　　　　　　　　　　　　　　　　　　（4点）

　　　[① 受　光　　② 発　光　　③ フィルタリング　　④ 圧　電　　⑤ スイッチング]

(2) 図1に示すトランジスタ回路において、V_{CC}が18ボルト、R_Cが　(イ)　キロオームのとき、コレクタ－エミッタ間の電圧V_{CE}は、8ボルトである。ただし、直流電流増幅率h_{FE}を100、ベース電流I_Bを25マイクロアンペアとする。　　　　　　　　　　　　　　　　　　　　　　　　　　　　　　　　　　　（4点）

　　　[① 4　　② 6　　③ 8　　④ 10　　⑤ 12]

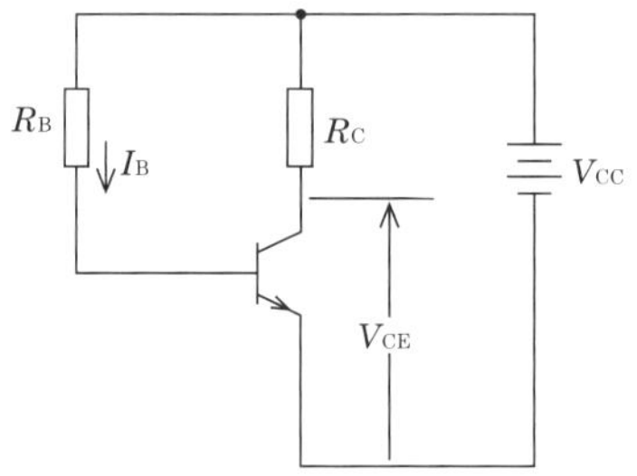

図1

(3) トランジスタ増幅回路で出力信号を取り出す場合には、バイアス回路への影響がないようにコンデンサを通して　(ウ)　のみを取り出す方法がある。　　　　　　　　　　　　　　　　　　　　（4点）

　　　　[① 高調波成分　　② 交流分　　③ 直流分　　④ 雑音成分　　⑤ 漏話信号分]

(4) 定電圧ダイオードは、逆方向に加えた電圧がある値を超えると、急激に電流が増加する　(エ)　現象を生じ、広い電流範囲で電圧を一定に保つ特性を有する。　　　　　　　　　　　　　　　（4点）

　　　　[① 降　伏　　② ドリフト　　③ 誘　導　　④ 漏　話　　⑤ 発　振]

(5) トランジスタの静特性のうち、エミッタ接地方式においてベース電流I_Bを一定に保ったときのコレクタ電流I_Cとコレクタ－エミッタ間の電圧V_{CE}との関係を示したものは、$V_{CE}-I_C$特性又は　(オ)　特性といわれる。　　　　　　　　　　　　　　　　　　　　　　　　　　　　　　　　　　（4点）

　　　　[① 電圧帰還　　② 電流伝達　　③ 入　力　　④ 出　力　　⑤ 増　幅]

解説

(1) サイリスタは、pnpn接合半導体により回路の導通／遮断を制御する**スイッチング**素子の総称である。その代表的なものにSCR（逆阻止三端子シリコン制御素子）やGTO（ゲートターンオフサイリスタ）、トライアックなどがある。

SCRは、p形半導体とn形半導体を交互に2つ重ねて4層とし、外側のp層にアノード(A)、反対側のn層にカソード(K)、内側のp層またはn層のいずれかにゲート(G)の3つの電極を取り付けた構造になっている。アノード〜カソード間は初期状態では不導通で、電圧を加えても電流は流れないが、アノード側を＋、カソード側を－とした順方向電圧を印加しながらゲートに信号を加えると導通（オン）し、アノードからカソードに向かって電流が流れる。このようにスイッチング素子をオフ状態からオン状態にする動作は、一般に、ターンオンまたは点弧といわれ、SCRは、いったん点弧した後は、ゲート信号の有無や極性にかかわらず、アノード〜カソード間の電圧を0にするか電圧を逆方向に印加するまでは、導通状態が継続する。これに対して、GTOはゲート信号による点弧だけでなく、ゲートに逆方向電流を流すことでアノード〜カソード間の電流を遮断（消弧）できる自己消弧機能も持たせたものである。トライアックは、2個のSCRを逆方向に組み合わせたものと同じ動作をする素子であり、双方向サイリスタともいわれる。

(2) 直流電流増幅率が$h_{FE} = \dfrac{I_C}{I_B} = 100$、ベース電流が$I_B = 25 \,[\mu A] \rightarrow 25 \times 10^{-6} \,[A]$だから、コレクタ電流$I_C \,[A]$は、

$$I_C = I_B \times h_{FE} = 25 \times 10^{-6} \times 100 = 2.5 \times 10^{-3} \,[A]$$

となり、これがR_Cを流れるから、R_Cにおける電圧降下は、

$$R_C I_C = 2.5 \times 10^{-3} \times R_C = V_{CC} - V_{CE} = 18 - 8 = 10 \,[V]$$

となる。ゆえに、R_Cの抵抗値は、

$$R_C = \frac{10}{2.5 \times 10^{-3}} = 4 \times 10^{3} \,[\Omega] \rightarrow \mathbf{4} \,[k\Omega]$$

である。

(3) トランジスタ増幅回路を多段接続する場合、1段目のトランジスタにおいて温度等の影響により動作点が変動すると、次の段でさらにこの変動が増幅され、バイアス回路に影響を及ぼすことになる。この対策として、図2のように1段目と2段目の間をコンデンサで結合することにより、1段目の出力の直流成分を取り除き、**交流分**のみを取り出す方法があり、これにより2段目の増幅回路のバイアスが安定する。

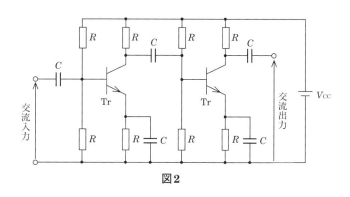

図2

(4) pn接合ダイオードにおいて、p形半導体側が正、n形半導体側が負になるように電圧を加えると、大きな電流が流れる。このときの電圧を順方向電圧という。これとは反対に、p形半導体側が負、n形半導体側が正になるように電圧を加えたときの電圧を逆方向電圧といい、逆方向電圧を加えた場合には、通常、電流はほとんど流れない。ところが、図3のように逆方向電圧を徐々に大きくしていくと、電圧がある値に達したところで急激に大きな電流が流れるようになる。この現象を**降伏**現象といい、電流が急増する境界となる電圧の大きさを降伏電圧という。pn接合ダイオードのこの特性を利用し、各種回路において電圧を一定に保つ素子として用いられているのがツェナーダイオードである。

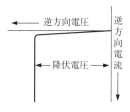

図3　降伏現象

(5) トランジスタ回路の特性評価を行うときには、増幅特性、スイッチング等の特性を表す種々の特性図が参考にされ、エミッタ接地方式の場合の代表な静特性として、図4に示すように、入力特性($V_{BE} - I_B$)、出力特性($V_{CE} - I_C$)、電流伝達特性($I_B - I_C$)、電圧帰還特性($V_{BE} - V_{CE}$)の4つが挙げられる。このうち、**出力特性**は、ベース電流I_Bを一定に保ったときの、コレクタ電流I_Cとコレクタ−エミッタ間の電圧V_{CE}との関係を示したものである。

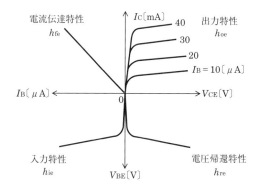

図4　エミッタ接地方式トランジスタ回路の静特性

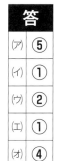

答	
(ア)	**⑤**
(イ)	**①**
(ウ)	**②**
(エ)	**①**
(オ)	**④**

基礎

2 電子回路

次の各文章の [   ] 内に、それぞれの [   ] の解答群の中から最も適したものを選び、その番号を記せ。 (小計20点)

(1) 半導体中の自由電子又は正孔に濃度差があるとき、自由電子又は正孔が濃度の高い方から低い方に移動する現象は、 (ア) といわれる。 (4点)

   [① 整合　② イオン化　③ 拡散　④ 再結合　⑤ 帰還]

(2) 図1に示すトランジスタ増幅回路において、この回路のトランジスタの各特性が図2及び図3で示すものであるとき、コレクター-エミッタ間の電圧 V_{CE} は、 (イ) ボルトとなる。ただし、抵抗 R_1 は100オーム、R_2 は2.4キロオーム、R_3 は4キロオームとする。 (4点)

   [① 2　② 4　③ 6　④ 8　⑤ 10]

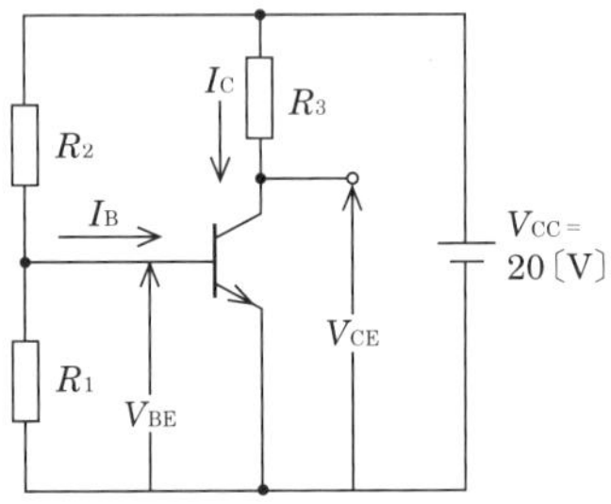

図1 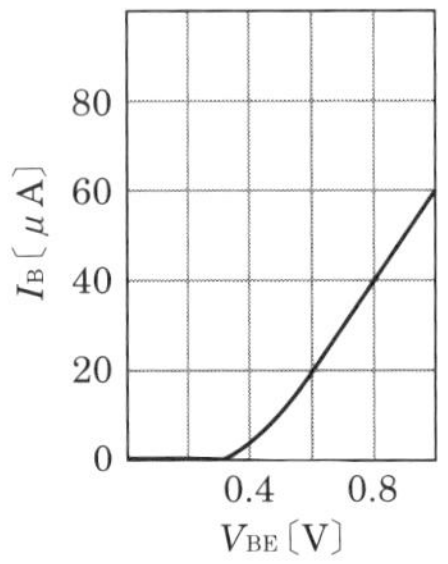　　　　　図2 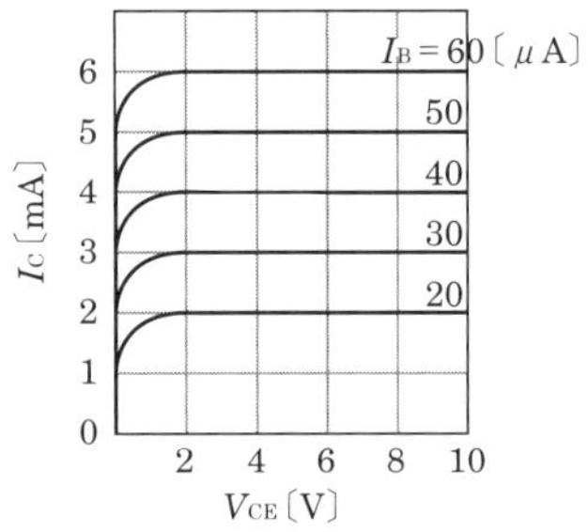　　　　　図3

(3) DRAMはコンデンサに電荷を蓄えておくことにより情報を保持しているが、この電荷は時間とともに減少するためそのまま放置しておくと情報が失われる。このため (ウ) といわれる再書き込みが行われる。 (4点)

   [① ライトバック　② バックアップ　③ ミラーリング
    ④ リフレッシュ　⑤ ライトスルー]

(4) トランジスタによる増幅回路を構成する場合のバイアス回路は、トランジスタの (エ) の設定を行うために必要な直流電流を供給するために用いられる。 (4点)

   [① 発振周波数　② 遮断周波数　③ 動作点　④ 飽和点　⑤ 降伏電圧]

(5) ベース接地トランジスタ回路の電流増幅率が0.97で、エミッタ電流が3ミリアンペアのとき、ベース電流は、 (オ) ミリアンペアとなる。 (4点)

   [① 0.09　② 2.91　③ 3.97　④ 90　⑤ 291]

解 説

(1) 半導体内でキャリアの密度が不均一であると、キャリアは均一になろうとして密度の高い部分から低い部分に移動する。この現象を**拡散**といい、このときに生ずる電流を拡散電流という。これに対して、半導体に電界を加えると、電子が電界の向きと逆方向に移動する運動は加速され、電界と同方向に移動する運動が減速されるため、総じてキャリアが移動する。この現象をドリフトといい、このときに生ずる電流をドリフト電流という。

(2) 図4は電流帰還バイアス回路であり、V_{CC}を2つの抵抗R_1とR_2でV_1とV_2に分圧し、R_1とR_Eによる電圧降下V_{RE}によりベース～エミッタ間電圧V_{BE}を得る。R_1の両端電圧V_1〔V〕は$V_1 = V_{BE} + V_{RE} = V_{BE} + I_E R_E$〔V〕である。図1は図4においてエミッタとアースの間を短絡して$R_E = 0$〔Ω〕としたものであり、$V_1 = V_{BE}$〔V〕となる。

ここで、$R_1 = 100$〔Ω〕、$R_2 = 2.4 \times 10^3$〔Ω〕であり、これらにより$V_{CC} = 20$〔V〕を分圧するから、V_1は、

$$V_1 = \frac{R_1}{R_1 + R_2} \times V_{CC} = \frac{100}{100 + 2,400} \times 20 = 0.8 \text{〔V〕}$$

となる。$V_{BE} = V_1 = 0.8$〔V〕から、図2を用いて$V_{BE} = 0.8$〔V〕のときのベース電流$I_B = 40$〔μA〕が求められる。また、図3より、$I_B = 40$〔μA〕のときのコレクタ電流は、$I_C = 4$〔mA〕$= 4 \times 10^{-3}$〔A〕である。これにより、抵抗$R_3 = 4$〔kΩ〕$= 4 \times 10^3$〔Ω〕の両端電圧は、$V_3 = R_3 I_C = 4 \times 10^3 \times 4 \times 10^{-3} = 16$〔V〕となる。

よって、V_{CE}〔V〕は、次のようになる。

$$V_{CE} = V_{CC} - V_3 = 20 - 16 = 4 \text{〔V〕}$$

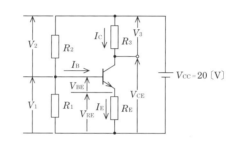

図4 電流帰還バイアス回路

(3) DRAMの記憶素子は、1個のトランジスタと1個のキャパシタ(コンデンサに相当)がワード線およびビット線の2本の信号線に接続された多数のメモリセルで構成されている。これを2本の信号線の電位の高低で制御することにより、1つのメモリセルで1ビットの情報を記憶する。

セルに記憶されているデータが"0"であるか"1"であるかの判定は、ワード線の電位を上げたときにキャパシタからの放電電流によりビット線の電位が上昇するかどうかで行われるため、読出しを行う度にキャパシタから電荷が流出し、記憶内容が失われる(破壊読み出し)。また、長時間放置すると漏れ電流によりキャパシタから電位が失われていく。このような理由から、記憶保持のための再書き込み動作(**リフレッシュ**動作)が必要になる。

(4) トランジスタ増幅回路では、ベースに適切な大きさの直流電圧を加えて一定の直流電流を流し、そこにさらに入力信号(交流)を加えることで増幅が可能となる。もし、入力が交流信号のみであったとすると、信号が負のときに逆方向電圧となりトランジスタは動作しなくなる。この対策として、あらかじめベースにある程度の大きさの直流電圧を加えておけば、入力信号が負になっても順方向電圧が加わるのでトランジスタは動作し続けて入力信号と相似の波形が出力される。この直流電圧をバイアス電圧というが、バイアスの大きさは、図5のようなトランジスタの特性曲線によって入力信号を直線的に増幅できる中心点(**動作点**という。)に設定する必要がある。

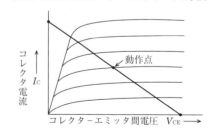

図5 特性曲線と動作点

(5) ベース接地形のトランジスタ回路において、図6のようにエミッタ電流をI_E〔A〕、コレクタ電流をI_C〔A〕、ベース電流をI_B〔A〕とすれば、キルヒホッフの第1法則より$I_E = I_C + I_B$の関係があり、また、直流電流増幅率は$\alpha = \dfrac{I_C}{I_E}$で表される。ここで、題意より、$\alpha = 0.97$、$I_E = 3 \times 10^{-3}$〔A〕であるから、コレクタ電流は、$I_C = \alpha I_E = 0.97 \times 3 \times 10^{-3} = 2.91 \times 10^{-3}$〔A〕となる。よって、ベース電流$I_B$〔A〕は、次のようになる。

$$I_B = I_E - I_C = 3 \times 10^{-3} - 2.91 \times 10^{-3} = 0.09 \times 10^{-3} \text{〔A〕} \rightarrow \textbf{0.09}\text{〔mA〕}$$

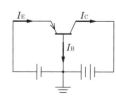

図6

答	
(ア)	③
(イ)	②
(ウ)	④
(エ)	③
(オ)	①

基礎

2
電子回路

次の各文章の	内に、それぞれの［	］の解答群の中から最も適したものを選び、その番号を記せ。	(小計20点)

(1) 半導体の結晶内において共有結合をしている電子は、	(ア)	といわれるエネルギー帯にある。(4点)
　　　［①　価電子帯　　②　伝導帯　　③　禁制帯　　④　アダプタ　　⑤　ドナー］

(2) 図1に示すトランジスタ増幅回路においてベース－エミッタ間に正弦波の入力信号電圧V_Iを加えたとき、コレクタ電流I_Cが図2に示すように変化した。I_Cとコレクタ－エミッタ間の電圧V_{CE}との関係が図3に示すように表されるとき、V_Iの振幅を50ミリボルトとすれば、電圧増幅度は、	(イ)	である。　　(4点)
　　　［①　20　　②　30　　③　40　　④　50　　⑤　60］

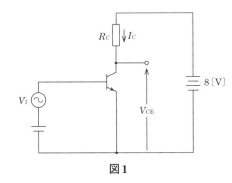
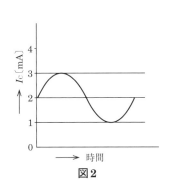
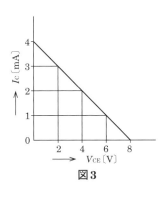

図1　　　　　　　　図2　　　　　　　　図3

(3) ダイオードの特徴について述べた次の二つの記述は、	(ウ)	。　　　　　(4点)
　A　ツェナーダイオードは、逆方向に加えた電圧がある値を超えると急激に電流が増加し、広い電流範囲で電圧を一定に保つ特性を有する。
　B　可変容量ダイオードは、コンデンサの働きを持つ半導体素子であり、pn接合ダイオードに加える逆バイアス電圧を制御することにより、静電容量を変えることができる。
　　　［①　Aのみ正しい　　②　Bのみ正しい　　③　AもBも正しい　　④　AもBも正しくない］

(4) 接合型電界効果トランジスタは、半導体内部の多数キャリアの流れを、	(エ)	電極に加える電圧により制御する半導体素子である。　　　　　(4点)
　　　［①　ドレイン　　②　ソース　　③　ベース　　④　ゲート］

(5) トランジスタの静特性のうち、エミッタ接地方式においてコレクタ－エミッタ間の電圧V_{CE}を一定に保ったときのベース電流I_Bとコレクタ電流I_Cとの関係を示したものは、	(オ)	特性といわれる。　　(4点)
　　　［①　電圧帰還　　②　電流伝達　　③　入　力　　④　出　力　　⑤　変　調］

解説

(1) 半導体は、通常は絶縁体であり、電流は流れない。しかし、禁制帯の幅が狭いため、禁制帯のエネルギーギャップを超えて価電子帯の電子を励起すると、価電子帯の電子が伝導帯に移って自由電子になり、導体として振る舞う。

① **価電子帯**は、価電子によって満たされたエネルギー帯をさす。価電子は、原子の最外殻にある電子で、イオンの形成や化学結合の形成に関与し、原子価などの化学的性質を決定する。

② 伝導帯は、禁制帯の直上にあり、通常時は電子がない領域をさす。

③ 禁制帯（バンドギャップ）は、結晶のバンド構造において電子が存在できない領域全般をいい、電子に占有された最も高い価電子帯から、最も低い伝導帯までの間のエネルギーギャップをさす。

④、⑤ アクセプタは、p型半導体をつくるために添加する不純物をいい、ドナーは、n型半導体をつくるために添加する不純物をいう。これらは、エネルギー帯ではないので、解答の候補にはならない。

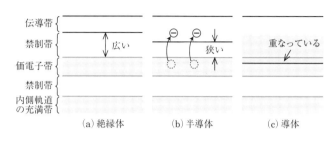

図4　エネルギー帯

(2) 図2により、コレクタ電流I_Cは、2〔mA〕を中心に振幅1〔mA〕で変化（1〔mA〕≦I_C≦3〔mA〕）することがわかる。このとき、コレクタ～エミッタ間電圧V_{CE}は4〔V〕を中心に振幅2〔V〕で変化（2〔V〕≦V_{CE}≦6〔V〕）することが図3より読みとれる。

ここで、電圧増幅度は、次式で表される。

$$電圧増幅度 = \frac{出力電圧（V_{CE}の振幅）}{入力電圧（V_Iの振幅）}$$

この電圧増幅度を表す式に、出力電圧（V_{CE}の振幅）＝2〔V〕、入力電圧（V_Iの振幅）＝50〔mV〕＝50×10^{-3}〔V〕を代入すれば、

$$電圧増幅度 = \frac{2}{50 \times 10^{-3}} = \frac{2 \times 10^3}{50} = \frac{2,000}{50} = \mathbf{40}$$

が求められる。

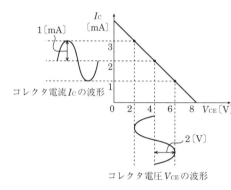

図5

(3) 設問の記述は、**A**も**B**も正しい。

A　ツェナーダイオードは定電圧ダイオードとも呼ばれ、シリコン（Si）を使用したpn接合形のダイオードである。ツェナーダイオードは、逆方向電圧に対してある電圧値以上になると逆方向電流が急激に増加する、降伏現象あるいはツェナー現象などといわれる特性がある。この特性を利用すると、常時逆方向電圧を加えておき、逆耐電圧の範囲で、逆方向電流の大きな変化にもかかわらず電圧を一定に保つことができる。したがって、記述は正しい。

B　ダイオードのpn接合面付近では、p形内部の正孔とn形内部の電子が拡散現象により相手領域に入り込み、電子と正孔が結合して消滅する。このため、pn接合面付近ではキャリアの存在しない空乏層ができる。空乏層の幅はpn接合に逆方向に加える電圧により変化し、この逆方向電圧を大きくすると幅が大きくなる。コンデンサの静電容量は電極間の間隔に反比例するので、この空乏層を利用して静電容量を変化させることにより可変容量コンデンサとして利用できる。したがって、記述は正しい。

(4) 電界効果トランジスタ（FET）には、ゲート、ソース、ドレインの3つの電極があり、ドレイン－ソース間に電圧をかけた状態でゲート電極に加える電圧を変化させると、空乏層といわれるキャリア（電気伝導の担い手となる自由電子および正孔）が存在しない領域の大きさが変化し、その結果、キャリアが流れる通路（チャネル）の幅が変化するので、ドレインからソースへと流れる電流の大きさが変化する。このように、**ゲート**電極に加える電圧の大きさによりドレインからソースへ流れる電流の大きさを制御できることから、電界効果トランジスタは電圧制御形のトランジスタといわれる。電界効果トランジスタは、その内部構造により接合型FET（JFET）とMOS型FET（MOSFET）に大別されるが、動作のさせ方はどちらも同じである。

(5) トランジスタ回路の特性評価をする場合、増幅特性、スイッチング等の特性を表す種々の特性図が参考にされ、エミッタ接地方式のトランジスタ回路の場合の代表的な静特性としては、入力特性（$I_B - V_{BE}$）、出力特性（$I_C - V_{CE}$）、電流伝達特性（$I_C - I_B$）、電圧帰還特性（$V_{BE} - V_{CE}$）の4つが挙げられる。これらのうち、コレクタ－エミッタ間の電圧V_{CE}を一定に保ったときのベース電流I_Bとコレクタ電流I_Cとの関係を示したものは、**電流伝達**特性である。

答	
㋐	①
㋑	③
㋒	③
㋓	④
㋔	②

基礎

2 電子回路

次の各文章の 内に、それぞれの［　］の解答群の中から最も適したものを選び、その番号を記せ。 (小計20点)

(1) 半導体に電界を加えたとき、半導体中の正孔や自由電子が電界から力を受けて移動する現象は、 (ア) といわれる。 (4点)

　　［① 拡　散　　② 整　合　　③ ドリフト　　④ リプル　　⑤ 再結合］

(2) 図1に示すトランジスタ増幅回路において、この回路のトランジスタの各特性が図2及び図3で示すものであるとき、コレクターエミッタ間の電圧V_{CE}は、 (イ) ボルトとなる。ただし、抵抗R_1は100オーム、R_2は2.4キロオーム、R_3は3キロオームとする。 (4点)

　　［① 2　　② 4　　③ 6　　④ 8　　⑤ 10］

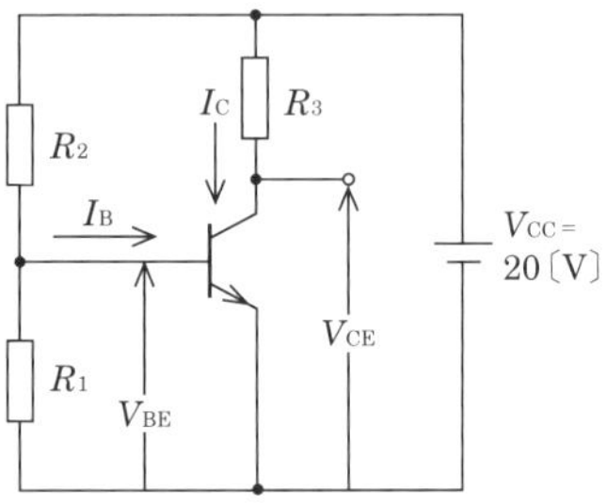

図1 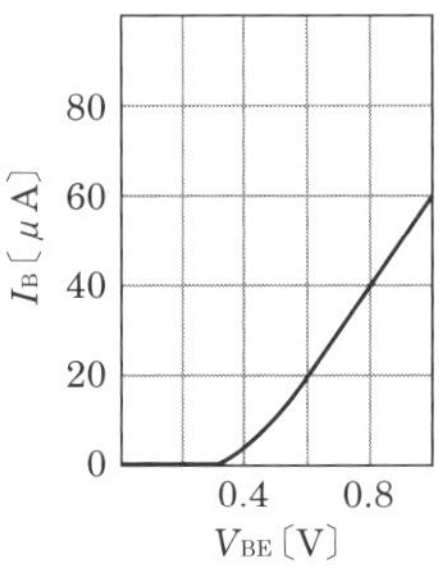　　　　　　　　　　図2 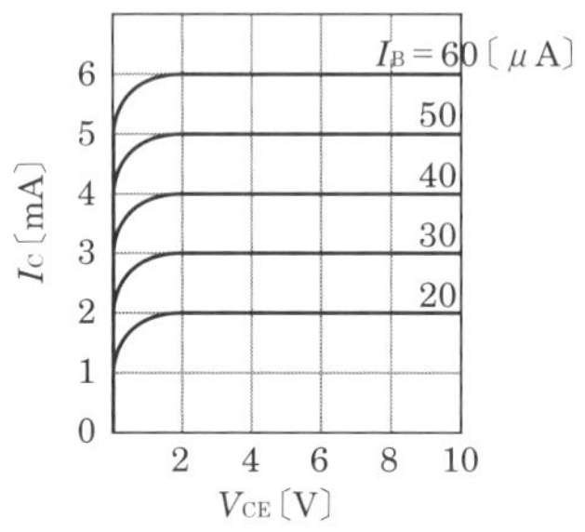　　　　　　　　　　図3

(3) トランジスタ増幅回路で出力信号を取り出す場合には、バイアス回路への影響がないようにコンデンサを通して (ウ) のみを取り出す方法がある。 (4点)

　　［① 高調波成分　　② 雑音成分　　③ 直流分　　④ 交流分　　⑤ 漏話信号分］

(4) 電界効果トランジスタについて述べた次の二つの記述は、 (エ) 。 (4点)

　A　電界効果トランジスタは、電子又は正孔のどちらか一方をキャリアとしており、ユニポーラトランジスタともいわれる。

　B　電界効果トランジスタには、ドレイン－ソース間にチャネルといわれる電流の通路があり、ゲートに加える電流によって出力電圧が制御される。

　　［① Aのみ正しい　　② Bのみ正しい　　③ AもBも正しい　　④ AもBも正しくない］

(5) トランジスタ回路を接地方式により分類したとき、入力インピーダンスが高く、出力インピーダンスが低いため、インピーダンス変換回路として用いられるものは、 (オ) 接地方式である。 (4点)

　　［① エミッタ　　② コレクタ　　③ ベース　　④ ソース　　⑤ ゲート］

解説

(1) 半導体内でキャリア(電荷の担い手である自由電子と正孔)の濃度に偏りがあると、キャリアは均一になろうとして濃度の高い部分から低い部分に移動する。この現象を拡散(diffusion)といい、このようにして生ずる電流を拡散電流という。これに対して、半導体に電界を加えたとき、電子が電界の向きと逆方向に移動する運動は加速され、電界と同方向に移動する運動が減速されるため、総じてキャリアが移動する。この現象を**ドリフト**(drift)といい、このようにして生じる電流をドリフト電流という。

(2) 図1は電流帰還バイアス回路であり、図4のように、V_{CC}を2つの抵抗R_1とR_2で分圧し、R_1とR_Eによる電圧降下V_{RE}によりベース～エミッタ間電圧V_{BE}を得る。R_1の両端電圧V_1〔V〕は$V_1 = V_{BE} + V_{RE} = V_{BE} + I_E R_E$〔V〕であるが、図1よりエミッタとアースの間に抵抗がないため、$R_E = 0$〔Ω〕であり、$V_1 = V_{BE}$〔V〕となる。ここで、$R_1 = 100$〔Ω〕、$R_2 = 2.4 \times 10^3$〔Ω〕であり、これらにより$V_{CC} = 20$〔V〕を分圧するから、V_1は、

$$V_1 = \frac{R_1}{R_1 + R_2} \times V_{CC} = \frac{100}{100 + 2,400} \times 20 = 0.8\,〔V〕$$

となる。$V_{BE} = V_1 = 0.8$〔V〕だから、図2を用いて$V_{BE} = 0.8$〔V〕のときのベース電流I_B〔μA〕を求めると、$I_B = 40$〔μA〕となる。また、図3より、$I_B = 40$〔μA〕のときのコレクタ電流I_C〔mA〕は、$I_C = 4$〔mA〕である。これより、抵抗$R_3 = 3$〔kΩ〕の両端電圧は、$R_3 I_C = 3 \times 4 = 12$〔V〕となる。

よって、コレクタ～エミッタ間の電圧V_{CE}〔V〕は、

$$V_{CE} = V_{CC} - R_3 I_C = 20 - 12 = 8\,〔V〕$$

となる。

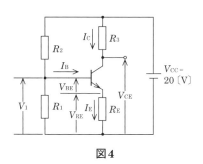

図4

(3) トランジスタ増幅回路を多段接続する場合、1段目のトランジスタにおいて温度等の影響により動作点が変動すると、次の段でさらにこの変動が増幅され、バイアス回路に影響を及ぼすことになる。この対策として、図5のように1段目と2段目の間をコンデンサで結合することにより、1段目の出力の直流成分を取り除き、**交流分**のみを取り出す方法があり、これにより2段目の増幅回路のバイアスが安定する。

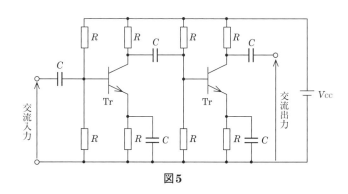

図5

(4) 設問の記述は、**Aのみ正しい**。

A 一般のトランジスタは、電子と正孔の2つのキャリアの作用によって動作することから、バイポーラ(bipolar)形トランジスタとよばれている。これに対し、MOS型を含めた電界効果トランジスタ(FET)では、電子または正孔のどちらか1つのキャリアによって動作するため、ユニポーラ(unipolar)形トランジスタとよばれる。したがって、記述は正しい。

B 電界効果トランジスタは、ゲート、ソース、ドレインの3つの電極から成り、ゲートに加える電圧により電界を変化させて多数キャリアの流れるチャネルを制御する、電圧制御形のトランジスタである。したがって、記述は誤り。

(5) トランジスタ回路の接地方式には、ベース接地方式、エミッタ接地方式、コレクタ接地方式の3種類があり、それぞれ表1のような特徴がある。表より、**コレクタ**接地方式は、電圧利得(増幅度)がほぼ1と小さく、入力インピーダンスが大きく、出力インピーダンスが小さく、その代表的な用途はインピーダンス変換回路であることがわかる。

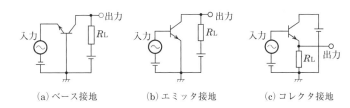

図6 トランジスタ(npn形)の接地方式

表1 各接地方式の特性

接地方式 / 項目	ベース接地	エミッタ接地	コレクタ接地
入力インピーダンス	低	中	高
出力インピーダンス	高	中	低
電流利得	小 (<1)	大	大
電圧利得	大*	中	小 (ほぼ1)
電力利得	中	大	小
高周波特性	最も良い	悪い	良い
入・出力電圧位相	同相	逆相	同相
代表的な用途	高周波増幅	増幅(一般用)	インピーダンス変換

〔注〕 *は負荷抵抗が大の場合

基礎

2 電子回路

答

㈠	③
㈡	④
㈢	④
㈣	①
㈤	②

●論理式

デジタル回路では、"0"と"1"の2つの状態のみで表現する2値論理の演算が行われる。この演算を行う回路を論理回路といい、その動作を論理式あるいは**ブール代数**とよばれる代数で表現する。ブール代数には、次のような基本式がある。

① $A + B$　　論理和（OR）
② $A \cdot B$　　論理積（AND）
③ $\overline{A}$　　　否定論理（NOT）
④ $\overline{A + B}$　　否定論理和（NOR）
⑤ $\overline{A \cdot B}$　　否定論理積（NAND）

●ベン図

ベン図は範囲図ともよばれ、ブール代数を直観的に図示したものである。論理式の入力を表すのに、ある平面に円を考え、円の内側を"1"、外側を"0"とする。例としてANDおよびNOTの場合を図1に示す。

　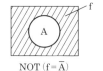

AND $(f = A \cdot B)$　　　　NOT $(f = \overline{A})$

図1

●論理和（OR）

2個以上の入力端子と1個の出力端子をもち、入力端子の少なくとも1個に"1"が入力された場合に出力端子に"1"を出力し、すべての入力端子に"0"が入力された場合は、"0"を出力する。

表1

シンボル	ベン図	真理値		
		A	B	f
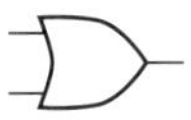	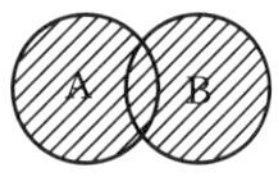 $f = A + B$	0	0	0
		0	1	1
		1	0	1
		1	1	1

●論理積（AND）

2個以上の入力端子と1個の出力端子をもち、すべての入力端子に"1"が入力された場合に出力端子に"1"を出力し、入力端子の少なくとも1個に"0"が入力された場合は、"0"を出力する。

表2

シンボル	ベン図	真理値		
		A	B	f
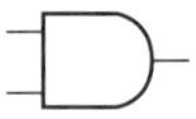	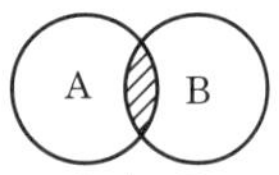 $f = A \cdot B$	0	0	0
		0	1	0
		1	0	0
		1	1	1

●否定論理（NOT）

1個の入力端子と1個の出力端子をもち、入力端子に"0"が入力として加えられた場合に出力端子に"1"を、入力端子に"1"が入力として加えられた場合に出力端子に"0"を出力する。この回路の入力をA、出力をfとすると、$f = \overline{A}$ で表される。

表3

シンボル	ベン図	真理値	
		A	f
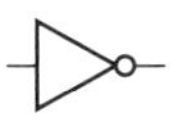	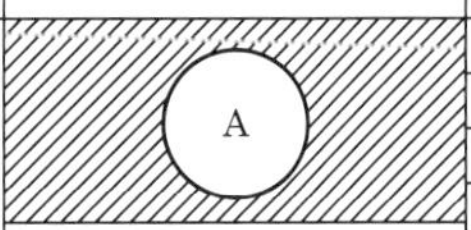 $f = \overline{A}$	0	1
		1	0

●否定論理和（NOR）

2個以上の入力端子と1個の出力端子をもち、すべての入力端子に"0"が入力された場合に出力端子に"1"を出力し、入力端子の少なくとも1個に"1"が入力された場合は、"0"を出力する。

表4

シンボル	ベン図	真理値		
		A	B	f
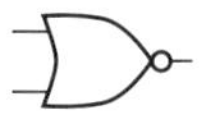	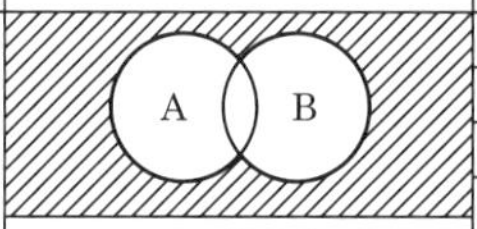 $f = \overline{A + B}$	0	0	1
		0	1	0
		1	0	0
		1	1	0

●否定論理積（NAND）

2個以上の入力端子と1個の出力端子をもち、すべての入力端子に"1"が入力された場合に出力端子に"0"を出力し、入力端子の少なくとも1個に"0"が入力された場合は、"1"を出力する。

表5

シンボル	ベン図	真理値		
		A	B	f
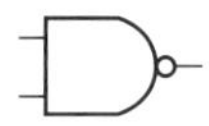	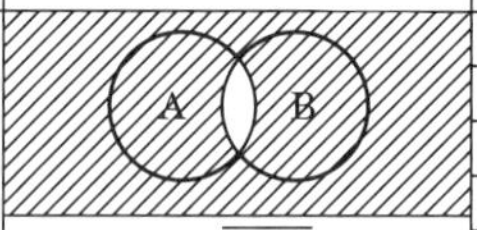 $f = \overline{A \cdot B}$	0	0	1
		0	1	1
		1	0	1
		1	1	0

●排他的論理和（EXOR）

2個の入力端子と1個の出力端子をもち、一方の入力端子に"1"が入力として加えられ、もう一方の入力端子に"0"が入力として加えられた場合のみ、出力端子に"1"を出力し、両方の入力端子の入力が同じ場合に"0"を出力する。この結果より不一致回路ともよばれる。

表6

シンボル	ベン図	真理値		
		A	B	f
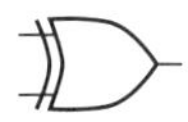	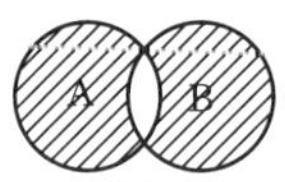 $f = A \cdot \overline{B} + \overline{A} \cdot B$	0	0	0
		0	1	1
		1	0	1
		1	1	0

ブール代数の基本定理

複雑な論理式は、以下のようなブール代数の基本定理を用いて簡略化することができる。

●交換の法則

$$A + B = B + A \qquad A \cdot B = B \cdot A$$

●結合の法則

$$A + (B + C) = (A + B) + C$$
$$A \cdot (B \cdot C) = (A \cdot B) \cdot C$$

●分配の法則

$$A \cdot (B + C) = A \cdot B + A \cdot C$$

●恒等の法則

$$A + 1 = 1 \qquad A + 0 = A$$
$$A \cdot 1 = A \qquad A \cdot 0 = 0$$

●同一の法則

$$A + A = A \qquad A \cdot A = A$$

●補元の法則

$$A + \overline{A} = 1 \qquad A \cdot \overline{A} = 0$$

●ド・モルガンの法則

$$\overline{A + B} = \overline{A} \cdot \overline{B} \qquad \overline{A \cdot B} = \overline{A} + \overline{B}$$

●復元の法則

$$\overline{\overline{A}} = A$$

●吸収の法則

$$A + A \cdot B = A \qquad A \cdot (A + B) = A$$

●複雑なブール代数への基本定理の応用例

基本定理を用い簡略化する例を次に示す。

$$
\begin{aligned}
C &= \overline{\overline{(A + B)} + \{A \cdot \overline{(A + B)}\}} \\
&= \overline{\overline{(A + B)}} \cdot \overline{\{A \cdot \overline{(A + B)}\}} \quad \text{ド・モルガンの法則} \\
&= \overline{\overline{(A + B)}} \cdot \{\overline{A} + \overline{\overline{(A + B)}}\} \quad \text{ド・モルガンの法則} \\
&= (A + B) \cdot \{\overline{A} + (A + B)\} \quad \text{復元の法則} \\
&= (A + B) \cdot \{(\overline{A} + A) + B\} \quad \text{結合の法則} \\
&= (A + B) \cdot \{1 + B\} \quad \text{補元の法則} \\
&= (A + B) \cdot 1 \quad \text{恒等の法則} \\
&= A + B \quad \text{恒等の法則}
\end{aligned}
$$

正論理と負論理

論理回路で扱うデータは、2値論理の"0"または"1"の組合せで表現される。この"0"と"1"を、電圧の高低やスイッチのONとOFFに対応させる方法として、正論理と負論理とがある。

電圧が高い(H)状態を"1"、電圧が低い(L)状態を"0"に対応させる方法を**正論理**といい、逆に電圧が高い(H)状態を"0"、電圧が低い(L)状態を"1"に対応させる方法を**負論理**という。

図2に示すダイオードの回路の場合、表7のように正論理で表現するとAND回路となり、負論理で表現するとOR回路となる。

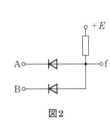

図2

表7

回路動作			真理値表					
			正論理			負論理		
A	B	f	A	B	f	A	B	f
L	L	L	0	0	0	1	1	1
L	H	L	0	1	0	1	0	1
H	L	L	1	0	0	0	1	1
H	H	H	1	1	1	0	0	0

2進数、8進数、16進数と基数変換

数の表現方法には、2進数、8進数、10進数、16進数などさまざまなものがある。一般に、現代人が日常生活に用いているのは、1つの桁を0、1、2、3、4、5、6、7、8、9の10種類の数字で表現する10進数である。

●2進数

コンピュータの内部処理は、一般に電圧の高・低で行われるが、このようすは1つの桁に0と1の2種類の数字を用いる2進数で表現される。しかし、2進数は桁数が多くなり、人間が目視した場合に桁を見誤りやすいという欠点がある。このことから、情報処理の領域では、2進数3桁を1桁で表現できる8進数や、2進数4桁を1桁で表現できる16進数を用いることが多くなっている。

●8進数

8進数は、0から7の8種類の数字を用いて数を表現するものである。2進数から8進数への変換は、2進数を下位桁から3桁ずつ区切って行う。

●16進数

16進数は、0から9の10種類の数字にアルファベットのA、B、C、D、E、Fの6種類の文字をそれぞれ数字に見立てて追加した、合計16種類の数字を用いて数を表現する方法である。2進数から16進数への変換は、2進数を下位桁から4桁ずつ区切って行う。

表8 基数変換

10進数	2進数	8進数	16進数
0	0	0	0
1	1	1	1
2	10	2	2
3	11	3	3
4	100	4	4
5	101	5	5
6	110	6	6
7	111	7	7
8	1000	10	8
9	1001	11	9
10	1010	12	A
11	1011	13	B
12	1100	14	C
13	1101	15	D
14	1110	16	E
15	1111	17	F
16	10000	20	10

次の各文章の 内に、それぞれの[ ]の解答群の中から最も適したものを選び、その番号を記せ。 (小計20点)

(1) 図1、図2及び図3に示すベン図において、A、B及びCが、それぞれの円の内部を表すとき、図1、図2及び図3の斜線部分を示すそれぞれの論理式の論理積は、 (ア) と表すことができる。 (5点)

$$
\begin{array}{ll}
① \quad \overline{A \cdot B \cdot C} & ② \quad A \cdot B + A \cdot C + B \cdot C \\
③ \quad A \cdot \overline{C} + \overline{A} \cdot B + \overline{B} \cdot C & ④ \quad A \cdot B \cdot \overline{C} + A \cdot \overline{B} \cdot C + \overline{A} \cdot B \cdot C \\
⑤ \quad A \cdot \overline{B} \cdot \overline{C} + \overline{A} \cdot B \cdot \overline{C} + \overline{A} \cdot \overline{B} \cdot C &
\end{array}
$$

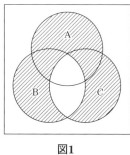 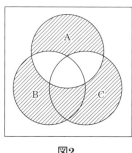 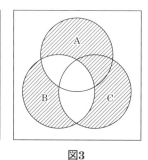

図1   図2   図3

(2) 表1に示す2進数のX_1〜X_3を用いて、計算式(加算)$X_0 = X_1 + X_2 + X_3$からX_0を求め、2進数で表示し、X_0の先頭から(左から)3番目と4番目と5番目の数字を順に並べると、 (イ) である。 (5点)

[① 000 ② 001 ③ 011 ④ 101 ⑤ 110]

表1

2進数
$X_1 = $ 110111
$X_2 = $ 1111001
$X_3 = $ 10111001

(3) 図4に示す論理回路は、NANDゲートによるフリップフロップ回路である。入力a及びbに図5に示す入力がある場合、図4の出力cは、図5の出力のうち (ウ) である。 (5点)

[① c1 ② c2 ③ c3 ④ c4 ⑤ c5 ⑥ c6]

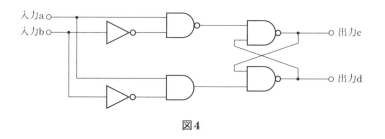

図4

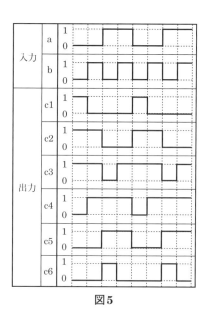

図5

(4) 次の論理関数Xは、ブール代数の公式等を利用して変形し、簡単にすると、 (エ) になる。 (5点)

$$X = \overline{(A + \overline{B})} + \overline{(A + \overline{C})} + (A + B) + (A + C)$$

[① 0 ② 1 ③ $\overline{A}$ ④ $\overline{A} \cdot B \cdot C + \overline{A} \cdot \overline{B} \cdot \overline{C}$ ⑤ $\overline{A} \cdot B \cdot \overline{C} + \overline{A} \cdot \overline{B} \cdot C$]

解説

(1) 図1～図3のベン図を図6のように線で区切られた@～ⓗの8つの領域に分けて考える。図1～図3の斜線部分の論理積は、図1～図3のいずれにおいても斜線部分となっている領域であり、図1～図3のうちどれか1つでも斜線部分でない場合は該当しない。@～ⓗの領域について順次検討していくと、図1～図3の斜線部分の論理積は、図6の塗りつぶした部分(@、ⓔ、ⓖ)になる。@、ⓔ、ⓖの各領域を論理式で表すと、@が$A \cdot (\overline{B + C})$、ⓔが$B \cdot (\overline{C + A})$、ⓖが$C \cdot (\overline{A + B})$で表されるから、図6の塗りつぶした部分を表す論理式は、次式のようになる。

$$A \cdot (\overline{B + C}) + B \cdot (\overline{C + A}) + C \cdot (\overline{A + B})$$
$$= A \cdot (\overline{B} \cdot \overline{C}) + B \cdot (\overline{C} \cdot \overline{A}) + C \cdot (\overline{A} \cdot \overline{B})$$
$$= \mathbf{A \cdot \overline{B} \cdot \overline{C} + \overline{A} \cdot B \cdot \overline{C} + \overline{A} \cdot \overline{B} \cdot C}$$

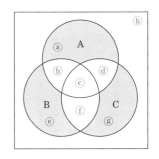

図6　図1～図3の論理積

(2) 10進数が10で桁上がりするのと同じように、2進数では2で桁上がりする。したがって、表1中のX_1～X_3の加算は、最下位桁の位置を揃えて図7のように計算すればよい。なお、計算過程での右肩の小さい数字は、ここでは累乗ではなく桁上がりしたことを忘れないように仮に記入したものである。

よって、$X_0 = 101101001$となり、この先頭(左)から3番目と4番目と5番目の数字を順に並べると**110**となる。

$$
\begin{array}{r}
1\,1\,0\,1\,1\,1 \quad \leftarrow\cdots\cdots X_1 \\
+)\quad 1\,1\,1\,1\,0\,0\,1 \quad \leftarrow\cdots\cdots X_2 \\
\hline
1^1\,0^1\,1^1\,1^1\,0^1\,0\,0^1\,0 \\
+)\quad 1\,0\,1\,1\,1\,0\,0\,1 \quad \leftarrow\cdots\cdots X_3 \\
\hline
1^1\,0\,1^1\,1^1\,0\,1\,0\,0\,1 \quad \cdots\cdots\rightarrow X_0 \\
\end{array}
$$

図7　2進数の加算

(3) 図5の入出力波形を見ると、入力aは"0011"を、bは"0101"をそれぞれ2回繰り返したものであることがわかる。これらの値を図4の論理回路の入力aおよびbに当てはめると、回路中の各論理素子における論理レベルの変化は、図8のようになる。計算途中でP点の論理レベルが不明なため出力cの論理レベルも不明になるが、NAND素子の入力の少なくとも1つが"0"のとき出力が"1"となり、すべての入力が"1"のとき出力が"0"となる性質を利用すれば、Q点の論理レベルは1、1、*、1(*は0または1のどちらかの値をとるものとする)となることがわかる。また、P点とQ点は直接結ばれ、間に素子が存在しないことから、P点の論理レベルはQ点の論理レベルと等しい。よって、NAND素子の入力が1、1、0、1および1、1、*、1になるので、出力cの論理レベルは0、0、1、0である。これは、図4の論理回路において、入力aの論理レベルが"1"でbの論理レベルが"0"のときに出力cの論理レベルが"1"となり、それ以外のときはcの論理レベルが"0"となることを意味する。したがって、図4の論理回路において入力aおよびbに図5の入力がある場合、出力cの波形は、図5の**c6**のようになる。

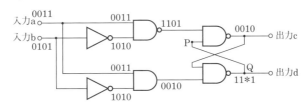

図8　各論理素子における論理レベルの変化

(4) 与えられた論理関数をブール代数(論理代数)の公式等を用いて簡略化すると、次のようになる。

$$X = \overline{(A + \overline{B})} + \overline{(A + \overline{C})} + \overline{(A + B)} + \overline{(A + C)}$$
$$= \overline{(A + \overline{B}) \cdot (A + \overline{C}) \cdot (A + B) \cdot (A + C)} = \overline{(\overline{A} \cdot \overline{\overline{B}}) \cdot (\overline{A} \cdot \overline{\overline{C}}) \cdot (\overline{A} \cdot \overline{B}) \cdot (\overline{A} \cdot \overline{C})}$$
$$= \overline{(\overline{A} \cdot B) \cdot (\overline{A} \cdot C) \cdot (\overline{A} \cdot \overline{B}) \cdot (\overline{A} \cdot \overline{C})} = \overline{\overline{A} \cdot B \cdot \overline{A} \cdot C \cdot \overline{A} \cdot \overline{B} \cdot \overline{A} \cdot \overline{C}}$$
$$= \overline{\overline{A} \cdot \overline{A} \cdot \overline{A} \cdot \overline{A} \cdot B \cdot \overline{B} \cdot C \cdot \overline{C}} = \overline{\overline{A} \cdot 0 \cdot 0} = \mathbf{0}$$

答	
(ア)	⑤
(イ)	⑤
(ウ)	⑥
(エ)	①

次の各文章の _____ 内に、それぞれの[ ]の解答群の中から最も適したものを選び、その番号を記せ。 (小計20点)

(1) 図1～図5に示すベン図において、A、B及びCが、それぞれの円の内部を表すとき、斜線部分を示す論理式が $A \cdot \overline{B} \cdot \overline{C} + \overline{A} \cdot \overline{B} \cdot C$ と表すことができるベン図は、 (ア) である。 (5点)

　　　[① 図1　② 図2　③ 図3　④ 図4　⑤ 図5]

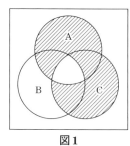
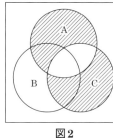
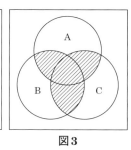
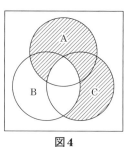
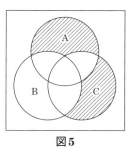

図1　　　　図2　　　　図3　　　　図4　　　　図5

(2) 表1に示す2進数の X_1、X_2 を用いて、計算式(乗算) $X_0 = X_1 \times X_2$ から X_0 を求め、これを16進数で表すと、 (イ) になる。 (5点)

　　　[① 8F　② 9E　③ 10E　④ 11D　⑤ 11E]

表1

2進数
$X_1 = 10110$
$X_2 = \ 1101$

(3) 図6に示す論理回路は、NORゲートによるフリップフロップ回路である。入力a及びbに図7に示す入力がある場合、図6の出力dは、図7の出力のうち (ウ) である。 (5点)

　　　[① d1　② d2　③ d3　④ d4　⑤ d5]

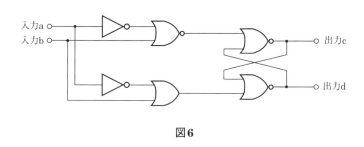

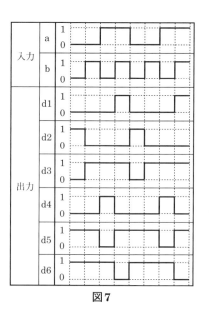

図6

図7

(4) 次の論理関数Xは、ブール代数の公式等を利用して変形し、簡単にすると、 (エ) になる。 (5点)

$$X = (A + B) \cdot \overline{(A + \overline{C})} + \overline{(\overline{A} + B)} \cdot (A + \overline{C})$$

　　　[① 1　② $A \cdot \overline{C} + \overline{A} \cdot B$　③ $A \cdot \overline{B} \cdot \overline{C}$　④ $\overline{A} \cdot B \cdot C$　⑤ $A \cdot \overline{B} \cdot \overline{C} + \overline{A} \cdot B \cdot C$]

解 説

(1) 設問で与えられた論理式 $A \cdot \overline{B} \cdot C + \overline{A} \cdot \overline{B} \cdot C$ をブール代数（論理代数）の公式等を用いて変形すると、

$$A \cdot \overline{B} \cdot C + \overline{A} \cdot \overline{B} \cdot C = A \cdot (\overline{B} + \overline{C}) + (\overline{A} + \overline{B}) \cdot C = A \cdot \overline{B} + A \cdot \overline{C} + \overline{A} \cdot C + \overline{B} \cdot C$$

となる。そして、この式を"+"で区切られた項ごとにみていくとわかりやすい。

まず、$A \cdot \overline{B}$ は、Aの内部かつBの外部になるので、図8の塗りつぶした部分が該当する。次の $A \cdot \overline{C}$ は、Aの内部かつCの外部になるので、図9の塗りつぶした部分が該当する。次の $\overline{A} \cdot C$ は、Aの外部かつCの内部になるので、図10の塗りつぶした部分が該当する。そして、最後の $\overline{B} \cdot C$ は、Bの外部かつCの内部になるので、図11の塗りつぶした部分が該当する。$A \cdot \overline{B} \cdot C + \overline{A} \cdot \overline{B} \cdot C$ は、図8～図11の少なくとも1つで塗りつぶされた領域が該当し、図12の塗りつぶした部分で表される。よって、**図1**が正解となる。

図8 $A \cdot \overline{B}$

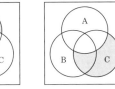
図9 $A \cdot \overline{C}$

図10 $\overline{A} \cdot C$

図11 $\overline{B} \cdot C$

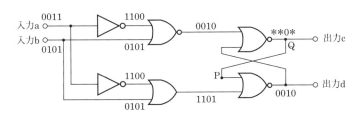
図12 $A \cdot \overline{B} \cdot C + \overline{A} \cdot \overline{B} \cdot C$

(2) 2進数においても、10進数と同様に、0に何を掛けても0になる。また、$1 \times 1 = 1$ となる。さらに、10進数が10で桁上がりするのと同じように、2進数では2で桁上がりする。したがって、表1の X_1 と X_2 の乗算は、最下位桁の位置を揃えて右下に示す方法で計算すればよい。なお、計算過程での右肩の小さい数字は、ここでは累乗ではなく桁上がりしたことを忘れないように仮に記入したものである。よって、$X_0 = 100011110$ となる。

また、2進数の4桁を16進数の1桁で表すことができ、「重点整理」の表8のような対応関係がある。2進数を16進数に変換する場合は、最下位桁から4桁ずつ区切り、それぞれを16進数の数字に置き換えていけばよい。2進数で表した X_0 の最下位4桁（1110）は16進数のEで表され、そのすぐ上位の2進数4桁（0001）は16進数の1で表され、さらにそのすぐ上位の2進数4桁（4桁に満たないので頭に0をつけて0001の4桁とする）は16進数の1で表される。したがって、X_0 を16進数で表すと、**11E**となる。

```
                    1 0 1 1 0   ←……X₁
    ×)              1 1 0 1   ←……X₂
    ─────────────────────────
                    1 0 1 1 0
                1 0 1 1 0
    +)      1 0 1 1 0
    ─────────────────────────
        1¹0¹0¹0¹1 1 1 1 0   ……→X₀
```

(3) 図7の入出力波形を見ると、入力aは"0011"を、入力bは"0101"をそれぞれ2回繰り返したものである。これらの値を図6の論理回路の入力aおよびbにあてはめると、回路中の各論理素子における論理レベルの変化は、図13のようになる。計算途中でP点の論理レベルが不明であるためdの論理レベルも不明であるが、NOR素子の入力の少なくとも1つが"1"のときに出力が"0"となり、すべての入力が"0"のときに出力が"1"となる性質を利用すると、Q点の論理レベルが＊、＊、0、＊（＊は0または1のどちらかの論理値を表しているものとする）となることがわかる。また、P点とQ点は直接結ばれ、間に素子が存在しないことから、P点の論理レベルとQ点の論理レベルは等しい。よって、NOR素子の入力が1、1、0、1と＊、＊、0、＊になるので、dの論理レベルは0、0、1、0で、入力aの論理レベルが"1"でbの論理レベルが"0"のときにdの論理レベルが"1"となり、それ以外のときにはdの論理レベルは"0"となる。したがって、図6の論理回路においてaおよびbに図7の入力がある場合、出力dの波形は、図7の**d4**のようになる。

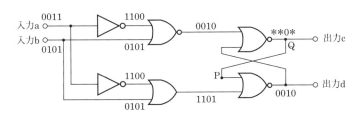
図13 各論理素子における論理レベルの変化

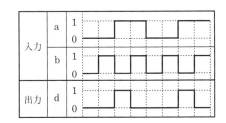
図14 abの入力論理レベルとdの出力論理レベル

(4) 与えられた論理関数をブール代数（論理代数）の公式等を用いて簡略化すると、次のようになる。

$$X = (A + B) \cdot (\overline{A} + \overline{C}) + (\overline{A} + B) \cdot (\overline{A} + \overline{C})$$
$$= (A + B) \cdot (\overline{A} \cdot \overline{\overline{C}}) + (\overline{\overline{A}} \cdot \overline{B}) \cdot (\overline{A} + \overline{C}) = (A + B) \cdot (\overline{A} \cdot C) + (A \cdot \overline{B}) \cdot (\overline{A} + \overline{C})$$
$$= A \cdot \overline{A} \cdot C + B \cdot \overline{A} \cdot C + A \cdot \overline{B} \cdot \overline{A} + A \cdot \overline{B} \cdot \overline{C} = A \cdot \overline{A} \cdot C + \overline{A} \cdot B \cdot C + A \cdot \overline{A} \cdot \overline{B} + A \cdot \overline{B} \cdot \overline{C}$$
$$= 0 \cdot C + \overline{A} \cdot B \cdot C + 0 \cdot \overline{B} + A \cdot \overline{B} \cdot \overline{C} = \overline{A} \cdot B \cdot C + A \cdot \overline{B} \cdot \overline{C} = \mathbf{A \cdot \overline{B} \cdot \overline{C} + \overline{A} \cdot B \cdot C}$$

基礎

3 論理回路

答

(ア)	①
(イ)	⑤
(ウ)	④
(エ)	⑤

次の各文章の 内に、それぞれの[ ]の解答群の中から最も適したものを選び、その番号を記せ。　　　　　　　　　　　　　　　　　　　　　　　　　　　　　　（小計20点）

(1) 図1、図2及び図3に示すベン図において、A、B及びCが、それぞれの円の内部を表すとき、図1、図2及び図3の斜線部分を示すそれぞれの論理式の論理和は、 （ア） と表すことができる。　　（5点）

[
① $\overline{A} + B \cdot \overline{C} + \overline{B} \cdot C$　　② $B + A \cdot \overline{C} + \overline{A} \cdot C$　　③ $C + A \cdot \overline{B} + \overline{A} \cdot B$
④ $\overline{B} + A \cdot \overline{C} + \overline{A} \cdot C$　　⑤ $A + B \cdot \overline{C} + \overline{B} \cdot C$
]

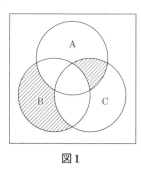 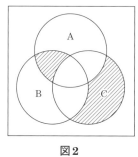 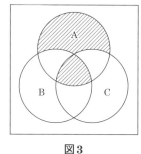

図1　　　　　　　　　図2　　　　　　　　　図3

(2) 表1に示す16進数のX_1、X_2を用いて、計算式（加算）$X_0 = X_1 + X_2$からX_0を求め、これを16進数で表すと、 （イ） になる。　　（5点）

［① 13D97　　② 14DA7　　③ 14E07　　④ 16009　　⑤ 22013］

表1

16進数
X_1 = 9F4B
X_2 = AE5C

(3) 図4に示す論理回路において、Mの論理素子が （ウ） であるとき、入力A及びBから出力Cの論理式を求め変形し、簡単にすると、$C = A + \overline{B}$で表される。　　（5点）

［①　　　②　　　③　　　④　　　⑤　　　］

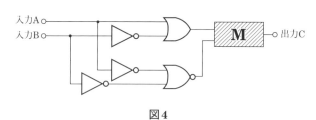

図4

(4) 次の論理関数Xは、ブール代数の公式等を利用して変形し、簡単にすると、 （エ） になる。　（5点）

　　$X = A \cdot \overline{B} + \overline{A} \cdot (A \cdot \overline{B} + \overline{A} \cdot \overline{B} + \overline{B} \cdot C)$

［① 0　　② $\overline{B}$　　③ $A \cdot \overline{B}$　　④ $\overline{A} \cdot \overline{B}$　　⑤ $A \cdot \overline{B} + \overline{B} \cdot C$］

解　説

(1) 図1～図3のベン図を図5のように線で区切られた@～ⓗの8つの領域に分けて考える。図1～図3の塗りつぶした部分の論理和は、図1～図3のうちの少なくとも1つで塗りつぶされている領域であり、図1～図3のいずれでも塗りつぶされていない場合は該当しない。@～ⓗの領域について順次検討していくと、図1～図3の塗りつぶした部分の論理和は、図5の塗りつぶした部分（@、ⓑ、ⓒ、ⓓ、ⓔ、ⓖ）になり、AまたはBまたはCの領域から領域ⓕを除いた部分であることがわかる。ここで、AまたはBまたはCは論理式A＋B＋Cで表され、領域ⓕはBかつCであるがAでない部分であるから論理式$\overline{A}\cdot B\cdot C$で表される。領域Xから領域Yに含まれる部分を除くには$X\cdot\overline{Y}$とすればよいから、図5の塗りつぶした部分を表す論理式は、次式のようになる。

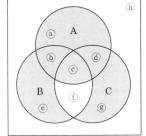

図5　図1～図3の論理和

$$(A+B+C)\cdot\overline{(\overline{A}\cdot B\cdot C)}$$
$$=(A+B+C)\cdot(\overline{\overline{A}}+\overline{B}+\overline{C})=(A+B+C)\cdot(A+\overline{B}+\overline{C})$$
$$=A\cdot A+A\cdot\overline{B}+A\cdot\overline{C}+B\cdot A+B\cdot\overline{B}+B\cdot\overline{C}+C\cdot A+C\cdot\overline{B}+C\cdot\overline{C}$$
$$=A+A\cdot\overline{B}+A\cdot\overline{C}+A\cdot B+0+B\cdot\overline{C}+A\cdot C+C\cdot\overline{B}+0$$
$$=A+A\cdot\overline{B}+A\cdot B+A\cdot\overline{C}+A\cdot C+B\cdot\overline{C}+\overline{B}\cdot C$$
$$=A\cdot(1+\overline{B}+B+\overline{C}+C)+B\cdot\overline{C}+\overline{B}\cdot C=A\cdot 1+B\cdot\overline{C}+\overline{B}\cdot C$$
$$=\mathbf{A+B\cdot\overline{C}+\overline{B}\cdot C}$$

(2) 10進数が10で桁上がりするのと同じように、16進数では16で桁上がりする。したがって、表1中のX_1とX_2の加算は、最下位桁の位置を揃えて図6のように計算すればよい。なお、計算過程での右肩の小さい数字は、ここでは累乗ではなく桁上がりしたことを忘れないように仮に記入したものである。

よって、$X_0 = $ **14DA7** となる。

```
    9 F 4 B
+)  A E 5 C
---------------
1 4¹D A¹7
```

※16進数のままでは計算が難しいと感じたときはいったん10進数か2進数に変換して計算する。

$$\left(\begin{array}{l}B_{(16)}+C_{(16)}=11_{(10)}+12_{(10)}=23_{(10)}=16_{(10)}+7_{(10)}=10_{(16)}+7_{(16)}=17_{(16)}\\1_{(16)}+4_{(16)}+5_{(16)}=1_{(10)}+4_{(10)}+5_{(10)}=10_{(10)}=A_{(16)}\\F_{(16)}+E_{(16)}=15_{(10)}+14_{(10)}=29_{(10)}=16_{(10)}+13_{(10)}=10_{(16)}+D_{(16)}=1D_{(16)}\\1_{(16)}+9_{(16)}+A_{(16)}=1_{(10)}+9_{(10)}+10_{(10)}=20_{(10)}=16_{(10)}+4_{(10)}=10_{(16)}+4_{(16)}=14_{(16)}\end{array}\right)$$

図6　X_1とX_2の加算

(3) まず、図7のように、図4の論理回路を構成する各論理素子の出力を論理素子Mの入力側まで順次計算する。そして、次に解答群中の各論理素子を順次Mに当てはめていき、Mの出力が$A+\overline{B}$になるものを選べばよい。

① $C=\overline{(A+\overline{B})\cdot(A\cdot B)}=\overline{A\cdot A\cdot B+\overline{B}\cdot A\cdot B}=\overline{A\cdot B+A\cdot B\cdot\overline{B}}=\overline{A\cdot B+A\cdot 0}=\overline{A\cdot B+0}=\overline{A\cdot B}$

② $C=\overline{(A+\overline{B})\cdot(A\cdot B)}=\overline{A\cdot B}$　　（①の式にバーをつけただけ（①の否定）なので展開は不要）

③ $C=(A+\overline{B})\cdot\overline{(A\cdot B)}+\overline{(A+\overline{B})}\cdot(A\cdot B)=(A+\overline{B})\cdot(\overline{A}+\overline{B})+(\overline{A}\cdot\overline{\overline{B}})\cdot(A\cdot B)$
$=A\cdot\overline{A}+A\cdot\overline{B}+\overline{B}\cdot\overline{A}+\overline{B}\cdot\overline{B}+\overline{A}\cdot B\cdot A\cdot B=A\cdot\overline{A}+A\cdot\overline{B}+\overline{A}\cdot\overline{B}+\overline{B}+\overline{A}\cdot A\cdot B$
$=0+(A+\overline{A}+1)\cdot\overline{B}+0\cdot B=1\cdot\overline{B}+0=\overline{B}$

④ $C=\overline{(A+\overline{B})}+(A\cdot B)=\overline{A}\cdot\overline{\overline{B}}+A\cdot B=\overline{A}\cdot B+A\cdot B=\overline{B}+A+A\cdot B=\overline{B}+A\cdot(1+B)=\overline{B}+A\cdot 1=\overline{B}+A=A+\overline{B}$

※④ $C=\overline{(A+\overline{B})}+(A\cdot B)=\overline{A}+\overline{\overline{B}}+A\cdot B=\overline{B}+A+A\cdot B=\overline{B}+A\cdot(1+B)=\overline{B}+A\cdot 1=\overline{B}+A=A+\overline{B}$

⑤ $C=\overline{\overline{(A+\overline{B})}+(A\cdot B)}=\overline{\overline{A}+\overline{\overline{B}}+\overline{A\cdot B}}=\overline{A}\cdot B$　　（④の式にバーをつけただけ（④の否定）なので展開は不要）

以上から、Mの論理素子は④の**OR**であることがわかる。

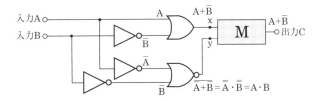

図7　図4の論理回路を構成する各論理素子の出力

(4) 与えられた論理関数をブール代数（論理代数）の公式等を用いて簡略化すると、次のようになる。

$$X=A\cdot\overline{B}+\overline{A}\cdot(A\cdot\overline{B}+\overline{A}\cdot\overline{B}+\overline{B}\cdot C)$$
$$=A\cdot\overline{B}+\overline{A}\cdot(A\cdot\overline{B}+\overline{A}\cdot\overline{B}+C\cdot\overline{B})=A\cdot\overline{B}+\overline{A}\cdot((A+\overline{A}+C)\cdot\overline{B})=A\cdot\overline{B}+\overline{A}\cdot((A+\overline{A}+C)\cdot\overline{B})$$
$$=A\cdot\overline{B}+\overline{A}\cdot((1+C)\cdot\overline{B})=A\cdot\overline{B}+\overline{A}\cdot(1\cdot\overline{B})=A\cdot\overline{B}+\overline{A}\cdot\overline{B}=(A+\overline{A})\cdot\overline{B}=1\cdot\overline{B}=\mathbf{\overline{B}}$$

基礎

3
論理回路

答

㋐	⑤
㋑	②
㋒	④
㋓	②

次の各文章の　　　　内に、それぞれの[　　]の解答群の中から最も適したものを選び、その番号を記せ。　　　　　　　　　　　　　　　　　　　　　　　　　　　　　　　　　　（小計20点）

(1) 図1、図2及び図3に示すベン図において、A、B及びCが、それぞれの円の内部を表すとき、図1、図2及び図3の斜線部分を示すそれぞれの論理式の論理積は、　　(ア)　　と表すことができる。　（5点）

$$
\begin{array}{ll}
① & \overline{A}\cdot B\cdot C + A\cdot \overline{B}\cdot C + A\cdot B\cdot \overline{C} \\
② & A\cdot \overline{B}\cdot \overline{C} + \overline{A}\cdot B\cdot \overline{C} + \overline{A}\cdot \overline{B}\cdot C \\
③ & (A+B+C)\cdot \overline{A\cdot B\cdot C} \\
④ & \overline{A+B+C} + A\cdot B\cdot C \\
⑤ & A\cdot B + A\cdot C + B\cdot C
\end{array}
$$

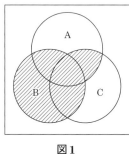
図1

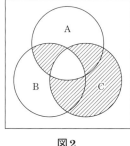
図2

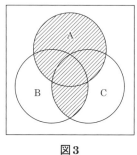
図3

(2) 表1に示す2進数のX_1、X_2を用いて、計算式（加算）$X_0 = X_1 + X_2$からX_0を求め、これを16進数で表すと、　　(イ)　　になる。　　　　　　　　　　　　　　　　　　（5点）

　　　[① AC　② B4　③ 2D　④ 50　⑤ 5C]

表1

2進数
$X_1 = 101111$
$X_2 = 101101$

(3) 図4に示す論理回路は、NANDゲートによるフリップフロップ回路である。入力a及びbに図5に示す入力がある場合、図4の出力cは、図5の出力のうち　　(ウ)　　である。　（5点）

　　　[① c1　② c2　③ c3　④ c4　⑤ c5　⑥ c6]

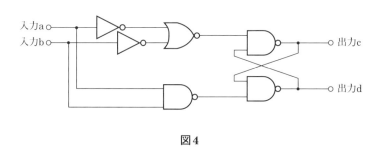
図4

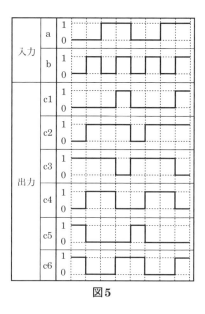
図5

(4) 次の論理関数Xは、ブール代数の公式等を利用して変形し、簡単にすると、　　(エ)　　になる。　（5点）

$$X = \overline{(A + \overline{B})} + (A + C)\cdot \overline{(\overline{A}+B)} + \overline{(\overline{A} + C)}$$

　　　[① 0　② 1　③ $B + \overline{C}$　④ $\overline{A}\cdot B + A\cdot \overline{C}$　⑤ $\overline{A}\cdot B + A\cdot C + B\cdot \overline{C}$]

解 説

(1) 図1～図3のベン図を図6のように線で区切られた@～ⓗの8つの領域に分けて考える。図1～図3の斜線部分の論理積は、図1～図3のいずれにおいても斜線部分となっている領域であり、図1～図3のうちどれか1つでも斜線部分でない場合は該当しない。@～ⓗの領域について順次検討していくと、図1～図3の斜線部分の論理積は、図6の塗りつぶした部分（ⓑ、ⓓ、ⓕ）になり、A・BまたはB・CまたはC・Aの領域から領域ⓒを除いた部分であることがわかる。

ここで、A・BまたはB・CまたはC・Aは論理式A・B＋B・C＋C・Aで表され、領域ⓒはAかつBかつCの領域であるから論理式A・B・Cで表される。領域Xから領域Yに含まれる部分を除くにはX・$\overline{Y}$とすればよいから、図6の塗りつぶした部分を表す論理式は、次式のようになる。

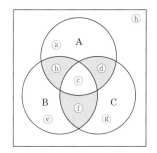

$$(A \cdot B + B \cdot C + C \cdot A) \cdot \overline{(A \cdot B \cdot C)} = (A \cdot B + B \cdot C + C \cdot A) \cdot (\overline{A} + \overline{B} + \overline{C})$$
$$= A \cdot B \cdot \overline{A} + A \cdot B \cdot \overline{B} + A \cdot B \cdot \overline{C} + B \cdot C \cdot \overline{A} + B \cdot C \cdot \overline{B} + B \cdot C \cdot \overline{C}$$
$$+ C \cdot A \cdot \overline{A} + C \cdot A \cdot \overline{B} + C \cdot A \cdot \overline{C}$$
$$= 0 + 0 + A \cdot B \cdot \overline{C} + B \cdot C \cdot \overline{A} + 0 + 0 + 0 + C \cdot A \cdot \overline{B} + 0$$
$$= A \cdot B \cdot \overline{C} + B \cdot C \cdot \overline{A} + C \cdot A \cdot \overline{B}$$
$$= \overline{A} \cdot B \cdot C + A \cdot \overline{B} \cdot C + A \cdot B \cdot \overline{C}$$

図6 図1～図3の論理積

(2) 10進数が10で桁上がりするのと同じように、2進数では2で桁上がりする。したがって、表1中のX_1とX_2の加算は、最下位桁の位置を揃えて図7のように計算すればよい。なお、計算過程での右肩の小さい数字は、ここでは累乗ではなく桁上がりしたことを忘れないように仮に記入したものである。よって、$X_0 = X_1 + X_2 = 1011100$となる。

また、2進数の4桁を16進数の1桁で表すことができ、「重点整理」の表8のような対応関係がある。2進数を16進数に変換する場合は、最下位桁から4桁ずつ区切り、それぞれを16進数の数字に置き換えていけばよい。2進数で表したX_0の下位4桁（1100）は16進数のCで表され、そのすぐ上位の2進数4桁（4桁に満たないので頭に0をつけて0101の4桁とする）は16進数の5で表される。したがって、X_0を16進数で表すと、**5C**となる。

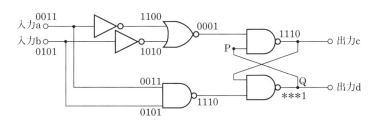

$$
\begin{array}{r}
1\ 0\ 1\ 1\ 1\ 1 \quad \leftarrow\cdots\cdots X_1 \\
+)\quad 1\ 0\ 1\ 1\ 0\ 1 \quad \leftarrow\cdots\cdots X_2 \\
\hline
1\ 0\ 1\ ^1\!1\ ^1\!1\ ^1\!0\ ^1\!0 \quad \cdots\cdots\rightarrow X_1 + X_2
\end{array}
$$

図7 X_1とX_2の加算

(3) 図4の論理回路の入力aおよびbに図5の論理レベルを入力すると、回路中の各論理素子における論理レベルの変化は、図8のようになる。計算途中でP点の論理レベルが不明であるため出力cの論理レベルも不明であるが、NAND素子の入力の少なくとも1つが"0"のとき出力が"1"となり、すべての入力が"1"のとき出力が"0"となる性質を利用すると、Q点の論理レベルが＊、＊、＊、1（＊は0または1のどちらかの値をとるものとする）となることがわかる。また、P点とQ点は直接結ばれ、間に素子が存在しないことから、P点の論理レベルとQ点の論理レベルは等しい。よって、NAND素子の入力が0、0、0、1と＊、＊、＊、1になるので、出力cの論理レベルは1、1、1、0で、入力aとbの論理レベルがどちらも"1"のときに出力cの論理レベルは"0"となり、それ以外のときには出力cの論理レベルは"1"となる。したがって、図4の論理回路において入力aおよびbに図5の入力がある場合、出力cの波形は、図5の**c3**のようになる。

図8 各論理素子における論理レベルの変化

(4) 与えられた論理関数をブール代数（論理代数）の公式等を用いて簡略化すると、次のようになる。
$$X = \overline{(A + \overline{B})} + \overline{(A + C)} \cdot \overline{(\overline{A} + \overline{B})} + (\overline{A} + C)$$
$$= (\overline{A} \cdot B) + \overline{(A + C)} + (\overline{A} + \overline{B}) + (\overline{A} \cdot \overline{C}) = \overline{A} \cdot B + \overline{A} \cdot \overline{C} + (\overline{A} \cdot \overline{B}) + A \cdot \overline{C}$$
$$= \overline{A} \cdot B + \overline{A} \cdot \overline{C} + A \cdot B + A \cdot \overline{C} = \overline{A} \cdot (B + \overline{C}) + A \cdot (B + \overline{C}) = (\overline{A} + A) \cdot (B + \overline{C}) = 1 \cdot (B + \overline{C})$$
$$= B + \overline{C}$$

答

㈠	①
㈡	⑤
㈢	③
㈣	③

次の各文章の 　　　　 内に、それぞれの［　　］の解答群の中から最も適したものを選び、その番号を記せ。　　　　　　　　　　　　　　　　　　　　　　　　　　　　　　　　　（小計20点）

(1) 図1～図5に示すベン図において、A、B及びCが、それぞれ円の内部を表すとき、斜線部分を示す論理式が $\overline{A} \cdot C \cdot B + A \cdot \overline{B} \cdot C$ と表すことができるベン図は、 （ア） である。　　　　（5点）

　　［① 図1　② 図2　③ 図3　④ 図4　⑤ 図5］

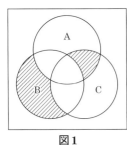 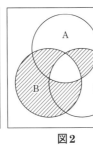 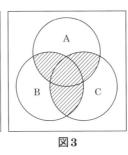 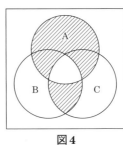 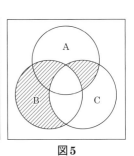

図1　　　　　　図2　　　　　　図3　　　　　　図4　　　　　　図5

(2) 表1に示す16進数の X_1、X_2 を用いて、計算式（加算）$X_0 = X_1 + X_2$ から X_0 を求め、これを16進数で表すと、 （イ） になる。　　　　（5点）

　　［① D0D　② E1D　③ E1E　④ 141D　⑤ 1489］

表1

16進数
X_1 = A7E
X_2 = 39F

(3) 図6に示す論理回路は、NORゲートによるフリップフロップ回路である。入力a及びbに図7に示す入力がある場合、図6の出力dは、図7の出力のうち （ウ） である。　　　　（5点）

　　［① d1　② d2　③ d3　④ d4　⑤ d5　⑥ d6］

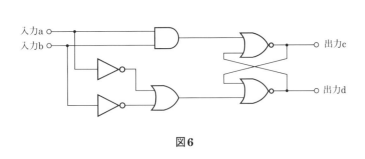

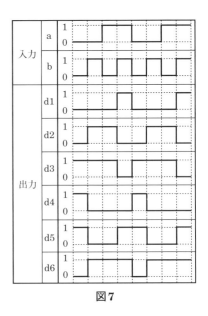

図7

図6

(4) 次の論理関数Xは、ブール代数の公式等を利用して変形し、簡単にすると、 （エ） になる。（5点）

$$X = \overline{A} \cdot C + A \cdot C \cdot (\overline{A} \cdot \overline{B} + A \cdot \overline{B} + B \cdot \overline{C} + \overline{B} \cdot \overline{C}) + A \cdot \overline{B} \cdot \overline{C}$$

　　［① 0　② 1　③ $\overline{A} + \overline{B}$　④ $\overline{A} \cdot B + A \cdot \overline{C}$　⑤ $A \cdot \overline{B} + \overline{A} \cdot C$］

解　説

(1) 設問で与えられた論理式 $\overline{A\cdot C}\cdot B + A\cdot\overline{B}\cdot C$ をブール代数（論理代数）の公式等を用いて変形すると、

$$\overline{A\cdot C}\cdot B + A\cdot\overline{B}\cdot C = (\overline{A}+\overline{C})\cdot B + A\cdot\overline{B}\cdot C = \overline{A}\cdot B + B\cdot\overline{C} + A\cdot C\cdot\overline{B}$$

となる。そして、この式を"＋"で区切られた項ごとにみていくとわかりやすい。

　まず、$\overline{A}\cdot B$ は、Aの外部かつBの内部になるので、図8の塗りつぶした部分が該当する。次のB・$\overline{C}$ は、Bの内部かつCの外部になるので、図9の塗りつぶした部分が該当する。そして、$A\cdot C\cdot\overline{B}$ は、AとCの共通部分かつBの外部になるので、図10の塗りつぶした部分が該当する。$\overline{A}\cdot B + B\cdot\overline{C} + A\cdot C\cdot\overline{B}$ は、図8〜図10の少なくとも1つで塗りつぶされた領域が該当し、図11の塗りつぶした部分で表される。よって、**図2**が正解となる。

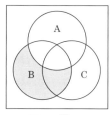　＋　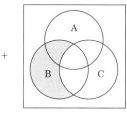　＋　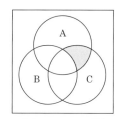　＝　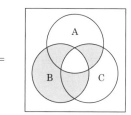

図8　$\overline{A}\cdot B$　　　　図9　$B\cdot\overline{C}$　　　　図10　$A\cdot C\cdot\overline{B}$　　　　図11　$\overline{A}\cdot B + B\cdot\overline{C} + A\cdot C\cdot\overline{B}$

(2) 16進数は、数の表現方法のうち、1つの桁が16通りの値（10進数でいう0から15まで）をとりうるものをいう。16進数では、0〜9の値を表すのに10進数と同じ数字を使用し、さらに10進数の10〜15の値を表すのにA、B、C、D、E、Fの6つのアルファベットを使用することになっている。たとえば、10進数の12は16進数のC、10進数の15は16進数のFのようになる。また、10進数が10で桁上がりするのと同じように、16進数では16で桁上がりする。したがって、表1の X_1 と X_2 の加算は、図12のように計算できる。よって、$X_0 = $ **E1D** となる。

←最下位桁から桁ごとに計算し結果がこの線を超えた場合は桁上がりで上位桁に1を足す。

		0	1	2	3	4	5	6	7	8	9	A	B	C	D	E	F	0	1	2	3	4	5	6	7	8	9	A	B	C	D	E	F	X_0の値	備考
最下位桁	X_1															●																				X_2をX_1の値(E)だけ右に移動して◎の位置へ。桁上がりが生じる。
	X_2														●															◎				D	
下から2桁目	桁上がり分	●																																		X_2を桁上がり分の1だけ右に移動して○の位置へ。さらにX_1の値(7)だけ右に移動して◎の位置へ。桁上がりが生じる。
	X_1					●																														
	X_2							●	○															◎										1	
下から3桁目	桁上がり分	●																																		X_2を桁上がり分の1だけ右に移動して○の位置へ。さらにX_1の値(A)だけ右に移動して◎の位置へ。桁上がりはない。
	X_1								●																										
	X_2				●	○																								◎				E	

図12　X_1 と X_2 の加算

(3) 図7の入出力波形を見ると、入力aは"0011"を、bは"0101"をそれぞれ2回繰り返したものである。これらの値を図6の論理回路の入力aおよびbにあてはめると、回路中の各論理素子における論理レベルの変化は、図13のようになる。計算途中でP点の論理レベルが不明なため出力dの論理レベルも不明であるが、NOR素子の入力のうち少なくとも1つが"1"のとき出力が"0"となり、すべての入力が"0"のとき出力が"1"となる性質を利用すると、Q点の論理レベルが＊、＊、＊、0（＊は0または1のどちらかの論理値をとるものとする）となることがわかる。これがP点の論理レベルと等しく、NOR素子の入力が＊、＊、＊、0と1、1、1、0なので、出力dの論理レベルは0、0、0、1で、入力aとbの論理レベルの少なくともどちらか一方が"0"のときに"0"となり、どちらも"1"のときには"1"となる。したがって、図6の論理回路において入力aおよびbに図7の入力がある場合、出力dの波形は、図7の**d1**のようになる。

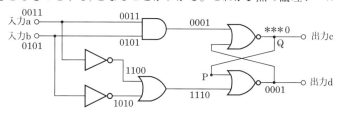

図13　各論理素子における論理レベルの変化

(4) 与えられた論理関数をブール代数（論理代数）の公式等を用いて簡略化すると、次のようになる。

$$\begin{aligned}
X &= \overline{A}\cdot C + A\cdot C\cdot(\overline{A}\cdot\overline{B} + A\cdot\overline{B} + B\cdot\overline{C} + \overline{B}\cdot\overline{C}) + A\cdot\overline{B}\cdot C \\
&= \overline{A}\cdot C + A\cdot C\cdot\overline{A}\cdot\overline{B} + A\cdot C\cdot A\cdot\overline{B} + A\cdot C\cdot B\cdot\overline{C} + A\cdot C\cdot\overline{B}\cdot\overline{C} + A\cdot\overline{B}\cdot C \\
&= \overline{A}\cdot C + A\cdot\overline{A}\cdot\overline{B}\cdot C + A\cdot A\cdot\overline{B}\cdot C + A\cdot B\cdot C\cdot\overline{C} + A\cdot\overline{B}\cdot C\cdot\overline{C} + A\cdot\overline{B}\cdot C \\
&= \overline{A}\cdot C + 0\cdot\overline{B}\cdot C + A\cdot\overline{B}\cdot C + A\cdot B\cdot 0 + A\cdot\overline{B}\cdot 0 + A\cdot\overline{B}\cdot C \\
&= \overline{A}\cdot C + 0 + A\cdot\overline{B}\cdot C + 0 + 0 + A\cdot\overline{B}\cdot\overline{C} = \overline{A}\cdot C + A\cdot\overline{B}\cdot C + A\cdot\overline{B}\cdot\overline{C} = \overline{A}\cdot C + A\cdot\overline{B}\cdot(C + \overline{C}) \\
&= \overline{A}\cdot C + A\cdot\overline{B}\cdot 1 = \overline{A}\cdot C + A\cdot\overline{B} = \mathbf{A\cdot\overline{B} + \overline{A}\cdot C}
\end{aligned}$$

答	
(ア)	②
(イ)	②
(ウ)	①
(エ)	⑤

基礎

3 論理回路

伝送量の求め方

●伝送量とデシベル

　電気通信回線の伝送量を表現する方法として、送信側と受信側の関係を想定している。一般には送信側の電力P_1と受信側の電力P_2の比をとり、これを常用対数(10を底とする対数)で表す。

$$伝送量 = 10\ log_{10}\frac{P_2}{P_1}\ 〔dB〕$$

　この式において、$P_2 > P_1$の場合、伝送量は正の値となり、回路網では増幅が行われ**電力利得**があったことを示す。また、$P_2 < P_1$の場合、伝送量は負の値となり、回路網では減衰が起こり**伝送損失**があったことを示す。また、入出力のインピーダンスが整合している場合、伝送量は次式のように電圧比あるいは電流比で表すこともできる。

$$伝送量 = 10\ log_{10}\frac{P_2}{P_1}\ 〔dB〕$$

$$= 20\ log_{10}\frac{V_2}{V_1} = 20\ log_{10}\frac{I_2}{I_1}\ 〔dB〕$$

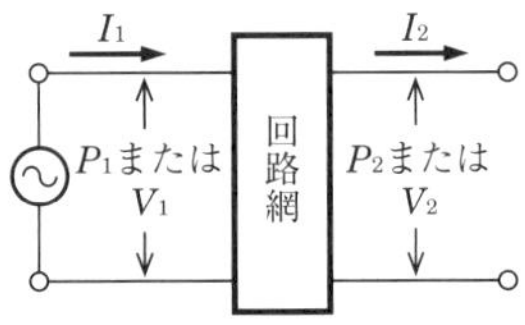

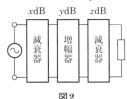

図1　電気通信回線の伝送量

●相対レベルと絶対レベル

　電気通信回線の伝送量は、送信側と受信側の電力比の対数であるが、このような2点間の電力比をデシベル〔dB〕で表したものを**相対レベル**という。相対レベルは電気通信回線や伝送回路網の減衰量や増幅量を示している。

　これに対し、伝送路のある点における皮相電力を1mWを基準電力として対数で表したものを**絶対レベル**といい、単位は〔dBm〕で表す。絶対レベルは電気通信回線上の各点の伝送レベルを表す場合に用いられる。

$$絶対レベル = 10\ log_{10}\frac{P〔mW〕}{1〔mW〕}\ 〔dBm〕$$

●伝送量の計算例

　電気通信回線には伝送損失を補償するため増幅器等を挿入している場合が多い。このような場合、伝送路全体の伝送量は、各伝送量の代数和として求められる。

　　全体の伝送量＝(利得の合計)－(減衰量の合計)

　図2の例では、次のようになる。

　　全体の伝送量＝$- x〔dB〕+ y〔dB〕- z〔dB〕$

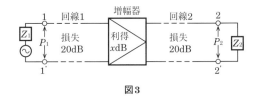

図2

　次に、図3のように入力電力がP_1〔mW〕、出力電力がP_2〔mW〕で与えられ、伝送路中の利得、損失がデシベルで与えられた場合の計算方法を示す。たとえば、$P_1 = 1$〔mW〕、$P_2 = 10$〔mW〕のときの増幅器の利得x〔dB〕は、以下のように求めることができる。

　1－1′端子から2－2′端子までの伝送量Aは、

$$A = - 20 + x - 20 = x - 40\ 〔dB〕　　　……①$$

　P_1とP_2の電力比から全体の伝送量Aを計算すると、

$$A = 10\ log_{10}\frac{P_2}{P_1} = 10\ log_{10}\frac{10〔mW〕}{1〔mW〕}$$

$$= 10\ log_{10}10^1 = 10 \times 1 = 10〔dB〕　　　……②$$

　①と②は相等しいから、

　　$x - 40 = 10$

　　∴　$x = 50〔dB〕$

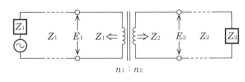

図3

インピーダンス整合と整合用変成器

●インピーダンス整合

　一様な線路では、信号の減衰はケーブルの損失特性のみに関係するが、特性インピーダンスが異なるケーブルを接続したり、ケーブルと通信装置を接続する際にインピーダンスが異なると、反射現象による減衰が発生し、効率的な伝送ができなくなる。

　特性インピーダンスの異なるケーブル等を接続する場合、その接続点に発生する反射減衰量を防止するため、インピーダンスを合わせる必要がある。これを**インピーダンス整合をとる**という。

●整合用変成器

　インピーダンス整合をとる最も一般的で簡単な方法として、整合用変成器(マッチングトランス)が使用される。変成器(トランス)は、一次側(入力側)のコイルと二次側(出力側)のコイルとの間の相互誘導を利用して電力を伝える

ものであり、コイルの巻線比により電圧、電流、インピーダンスを変換することができる。

　巻線比が$n_1 : n_2$の整合用変成器において、

$$\frac{n_1}{n_2} = \frac{E_1}{E_2} \qquad P = \frac{E_1{}^2}{Z_1} = \frac{E_2{}^2}{Z_2}$$

であるから、

$$\left(\frac{n_1}{n_2}\right)^2 = \frac{Z_1}{Z_2}$$

となり、巻線比の2乗がインピーダンスの比となる。

図4　変成器によるインピーダンス整合

伝送路上の各種現象

●反射現象

特性インピーダンスの異なる線路を接続したとき、その接続点において入力信号の一部が入力側に反射し、受信側への伝送損失が増加する現象が発生する。

いくつかの線路が接続され、接続点が複数存在する場合、それぞれの接続点において反射が生じるが、このとき、奇数回の反射による反射波は送信側に進み、偶数回の反射波は受信側に進む。その送信側に進む反射波を**逆流**、受信側に進む反射波を**伴流(続流)**という。

●反射係数

反射の大きさは通常、入射波の電圧V_Iと反射波の電圧V_Rの比で表し、これを電圧反射係数という。

$$電圧反射係数 = \frac{反射電圧\ V_R}{入射電圧\ V_I} = \frac{Z_2 - Z_1}{Z_2 + Z_1}$$

図5　反射係数

●ひずみ

電気通信回線により信号を伝送する場合、送信側の信号が受信側に正しく現れない現象をひずみといい、入出力信号が比例関係にないために生じる**非直線ひずみ**や信号の伝搬時間の遅延が原因で生じる**位相ひずみ**などがある。

雑音と漏話現象

●雑音

電気通信回線では、送信側で信号を入力しない状態でも受信側で何らかの出力波形が現れることがある。これを雑音という。雑音の大きさを表すときは、受信電力と雑音電力との相対レベルを用いる。これを**信号対雑音比(SN比)**という。図6のように、伝送路の信号時における受端の信号電力をP_S、無信号時における雑音電力をP_Nとすると、SN比は次式で表される。

$$SN比 = 10\ log_{10}\frac{P_S}{P_N} = 10\ log_{10}P_S - 10\ log_{10}P_N\ [dB]$$

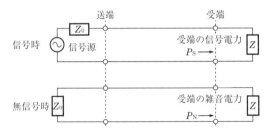

図6　信号対雑音比(SN比)

●漏話現象

図7のように複数の電気通信回線間において、一つの回線の信号が他の回線に漏れる現象を**漏話**という。漏話の原因には、回線間の電磁結合が原因で発生するものと、静電結合が原因で発生するものとがある。また、漏話が現れる箇所により、送信信号の伝送方向と逆の方向に現れる**近端漏話**と、同一方向に現れる**遠端漏話**に分類できる。

漏話の度合いを表すものとしては漏話減衰量がある。漏話減衰量は、誘導回線の信号電力と被誘導回線に現れる漏話電力との相対レベルによって示す。

$$漏話減衰量 = 10\ log_{10}\frac{送信電力(誘導回線)}{漏話電力(被誘導回線)}\ [dB]$$

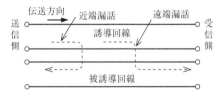

図7　近端漏話と遠端漏話

各種ケーブルの伝送特性

●特性インピーダンス

一様な回線が長距離にわたるとき、単位長1[km]当たりの導体抵抗R、自己インダクタンスL、静電容量C、漏れコンダクタンスGの4要素を1次定数という。

均一な回線では、1次定数回路が一様に分布しているものと考えることができることから、分布定数回路とよばれる。

このように、一様な線路が無限の長さ続いているとき、線路上のどの点をとっても左右が同じインピーダンスで接続されているから、線路の長さを延長してもインピーダンスの値は変わらないことになる。これを**特性インピーダンス**といい、ケーブルの種類によって固有な値をもっている。

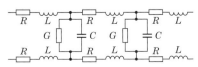

図8　分布定数回路

●平衡対ケーブル

平衡対ケーブルは、多数の回線を束ねて設置すると静電結合や電磁結合により漏話が発生する。この漏話を防止するため2本の心線を平等に撚り合わせた対撚りケーブルや、2対4本の心線を撚り合わせた星形カッド撚りケーブルを使用する。

対撚りケーブル　　星形カッド撚りケーブル

図9

●同軸ケーブル

同軸ケーブルは、1本の導体を円筒形の外部導体によりシールドした構造になっているため、平衡対ケーブルのように他のケーブルとの間の静電結合や電磁結合による漏話が生じない。また、高周波の信号においては、電磁波は内・外層の空間を伝搬するので、広い周波数帯域にわたって伝送することができる。

次の各文章の 内に、それぞれの[ ]の解答群の中から最も適したものを選び、その番号を記せ。 (小計20点)

(1) 図1において、電気通信回線1への入力電圧が120ミリボルト、電気通信回線1から電気通信回線2への遠端漏話減衰量が (ア) デシベル、増幅器の利得が30デシベル、変成器の巻線比が3：5のとき、電圧計の読みは20ミリボルトである。ただし、変成器は理想的なものとし、電気通信回線及び増幅器の入出力インピーダンスは全て同一値で、各部は整合しているものとする。 (5点)

[① 20 ② 30 ③ 40 ④ 50 ⑤ 60]

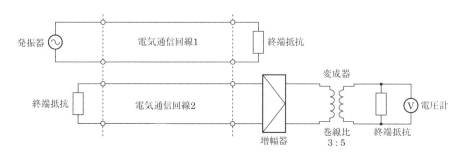

図1

(2) 平衡対ケーブルの伝送損失について述べた次の二つの記述は、 (イ) 。 (5点)
A 単位長さ当たりの心線導体抵抗を大きくすると伝送損失が増加する。
B 心線導体間の間隔を大きくすると伝送損失が増加する。

[① Aのみ正しい ② Bのみ正しい ③ AもBも正しい ④ AもBも正しくない]

(3) 図2に示すように、異なる特性インピーダンスZ_{01}、Z_{02}の通信線路を接続して信号を伝送したとき、その接続点における電圧反射係数をmとすると、電流反射係数は、 (ウ) で表される。 (5点)

$$\left[① \quad 1-m \quad ② \quad -m \quad ③ \quad \frac{1}{m} \quad ④ \quad 1+m \right]$$

図2

(4) 伝送系のある箇所における信号電力と基準点における信号電力との比をデシベル表示した値は、その箇所の (エ) といわれ、一般に、単位は〔dBr〕で表される。 (5点)

[① 相対レベル ② 絶対レベル ③ 平衡度 ④ SN比 ⑤ CN比]

解　説

(1) 図3において、電気通信回線1への入力電圧をV_0〔mV〕、増幅器の出力電圧（変成器の一次巻線の電圧）をV_1〔mV〕、電気通信回線2の終端抵抗に加わる電圧（変成器の二次巻線の電圧）をV_2〔mV〕とすれば、V_1とV_2の比は変成器の巻線比と等しいから、

$$\frac{V_1}{V_2} = \frac{n_1}{n_2} = \frac{3}{5}$$

となる。この式に$V_2 = 20$〔mV〕を代入しV_1を求めると、

$$V_1 = \frac{n_1}{n_2} \times V_2 = \frac{3}{5} \times 20 = 12 \text{〔mV〕}$$

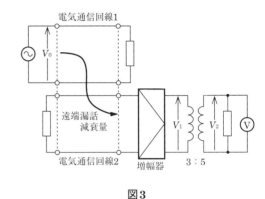

図3

また、遠端漏話減衰量をL〔dB〕、増幅器の利得をG〔dB〕とすれば、全体の伝送量A〔dB〕は次式のように表されるので、これよりLを求めればよい。

$$A = 20 \, log_{10} \frac{V_1}{V_0} = -L + G$$

$$= 20 \, log_{10} \frac{12}{120} = -L + 30$$

$$\therefore \quad L = -20 \, log_{10} 10^{-1} + 30 = -20 \times (-1) + 30$$

$$= \mathbf{50} \text{〔dB〕}$$

(2) 設問の記述は、**Aのみ正しい。**

A　平衡対ケーブルは、長手方向に均一で一様な線路であり、その電気特性は図4に示すような分布定数回路として扱うことができる。いま、一様線路の往復導体の単位長さ当たりの抵抗をR、インダクタンスをL、往復導体間の単位長さ当たりの漏れコンダクタンスをG、静電容量をCとすると、$\frac{L}{C} = \frac{R}{G}$ の関係が成立していれば、その線路で信号の伝送を行う場合の伝送損失は最小になる。実際の平衡対ケーブルでは一般に $\frac{L}{C} < \frac{R}{G}$ となっているので、単位長さ当たりのインダクタンスLを大きくすると伝送損失は減少し、単位長さ当たりの心線導体抵抗Rを大きくすると伝送損失は増加する。したがって、記述は正しい。

B　平衡対ケーブルでは、送端に加えられた電圧は、導体自体の抵抗Rおよび自己インダクタンスLにより電圧降下しながら受端に向かって減衰していく。また、送端に入力された電流は、導体間の絶縁体を介して存在する静電容量Cおよび導体間の漏洩電流に対する漏洩抵抗の逆数である漏洩コンダクタンスGを介して漏洩しながら受端に向かって減衰していく。心線導体間の間隔を大きくした場合、抵抗Rと自己インダクタンスLは変わらないが、静電容量Cと漏洩コンダクタンスGが小さくなり、心線導体間の漏洩電流を小さくすることができるので、伝送損失は減少する。したがって、記述は誤り。

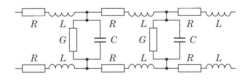

図4　分布定数回路

(3) 図2のように、インピーダンスZ_{01}、Z_{02}の線路を接続したとき、入射波の電圧、電流をそれぞれV_i、I_iとし、反射波の電圧、電流をそれぞれV_r、I_rとすると、電圧反射係数および電流反射係数はそれぞれ次式のように表される。

電圧反射係数 $= \dfrac{V_r}{V_i} = \dfrac{Z_{02} - Z_{01}}{Z_{02} + Z_{01}} = m$ 　　　　電流反射係数 $= \dfrac{I_r}{I_i} = \dfrac{Z_{01} - Z_{02}}{Z_{02} + Z_{01}} = -\dfrac{Z_{02} - Z_{01}}{Z_{02} + Z_{01}} = -m$

このように、電圧反射係数と電流反射係数とは符号が逆であるから、電圧反射係数をmとすると、電流反射係数は**$-m$**と表すことができる。

(4) 伝送路における信号電力の大きさを把握するのに、ある点の信号電力P_1と基準点における信号電力P_0との比を対数で表した値を用いる。これを**相対レベル**といい、単位は通常〔dBr〕が用いられる。

$$相対レベル = 10 \, log_{10} \frac{P_1}{P_0} \text{〔dBr〕}$$

答	
(ア)	④
(イ)	①
(ウ)	②
(エ)	①

次の各文章の 内に、それぞれの[ ]の解答群の中から最も適したものを選び、その番号を記せ。 (小計20点)

(1) 図1において、電気通信回線への入力電圧が200ミリボルト、その伝送損失が1キロメートル当たり (ア) デシベル、減衰器の減衰量が16デシベルのとき、電圧計の読みは、1.5ミリボルトである。ただし、変圧器は理想的なものとし、電気通信回線及び減衰器の入出力インピーダンスは等しく、各部は整合しているものとする。 (5点)

[① 0.8 ② 1.0 ③ 1.2 ④ 1.4 ⑤ 1.6]

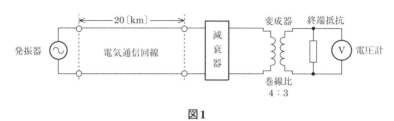

図1

(2) 平衡対ケーブルを用いて音声周波数帯域の信号を伝送するときの伝送損失は、 (イ) を大きくすると増加する。 (5点)

[① 心線導体の導電率 ② 単位長さ当たりのインダクタンス
③ 心線導体の直径 ④ 単位長さ当たりの心線導体抵抗]

(3) 図2に示すアナログ方式の伝送路において、受端のインピーダンスZに加わる信号電力が15ミリワットであり、同じ伝送路の無信号時の雑音電力が0.0015ミリワットであるとき、この伝送路の受端におけるSN比は、 (ウ) デシベルである。 (5点)

[① 15 ② 25 ③ 40 ④ 45 ⑤ 50]

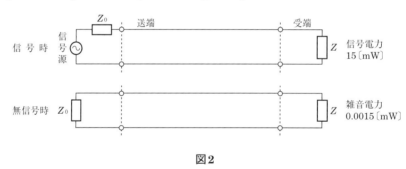

図2

(4) 電力線からの誘導作用によって通信線に誘起される誘導電圧には、電磁誘導電圧と静電誘導電圧があり、電磁誘導電圧は、一般に、電力線の (エ) に比例する。 (5点)

[① 抵 抗 ② キャパシタンス ③ 線 径 ④ 電 圧 ⑤ 電 流]

解　説

(1) 図3のように、図1の各部の電圧を$V_1 \sim V_4$〔mV〕とする。変成器の一次側電圧V_3〔mV〕と二次側電圧V_4〔mV〕の比は巻線比に等しくなるから、$V_3 : V_4 = 4 : 3$である。よって、V_3〔mV〕は、$V_3 = V_4 \times \dfrac{4}{3} = 1.5 \times \dfrac{4}{3} = 2.0$〔mV〕となる。

　また、電気通信回線1km当たりの伝送損失をL〔dB／km〕とすれば、この電気通信回線における伝送損失は、20〔km〕$\times L$〔dB／km〕$= 20L$〔dB〕となる。

　ここで、減衰器の減衰量は16dBだから、発振器から変成器の一次側までの伝送量A〔dB〕は、次式で表される。

$$A = 20\, log_{10}\, \frac{V_3}{V_1} = -20L - 16$$

$$\therefore \quad 20\, log_{10}\, \frac{2.0}{200} = 20\, log_{10}\, 10^{-2} = -40$$

$$= -20L - 16$$

よって、電気通信回線1km当たりの伝送損失は、

$$L = \frac{-40 + 16}{-20} = \frac{-24}{-20} = \mathbf{1.2}\,\text{〔dB／km〕}$$

となる。

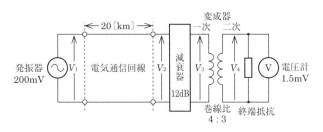

図3

(2) 平衡対ケーブルは、長手方向に均一で一様な線路であり、その電気特性は図4に示すような分布定数回路として扱うことができる。いま、一様線路の往復導体の単位長さ当たりの抵抗をR、インダクタンスをL、往復導体間の単位長さ当たりの漏れコンダクタンスをG、静電容量をCとすると、$\dfrac{L}{C} = \dfrac{R}{G}$ の関係が成立していれば、その線路で信号の伝送を行う場合の伝送損失は最小になる。実際の平衡対ケーブルでは一般に$\dfrac{L}{C} < \dfrac{R}{G}$となっているので、単位長さ当たりのインダクタンス$L$を大きくすると伝送損失は減少し、**単位長さ当たりの心線導体抵抗Rを大きくすると伝送損失は増加する。**

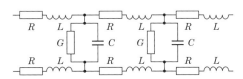

図4　分布定数回路

(3) 図2において、受端のインピーダンスZに加わる信号時の信号電力をP_S〔mW〕、無信号時の雑音電力をP_N〔mW〕とすると、SN比（信号電力対雑音電力比）は、SN比$= 10\, log_{10}\, \dfrac{P_S}{P_N}$〔dB〕の式で表される。

　題意より、$P_S = 15$〔mW〕、$P_N = 0.0015$〔mW〕であるから、SN比は次のように求められる。

$$SN\text{比} = 10\, log_{10}\, \frac{15\,\text{〔mW〕}}{0.0015\,\text{〔mW〕}} = 10\, log_{10}\, 10^4 = 10 \times 4 \times log_{10}\, 10 = 10 \times 4 \times 1 = \mathbf{40}\,\text{〔dB〕}$$

(4) 電力線に電流が流れると、図5のように電力線を中心として同心円状の磁界が発生する。この磁界中に電力線と平行に通信線が設置されていると、磁界の影響により通信線に起電力が発生する。この起電力を電磁誘導電圧といい、その大きさは一般に電力線の**電流**に比例して変化する。

　電磁誘導電圧はSN比を低下させるので、電力線との距離を大きくするか、通信線を電力線と垂直に交差させるように設置する必要がある。

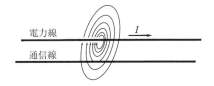

図5　電力線による電磁誘導

答	
㈦	③
㈣	④
㈥	③
㈤	⑤

次の各文章の　　　　　内に、それぞれの[　　]の解答群の中から最も適したものを選び、その番号を記せ。 (小計20点)

(1) 図1において、電気通信回線1への入力電圧が150ミリボルト、電気通信回線1から電気通信回線2への遠端漏話減衰量が　(ア)　デシベル、増幅器の利得が28デシベルのとき、電圧計の読みは、15ミリボルトである。ただし、入出力各部のインピーダンスは全て同一値で整合しているものとする。 (5点)

[① 18　② 28　③ 38　④ 48　⑤ 58]

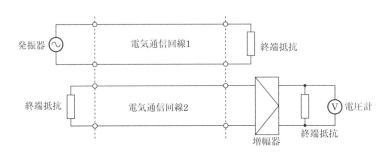

図1

(2) 伝送損失について述べた次の二つの記述は、　(イ)　。 (5点)

A 平衡対ケーブルにおいては、心線導体間の間隔を大きくすると伝送損失が増加する。

B 同軸ケーブルは、一般的に使用される周波数帯において信号の周波数が4倍になると、その伝送損失は、約2倍になる。

[① Aのみ正しい　② Bのみ正しい　③ AもBも正しい　④ AもBも正しくない]

(3) 図2において、通信線路1の特性インピーダンスが324オーム、通信線路2の特性インピーダンスが900オームのとき、巻線比$(n_1 : n_2)$が　(ウ)　の変成器を使うと線路の接続点における反射損失はゼロとなる。 (5点)

[① 2：3　② 3：2　③ 3：5　④ 5：3　⑤ 4：5]

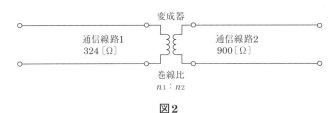

図2

(4) ある伝送路の送信端における信号電力をP_Sミリワット、受信端における信号電力をP_Rミリワットとするとき、この伝送路の伝送損失は、　(エ)　デシベルで表される。 (5点)

$$\left[① \quad 10 \, log_{10} \frac{P_S}{P_R} \qquad ② \quad 10 \, log_{10} \frac{P_R}{P_S} \qquad ③ \quad 20 \, log_{10} \frac{P_S}{P_R} \qquad ④ \quad 20 \, log_{10} \frac{P_R}{P_S} \right]$$

解 説

(1) 図3において、電気通信回線1への入力電圧をV_1〔mV〕、電圧計の指示値（＝電気通信回線2の遠端側（発振器から遠い側）にある終端抵抗の両端に加わる電圧）をV_2〔mV〕とすると、総合減衰量L〔dB〕は、

$$L = 20\,log_{10}\frac{V_2}{V_1} = 20\,log_{10}\frac{15}{150} = 20\,log_{10}10^{-1} = 20 \times (-1) = -20\,〔dB〕$$

となる。このL〔dB〕には、電気通信回線1から電気通信回線2への遠端漏話減衰量L_F〔dB〕と増幅器の利得$G = 28$〔dB〕が含まれており、$L = -L_F + G = -20$〔dB〕で表されるので、この式より電気通信回線1から電気通信回線2への遠端漏話減衰量$L_F = -L + G = 20 + 28 = \mathbf{48}$〔dB〕が求められる。

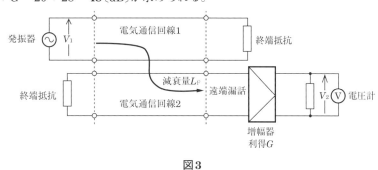

図3

(2) 設問の記述は、**Bのみ正しい。**

A　平衡対ケーブルでは、送端に加えられた電圧は、導体自体の抵抗Rおよび自己インダクタンスLにより電圧降下しながら受端に向かって減衰していく。また、送端に入力された電流は、導体間の絶縁体を介して存在する静電容量Cおよび導体間の漏洩電流に対する漏洩抵抗の逆数である漏洩コンダクタンスGを介して漏洩しながら受端に向かって減衰していく。心線導体間の間隔を大きくした場合、抵抗Rと自己インダクタンスLは変わらないが、静電容量Cと漏洩コンダクタンスGが小さくなり、心線導体間の漏洩電流を小さくすることができるので、伝送損失は減少する。したがって、記述は誤り。

B　同軸ケーブルの高周波数帯域における伝送損失は比較的小さく、漏話特性も良い。これは、1対の心線が同心円状になっており、表皮効果や近接作用による実効抵抗の増加が小さいからである。一般に使用される周波数帯において、伝送損失は周波数の平方根に比例し、たとえば信号の周波数が2倍になれば伝送損失は$\sqrt{2}$（≒1.41）倍に、信号の周波数が4倍になれば伝送損失は2倍になる。したがって、記述は正しい。

(3) 図2において、変成器の巻線比を$n_1 : n_2$とし、通信線路1のインピーダンスをZ_1、通信線路2のインピーダンスをZ_2としたとき、反射損失がゼロとなるためには、次式の条件が成立していなければならない。

$$\frac{Z_1}{Z_2} = \left(\frac{n_1}{n_2}\right)^2$$

したがって、変成器の巻線比$n_1 : n_2$は、

$$\frac{n_1}{n_2} = \sqrt{\frac{Z_1}{Z_2}} = \sqrt{\frac{324}{900}} = \sqrt{\frac{2^2 \times 3^4}{2^2 \times 3^2 \times 5^2}} = \sqrt{\frac{3^2}{5^2}} = \frac{3}{5}$$

（√の中の分数の分子と分母を素因数分解すると、それぞれ 分子＝$324 = 2^2 \times 3^4$、分母＝$900 = 2^2 \times 3^2 \times 5^2$となる。）

$$\therefore \quad n_1 : n_2 = \mathbf{3 : 5}$$

となる。

(4) 一般に、伝送路の送信側の電力をP_S〔mW〕、受信側の電力をP_R〔mW〕とした場合、伝送損失（伝送減衰量）は、

$$伝送損失 = \mathbf{10\,\mathit{log}_{10}\frac{P_S}{P_R}} = 10\,log_{10}P_S - 10\,log_{10}P_R\,〔dB〕$$

で表される。これに対して、$10\,log_{10}\dfrac{P_R}{P_S}$〔dB〕は電力利得を表す。

基礎

4 伝送理論

答

(ア)	④
(イ)	②
(ウ)	③
(エ)	①

次の各文章の　　　　　内に、それぞれの[　　]の解答群の中から最も適したものを選び、その番号を記せ。 （小計20点）

(1) 図1において、電気通信回線への入力電力が600ミリワット、その伝送損失が1キロメートル当たり0.8デシベル、増幅器の利得が　(ア)　デシベルのとき、負荷抵抗Rで消費する電力は、60ミリワットである。ただし、変成器は理想的なものとし、入出力各部のインピーダンスは整合しているものとする。（5点）

[① 12 ② 22 ③ 32 ④ 42 ⑤ 52]

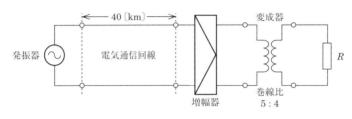

図1

(2) 漏話について述べた次の二つの記述は、　(イ)　。 （5点）

A 平衡対ケーブルにおける漏話減衰量Xデシベルは、誘導回線の信号電力をP_Sワット、被誘導回線の漏話による電力をP_Xワットとすると、次式で表される。

$$X = 10 \log_{10} \frac{P_S}{P_X}$$

B 平衡対ケーブルにおいて電磁結合により生ずる漏話の大きさは、一般に、誘導回線のインピーダンスに比例する。

[① Aのみ正しい ② Bのみ正しい ③ AもBも正しい ④ AもBも正しくない]

(3) 図2において、一方の通信線路の特性インピーダンスをZ_{01}、もう一方の通信線路の特性インピーダンスをZ_{02}とすると、その接続点における電圧反射係数は、　(ウ)　で求められる。 （5点）

$$\left[① \ \frac{Z_{01}-Z_{02}}{Z_{01}+Z_{02}} \quad ② \ \frac{Z_{02}-Z_{01}}{Z_{01}+Z_{02}} \quad ③ \ \frac{2Z_{02}}{Z_{01}+Z_{02}} \quad ④ \ \frac{2Z_{01}}{Z_{01}+Z_{02}} \right]$$

図2

(4) 伝送系のある箇所における信号電力と基準点における信号電力との比をデシベル表示した値は、その箇所の　(エ)　といわれ、一般に、単位は〔dBr〕で表される。 （5点）

[① CN比 ② SN比 ③ 平衡度 ④ 絶対レベル ⑤ 相対レベル]

解 説

(1) 図3のように、電気通信回線への入力電力をP_0〔mW〕、変成器の一次側の電力をP_1〔mW〕、線路の伝送損失をL〔dB〕、増幅器の利得をG〔dB〕とすると、発振器から変成器の一次側までの伝送量A〔dB〕は、

$$A = 10 \, log_{10} \frac{P_1}{P_0} = -L + G \, \text{〔dB〕} \quad \cdots\cdots \text{（※）}$$

の式で表される。ここで、変成器は理想的なものであり、消費電力がないので、一次側の電力P_1〔mW〕は二次側の電力（負荷抵抗Rで消費する電力）と同じ大きさになり、$P_1 = 60$〔mW〕である。これと$P_0 = 600$〔mW〕を（※）式に代入して発振器から変成器の一次側までの伝送量A〔dB〕を計算すると、

$$A = 10 \, log_{10} \frac{P_1}{P_0} = 10 \, log_{10} \frac{60}{600} = 10 \, log_{10} \frac{1}{10} = 10 \, log_{10} 10^{-1} = 10 \times (-1) \times log_{10} 10 = 10 \times (-1) = -10 \, \text{〔dB〕}$$

となる。また、電気通信回線は長さが40〔km〕で伝送損失が1〔km〕当たり0.8〔dB〕だから、線路の伝送損失L〔dB〕は、

$$L = 0.8 \, \text{〔dB／km〕} \times 40 \, \text{〔km〕} = 32 \, \text{〔dB〕}$$

となる。（※）式より、$A = -10 = -L + G$〔dB〕であり、$L = 32$〔dB〕だから、

$$A = -10 = -32 + G \, \text{〔dB〕}$$

が成り立ち、これをGについて整理すると、増幅器の利得$G = \mathbf{22}$〔dB〕が求められる。

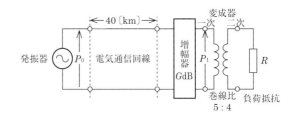

図3

(2) 設問の記述は、**Aのみ正しい**。メタリック伝送路における漏話は、回線間の電気的結合により1つの回線（誘導回線）から他の回線（被誘導回線）に伝送信号が漏れて伝わる現象で、電磁結合によるものと静電結合によるものがある。

A 漏話減衰量は、誘導回線の送端電力と、被誘導回線の漏話電力との比の対数をとったものである。いま、誘導回線の送端電力の大きさをP_S〔W〕、被誘導回線の漏話電力の大きさをP_X〔W〕とすれば、漏話減衰量X〔dB〕は次式で表される。したがって、記述は正しい。

$$X = 10 \, log_{10} \frac{P_S}{P_X} \, \text{〔dB〕}$$

B 電磁結合は、回線間の相互誘導（相互インダクタンス）により生じる結合である。被誘導回線上に発生する誘導起電力は被誘導回線の周囲の磁束密度に比例し、磁束密度はその箇所の磁界の強さに比例する。また、誘導回線はインピーダンスが小さいほど流れる電流が大きくなり、導体に電流が流れるときに発生する磁界の強さは、その電流の大きさに比例するので、誘導回線と被誘導回線の間の相互インダクタンスが一定ならば、誘導回線のインピーダンスが小さいほど被誘導回線に現れる誘導電流（漏話電流）は大きくなる。よって、電磁結合による漏話の大きさは誘導回線のインピーダンスに<u>反比例する</u>といえるので、記述は誤り。

(3) 通信線路の接続点など伝送路上で特性インピーダンスが変化する箇所では、進行してきた信号波が折り返す反射現象が生じる。このとき、その箇所に進行してきた信号波を入射波、信号波の進行方向と反対方向に戻っていく波を反射波、反射せず進んで行く波を透過波という。反射の大きさは特性インピーダンスの変化の大きさによって定まり、その指標として反射係数が用いられる。通信線路の反射係数には、電圧反射係数、電流反射係数、電力反射係数があり、電圧反射係数は反射波の電圧と入射波の電圧の比で表される。図2において、接続点のすぐ両側では電圧および電流は等しいから、信号波の電圧をV_1、反射波の電圧をV_r、透過波の電圧をV_2とすれば、次の@、ⓑ式

$$\begin{cases} V_1 + V_r = V_2 & \cdots\cdots\cdots @ \\ \dfrac{V_1 - V_r}{Z_{01}} = \dfrac{V_2}{Z_{02}} & \cdots\cdots\cdots ⓑ \end{cases}$$

が成り立つ。ⓑ式に@式を代入してV_2を消し、V_rとV_1について整理すると、電圧反射係数は次のように求められる。

$$\frac{V_1 - V_r}{Z_{01}} = \frac{V_1 + V_r}{Z_{02}} \;\rightarrow\; Z_{01} \cdot V_1 + Z_{01} \cdot V_r = Z_{02} \cdot V_1 - Z_{02} \cdot V_r \;\rightarrow\; Z_{01} \cdot V_r + Z_{02} \cdot V_r = Z_{02} \cdot V_1 - Z_{01} \cdot V_1$$

$$\rightarrow \;(Z_{01} + Z_{02}) \cdot V_r = (Z_{02} - Z_{01}) \cdot V_1 \;\rightarrow\; V_r = \frac{Z_{02} - Z_{01}}{Z_{01} + Z_{02}} \cdot V_1 \;\rightarrow\; \frac{V_r}{V_1} = \mathbf{\frac{Z_{02} - Z_{01}}{Z_{01} + Z_{02}}}$$

(4) 伝送路における信号電力の大きさを把握するのに、ある点の信号電力P_1と基準点における信号電力P_0との比を対数で表した値を用いる。これを**相対レベル**といい、単位は通常〔dBr〕が用いられる。

$$相対レベル = 10 \, log_{10} \frac{P_1}{P_0} \, \text{〔dBr〕}$$

答

㈦	②
㈡	①
㈧	②
㈣	⑤

基礎

4
伝送理論

次の各文章の 内に、それぞれの[ ]の解答群の中から最も適したものを選び、その番号を記せ。 （小計20点）

(1) 図1において、電気通信回線への入力電力が (ア) ミリワット、その伝送損失が1キロメートル当たり0.8デシベル、増幅器の利得が24デシベルのとき、負荷抵抗 R で消費する電力は、40ミリワットである。ただし、変成器は理想的なものとし、入出力各部のインピーダンスは整合しているものとする。 （5点）

[① 30 ② 40 ③ 60 ④ 80 ⑤ 90]

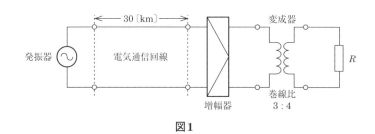

図1

(2) 伝送損失について述べた次の二つの記述は、 (イ) 。 （5点）

A 同軸ケーブルは、一般的に使用される周波数帯において信号の周波数が2倍になると、その伝送損失は、約4倍になる。

B 平衡対ケーブルにおいては、心線導体間の間隔を大きくすると伝送損失が増加する。

[① Aのみ正しい ② Bのみ正しい ③ AもBも正しい ④ AもBも正しくない]

(3) 図2において、通信線路1の特性インピーダンスが Z_1 オーム、通信線路2の特性インピーダンスが Z_2 オームのとき、巻線比 $(n_1 : n_2)$ が (ウ) の変成器を挿入することにより、両通信線路間のインピーダンス整合をとることができる。ただし、変成器は理想的なものとする。 （5点）

[① $Z_1 : Z_2$ ② $Z_2 : Z_1$ ③ $\sqrt{Z_1} : \sqrt{Z_2}$ ④ $\sqrt{Z_2} : \sqrt{Z_1}$]

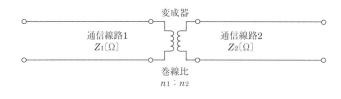

図2

(4) 電力線からの誘導作用によって通信線に誘起される誘導電圧には、電磁誘導電圧と静電誘導電圧があり、電磁誘導電圧は、一般に、電力線の (エ) に比例する。 （5点）

[① 抵 抗 ② キャパシタンス ③ 線 径 ④ 電 流 ⑤ 電 圧]

解　説

(1) 図3のように、電気通信回線への入力電力をP_0〔mW〕、変成器の一次側の電力をP_1〔mW〕とし、線路の伝送損失をL〔dB〕、増幅器の利得をG〔dB〕とすると、発振器から変成器の一次側までの伝送量A〔dB〕は、次式で表される。

$$A = 10\,log_{10}\frac{P_1}{P_0} = -L + G \text{〔dB〕}$$

この式に、$L = 0.8$〔dB/km〕$× 30$〔km〕$= 24$〔dB〕、$G = 24$〔dB〕を代入して、伝送量A〔dB〕の値を求めると、

$$A = 10\,log_{10}\frac{P_1}{P_0} = -24 + 24 = 0 \text{〔dB〕}$$

となる。また、変成器は理想的なものであり、電力消費がないので、二次側の電力は一次側と同じP_1〔mW〕となり、$P_1 = 40$〔mW〕であるから、入力電力P_0〔mW〕は、

$$A = 10\,log_{10}\frac{40}{P_0} = 10\,(log_{10}40 - log_{10}P_0) = 0 \text{〔dB〕}$$

$$\therefore \quad P_0 = \mathbf{40} \text{〔mW〕}$$

となる。

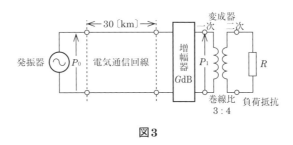

図3

(2) 設問の記述は、**A も B も正しくない**。

A　同軸ケーブルの高周波数帯域における伝送損失は比較的小さく、漏話特性も良い。これは、1対の心線が同心円状になっており、表皮効果や近接作用による実効抵抗の増加が小さいからである。一般に使用される周波数帯において、伝送損失は周波数の平方根に比例し、たとえば信号の周波数が2倍になれば伝送損失は$\sqrt{2}\,(≒ 1.41)$倍になる。したがって、記述は誤り。

B　平衡対ケーブルでは、送端に加えられた電圧は、導体自体の抵抗Rおよび自己インダクタンスLにより電圧降下しながら受端に向かって減衰していく。また、送端に入力された電流は、導体間の絶縁体を介して存在する静電容量Cおよび導体間の漏洩電流に対する漏洩抵抗の逆数である漏洩コンダクタンスGを介して漏洩しながら受端に向かって減衰していく。心線導体間の間隔を大きくした場合、抵抗Rと自己インダクタンスLは変わらないが、静電容量Cと漏洩コンダクタンスGが小さくなり、心線導体間の漏洩電流を小さくすることができるので、伝送損失は減少する。したがって、記述は誤り。

(3) 図2において、特性インピーダンスがZ_1の通信線路1と特性インピーダンスがZ_2の通信線路2の間に変成器を挿入して通信線路間のインピーダンス整合をとるには、変成器の巻線比$n_1 : n_2$と、通信線路の特性インピーダンスZ_1、Z_2の間に$\dfrac{Z_1}{Z_2} = \left(\dfrac{n_1}{n_2}\right)^2$の関係が成り立つようにすればよい。したがって、巻線比は

$$\frac{n_1}{n_2} = \sqrt{\frac{Z_1}{Z_2}} = \frac{\sqrt{Z_1}}{\sqrt{Z_2}} \qquad \therefore \quad n_1 : n_2 = \mathbf{\sqrt{Z_1} : \sqrt{Z_2}}$$

で表される。このとき、反射損失はゼロとなる。

(4) 電力線に電流が流れると、図4のように電力線を中心として同心円状の磁界が発生する。この磁界中に電力線と平行に通信線が設置されていると、磁界の影響により通信線に起電力が発生する。この起電力を電磁誘導電圧といい、その大きさは一般に電力線の**電流**に比例して変化する。

電磁誘導電圧はSN比を低下させるので、電力線との距離を大きくするか、通信線を電力線と垂直に交差させるように設置する必要がある。

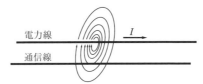

図4　電力線による電磁誘導

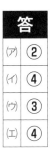

答	
(ア)	②
(イ)	④
(ウ)	③
(エ)	④

基礎 ⑤ 伝送技術

変調方式の種類

●振幅変調方式

振幅変調(AM)とは、一定周波数の搬送波の振幅を入力信号に応じて変化させる方式のものをいう。

このうち、デジタル信号のビット値1と0に対応して搬送波の振幅を変化させるものを振幅偏移変調(ASK)という。また、ASKのうち1と0を搬送波のあり／なし(振幅0)で表現する方式はオンオフキーイング(OOK)といわれる。

●角度変調方式

角度変調とは、搬送波の角度(周波数または位相)を変調信号に応じて変化させる方式である。

・周波数変調(FM)

入力されたアナログ信号の振幅に応じて搬送波の周波数を変化させる方式。

・周波数偏移変調(FSK)

デジタル信号のビット値1と0を周波数の異なる2つの搬送波で表現する方式。

・位相変調(PM)

入力されたアナログ信号の振幅に応じて搬送波の位相を遅らせたり進ませたりする方式。

・位相偏移変調(PSK)

デジタル信号のビット値を搬送波の位相差に対応させる方式。1と0の2値を対応させ1変調(1シンボル)で1ビットを表すBPSKや、00、01、10、11の4値を対応させ1変調で2ビットを表すQPSKなどがある。

・直交振幅変調(QAM)

PSKは搬送波を時間軸方向に変化させるが、それと同時に振幅方向に変化させることで、1変調でより多くのビット数を表すことができるようにした方式。16の状態に対応し1変調で4ビットを表す16QAM、64の状態に対応し1変調で6ビットを表す64QAM、256の状態に対応し1変調で8ビットを表す256QAMなどがある。

●パルス変調方式

パルス変調では、搬送波として連続する方形パルスを使用し入力信号をパルスの振幅や間隔、幅などに対応させる。

・パルス振幅変調(PAM)

信号波形の振幅をパルスの振幅に対応させる変調方式。

・パルス幅変調(PWM)

信号波形の振幅をパルスの時間幅に対応させる変調方式。

・パルス位置変調(PPM)

信号波形の振幅をパルスの時間的位置に対応させる変調方式。

・パルス符号変調(PCM)

信号波形の振幅を標本化、量子化した後に2値符号に変換する方式。

PCM伝送方式

PCM伝送方式は、アナログ信号やデジタル信号の情報を1と0の2進符号に変換し、これをパルスの有無に対応させて送出する方式である。以下、アナログ信号をPCM伝送する手順について、信号処理の過程を示す。

①標本化(サンプリング)

連続しているアナログ信号の波形から、その振幅値を一定周期で測定し、標本値として採取していく。この操作を標本化またはサンプリングという。この段階の波形はPAM波となる。標本化周波数は、原信号の最高周波数の2倍以上でなければならない。

②量子化

標本化で得られた標本値はアナログ値であるが、これを近似の整数値に置き換え、デジタル値にする。この操作を量子化といい、量子化の際の丸め誤差により発生する雑音を量子化雑音という。量子化雑音の発生は避けることができない。

③符号化

デジタル信号のビット値1と0を周波数の異なる2つの搬送波で表現する方式。

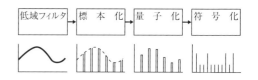

図1　PCMにおける信号処理の過程

④復号

伝送されてきた信号を量子化レベルまで復元する。

⑤補間・再生

サンプリング周波数の2分の1を遮断周波数とする低域通過フィルタに通して元の信号を取り出す。この際に発生する雑音を補間雑音という。

多重伝送方式

多重伝送とは複数の伝送路の信号を1本の伝送路で伝送する技術であり、おもに中継区間における大容量伝送に利用される。

●周波数分割多重方式(FDM)

FDMは、1本の伝送路の周波数帯域を複数の帯域に分割し、各帯域をそれぞれ独立した1つの伝送チャネルとして使用する。そのためには、1チャネルに電話回線1通話路分として4kHzの間隔をもつ搬送波で振幅変調する。振幅変調された信号から側波帯のみをとりだし、1本の伝送路に重ね合わせることにより、4kHz間隔の多数のチャネルを同時に伝送することができる。

●直交周波数分割多重方式(OFDM)

広い周波数帯域の信号を狭い帯域のサブキャリアに分割するマルチキャリア変調方式の一種である。隣り合うサブ

キャリアの位相差が90°になるようにサブキャリアを配置することで、サブキャリア間の周波数間隔を密にしている。これにより効率のよいマルチキャリア化が可能になり、LTEやWiMAXなどの移動通信システムや無線LAN、地上デジタル放送などの高速データ通信に利用されている。

多元接続方式

多元接続方式は、多数のユーザ(端末)が1つの伝送路の容量を動的に利用するための技術である。その代表的なものに、符号分割多元接続(CDMA)方式、周波数分割多元接続(FDMA)方式、直交周波数分割多元接続(OFDMA)方式、時分割多元接続(TDMA)方式などがある。多重伝送方式と語感は似ているが全く異なる概念なので注意する。

●時分割多重方式(TDM)

TDMは、1本のデジタル伝送路を時間的に分割し、複数のチャネルを時間的にずらして同一伝送路に送り出し、多数のチャネルを同時に伝送する方式である。

デジタル網の伝送品質を表す指標

●伝送遅延時間

信号を送信した瞬間から相手に信号が到達するまでに経過する時間。

●符号誤り率

ビットエラーがある時間帯で集中的に発生しているか否かを判定するために用いる符号誤り率の評価尺度。

・BER

測定時間中に伝送された全ビットのうちエラービットとなったビットの割合。

・%DM

平均符号誤り率が1×10^{-6}を超える分の数が分で表した測定時間に占める割合を示したもの。

・%SES

平均符号誤り率が1×10^{-3}を超える秒の数が秒で表した測定時間に占める割合を示したもの。

・%ES

1秒ごとにエラーの発生の有無を調べ、一定時間内に占めるエラーの発生秒数を示したもの。

光ファイバ伝送方式

●光ファイバの構造

光ファイバは、図2のような屈折率の高いコアの周囲を屈折率の低いクラッドで包む構造となっており、光はその境界面で全反射しながら進むので、コア内に閉じ込められ、伝送損失が少なく、漏話も実用上は無視できる。また、構造的にも細径で軽量でありメタリックケーブルに比べ、低損失、広帯域、無誘導という点で優れている。

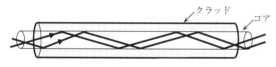

図2　光ファイバの構造

●強度変調(振幅変調)

光ファイバ伝送方式では、電気信号から光信号への変換方法として光の強弱を利用している。これは強度変調とよばれ、電気信号の強弱を光の強弱に対応させる変調方式である。電気から光への変換は半導体レーザダイオードなどの発光素子が使用され、光から電気への変換はアバランシホトダイオードやpinホトダイオードなどの受光素子が使用されている。

●光変調方式

光変調方式には、LEDやLDなどの光源から発する光を変化させる直接変調方式と、一定の強さの光を変調器を用いて光の強弱に変換する外部変調方式がある。

・波長チャーピング

変調の際に、キャリア密度の変動により活性層の屈折率が変動し、光の波長が変動する。

・電気光学効果

電界強度の変化により媒体の屈折率が変化する。屈折率の変化が電界強度の変化に比例するものをポッケルス効果といい、電界強度の変化の2乗に比例するものを光カー効果という。

・音響光学効果

音波により媒体中に屈折率の粗密が生ずる。

●光パルスの分散

光ファイバのベースバンド周波数特性を決定する要因の主なものは、分散である。分散とは、光パルスが光ファイバ中を伝搬する間に、その波形に時間的な広がりを生ずる現象をいう。分散には、波長による屈折率の違いによる材料分散、波長により光のクラッドへのしみ出しの割合が異なることによる構造分散、伝搬モードにより伝送経路が異なることによるモード分散がある。

●光ファイバによる多重伝送方式

アクセス系ネットワークでの光ファイバケーブルによる双方向多重伝送方式には、TCM方式、WDM方式、SDM方式などがある。

TCM(時間軸圧縮多重)方式では、上り信号と下り信号を時間を分けて交互に伝送する。

WDM(波長分割多重)方式では、上り、下り方向それぞれに対して個別の波長を割り当てることにより、光ファイバケーブル1心で双方向多重伝送を行うことが可能である。WDM方式のうち、数波長から10波長程度を多重化するものをCWDM(Coarse WDM)といい、100波長程度を多重化するものをDWDM(Dense WDM)という。

SDM(空間分割多重)方式では、上り信号と下り信号それぞれに光ファイバケーブル1心を割り当てることにより双方向通信を実現する。このため、双方向の波長を同一とすることができる。

次の各文章の　　　内に、それぞれの[　　]の解答群の中から最も適したものを選び、その番号を記せ。 (小計20点)

(1) QAMは、位相が直交する二つの搬送波がそれぞれASK変調された　(ア)　変調方式であり、QAMの一つである64QAMは、1シンボル当たり6ビットの情報を伝送できる方式である。 (4点)

    [① 2次　② 直　接　③ 周波数偏移　④ 多　値　⑤ スペクトル拡散]

(2) PCM伝送における受信側では、伝送されてきたパルス列からサンプリング間隔で各パルス符号に対応するレベルの信号を生成し、サンプリング周波数の$\frac{1}{2}$を遮断周波数とする　(イ)　フィルタを通して信号を再生している。 (4点)

    [① 低域通過　② 高域通過　③ 帯域通過　④ 帯域阻止]

(3) デジタル中継伝送における伝送品質の劣化要因について述べた次の二つの記述は、　(ウ)　。 (4点)
A　再生中継器を用いたデジタル中継伝送においては、再生中継器の信号受信部におけるタイミング抽出回路から出力されるタイミングパルスの位相変動によりジッタが発生することがある。
B　符号間干渉は、一般に、デジタル信号の伝送に必要とされる帯域が十分に確保されていない場合などに発生し、ビット誤りが発生する要因の一つとなる。

    [① Aのみ正しい　② Bのみ正しい　③ AもBも正しい　④ AもBも正しくない]

(4) 伝送速度が64キロビット／秒の回線において、ビットエラーの発生状況を100秒間調査したところ、特定の2秒間に集中して発生し、その2秒間の合計のビットエラーは640個となった。このときの%ESの値は、　(エ)　パーセントとなる。 (4点)

    [① 0.01　② 1　③ 2　④ 3.2　⑤ 6.4]

(5) 光ファイバ通信において、光の波長によって伝搬速度が異なることに起因して生ずる波長分散は、構造分散と　(オ)　分散の和で表される。 (4点)

    [① モード　② 正　常　③ 粒　子　④ 材　料　⑤ 異　常]

解説

(1) デジタル変調において、1タイムスロット（1つの情報を入れるための一定の時間幅の区切り）で2値よりも多い値を伝送する方式は、**多値**変調方式といわれる。このうち、QAM（Quadrature Amplitude Modulation 直角位相振幅変調）では、QPSK（Quadrature Phase Shift Keying 4相位相変調）の直交する2つの正弦波をそれぞれASK（Amplitude Shift Keying 振幅偏移変調）方式により変調し、合成して伝送する。位相と振幅の両方に情報を持たせることでQPSKに比べて一度に伝送できるビット数を増やし、伝送効率を高めている。

QAMには、1シンボル当たりに表現できる数により、16QAM、64QAM、128QAM、256QAM、512QAMなどがある。これらのうち、LTEなどの無線通信やCATVシステムなどに利用されている64QAMでは、2つの正弦波にそれぞれ8つの値を持たせて合成し、$8 \times 8 = 64$種類の値を表現できるようにしている。64を2の累乗数で表すと2^6になるので、64QAMでは、1シンボル当たり6ビットの情報を伝送できることになる。

(2) PCM（Pulse Code Modulation パルス符号変調）伝送では、送信側では、まず、音声信号を低域通過フィルタに通して折返し雑音を防止するための帯域制限を行う。次に、音声信号のアナログ波形から一定周期（8kHz）で振幅値を抽出して標本値とし、PAM波形を生成する（標本化）。次いで、標本化で得られた振幅の標本値を有限個のステップに区切り、離散的な近似値に変換する（量子化）。さらに、量子化された値を0と1の2進符号に変換する（符号化）。そして、符号化された2進符号に対応させたパルス列をデジタル伝送路に送出する。

受信側では、デジタル伝送路から受信したパルスに対応する符号から、量子化レベルの信号を再生する（復号）。そして、標本化周波数の$\frac{1}{2}$（4kHz）を遮断周波数とする**低域通過**フィルタに通して補間処理を行い、元の音声信号を再生する。

(3) 設問の記述は、**AもBも正しい**。デジタル中継伝送における伝送品質の劣化要因には、符号誤り、ジッタ、熱雑音、瞬断などがある。

A　ジッタ（jitter）は、デジタルパルス列の位相が短時間に揺らぐ現象をいう。再生中継器のタイミング抽出回路や多重化装置の同期回路等で発生する場合がある。したがって、記述は正しい。

B　符号誤りは、伝送路で混入した雑音などのために伝送されてきたパルスの波形が変形し、信号が誤って識別されることをいう。符号誤りには、ランダム誤りとバースト誤りがある。ランダム誤りは、符号誤りが散発的に生じる現象で、一般にランダム雑音や符号間干渉などが原因で発生する。一方、バースト誤りは、符号誤りが密集して発生する現象で、雷などの外部からの誘導によるインパルス性雑音、無線伝送区間におけるフェージングなどによって発生する。符号間干渉（シンボル間干渉）とは、隣接する符号どうしが互いに干渉し合うことにより信号が歪む現象をいい、伝送帯域が制限された伝送路などで発生することがある。したがって、記述は正しい。

(4) %ES（percent Errored Seconds）は、1秒ごとに符号誤りの発生の有無を観測し、少なくとも1個以上の符号誤りが発生した延べ時間（1秒単位）が全観測時間に占める割合を百分率で表したものである。したがって、

$$\%ES = \frac{2〔秒〕}{100〔秒〕} \times 100〔\%〕 = 2〔\%〕$$

となる。データ伝送のように符号誤りを全く許容できない系の評価を行う場合にはこの%ESを尺度に用いるとよい。

(5) 光ファイバにおいて、入射した光パルスが光ファイバ内を伝搬する間に、その波形に時間的な広がりを生じる現象を分散という。この分散現象は、発生要因別にモード分散、材料分散、構造分散の3種類に大別される。また、構造分散と**材料**分散は、その大きさが光の波長に依存することから、あわせて波長分散ともよばれている。

表1　光ファイバにおける分散現象の種類

種類		発 生 要 因 お よ び 特 徴
モード分散		光の各伝搬モードの経路が異なるために到達時間に差が出てパルス幅が広がる現象である。伝送帯域を制限する要因となっている。多モード（MM）型のみに起こり、単一モード（SM）型では起こらない。
波長分散	材料分散	光ファイバの材料が持つ屈折率は、光の波長によって異なった値をとる。これが原因でパルス波形に時間的な広がりを生じる現象である。モード分散と同様に伝送帯域を制限する要因となる。
	構造分散	コアとクラッドの境界面で光が全反射を行う際、光の一部がクラッドへ漏れパルス幅が広がる現象。光の波長が長くなるほど光の漏れが大きくなる。

答

(ア)	4
(イ)	1
(ウ)	3
(エ)	3
(オ)	4

次の各文章の　　　　　内に、それぞれの[　　　]の解答群の中から最も適したものを選び、その番号を記せ。　　　　　　　　　　　　　　　　　　　　　　　　　　　　　　　　　　　　　（小計20点）

(1) デジタル変調方式について述べた次の記述のうち、誤っているものは、　（ア）　である。　　（4点）

① FSKは、送信するデジタル信号に応じて、周波数が一定の搬送波の位相を変化させて変調する方式である。
② QPSKは、1シンボル当たり2ビットの情報を伝送できる多値変調方式である。
③ ASKにおいてデジタル信号の1と0に応じて搬送波の振幅の有無で変調する2値ASKは、オンオフキーイングといわれる。
④ QAMは、位相が直交する二つの搬送波がそれぞれASK変調された多値変調方式である。

(2) 音声信号のPCM符号化において、信号レベルの高い領域は粗く量子化し、信号レベルの低い領域は細かく量子化することにより、量子化ビット数を変えずに信号レベルの低い領域における量子化雑音を低減する方法は、一般に、　（イ）　といわれる。　　（4点）

① 直線量子化　　② 非直線量子化　　③ 予測符号化
④ 変換符号化　　⑤ ハフマン符号化

(3) デジタル伝送において、送信したデジタル信号が受信側で隣接タイムスロットの識別点にまで広がることにより生ずる　（ウ）　は、ビット誤りが発生する原因の一つとなる。　　（4点）

① 相互位相変調　　② 自己位相変調　　③ 符号間干渉
④ ドップラー効果　　⑤ パケット損失ひずみ

(4) 雑音などについて述べた次の二つの記述は、　（エ）　。　　（4点）
A 再生中継を行っているデジタル伝送方式において、中継区間で発生する雑音には、量子化雑音、ランダム雑音、熱雑音などがあり、これらの雑音は各中継区間ごとに累積されて伝達される。
B 増幅回路などにおける信号電力対雑音電力比の劣化の程度を表す尺度として、雑音指数が用いられる。

① Aのみ正しい　　② Bのみ正しい　　③ AもBも正しい　　④ AもBも正しくない

(5) 光ファイバ通信に用いられる光変調方式には、LED、LDなどの光源の駆動電流を変化させる　（オ）　変調方式と、光源からの出力光を外部変調器を用いて変化させる外部変調方式がある。　　（4点）

① 角度　　② 間接　　③ 周波数　　④ 位相　　⑤ 直接

解　説

(1) 解答群の記述のうち、誤っているのは「**FSKは、送信するデジタル信号に応じて、周波数が一定の搬送波の位相を変化させて変調する方式である。**」である。デジタル変調において、搬送波の変調に用いる要素には、振幅、位相、周波数があり、振幅に対応した変調方式をASK（振幅偏移変調）、位相に対応した変調方式をPSK（位相偏移変調）、周波数に対応した変調方式をFSK（周波数偏移変調）という。

①　PSKについて説明した内容になっているので、記述は誤り。FSKは、データのビット値（0か1か）に応じて搬送波の周波数を変化させる方式である。

②　PSKには、利用する位相数により、2相PSK（BPSK）、4相PSK（QPSK）、8相PSK（8-PSK）などがあるが、このうち、QPSKは、4つある各相に値（2進数の00、01、10、11）を割り当て、1シンボル（変調1回）当たり2ビットの情報を伝送できる。したがって、記述は正しい。

③　オンオフキーイング（OOK）は、ASKの一種で、データ符号のビット値が"1"のときに波形あり、"0"のときに波形なしを対応させたものである。したがって、記述は正しい。

④　QAM（直交振幅変調：直角位相振幅変調ともいう）は、位相が直交する2つの正弦波$I\cos\omega_c t$と$Q\sin\omega_c t$の振幅IおよびQをそれぞれASK変調して合成し、搬送波とする方式である。したがって、記述は正しい。

(2) 音声信号（S）をデジタル信号へ変換する過程で量子化雑音（N_Q）が生じるが、通話品質を良好に保つためには音声の大小にかかわらず$\frac{S}{N_Q}$（信号対量子化雑音比）を一定にすることが望ましい。一般に、信号振幅が大きいときには量子化ステップを大きくとって粗く量子化し、信号振幅が小さいときには量子化ステップを小さくとって密に量子化することにより、大振幅値と小振幅値での$\frac{S}{N_Q}$を近づけ、量子化雑音を軽減する。このような方法は、**非直線量子化**または非線形量子化といわれる。

(3) デジタル伝送において、送信パルス波形として用いられる矩形波が帯域制限された伝送系で伝送されると、受信側では立ち上がりの緩やかな波形となり、隣接するタイムスロットでも振幅が0にならずに波形ひずみが残る。これは**符号間干渉**といわれ、これによりビット誤りが発生するなど、パルス伝送における劣化要因となる。符号間干渉を減らす方法には、伝送系の周波数帯域幅を広くする方法と、タイムスロット間隔を大きくして伝送速度を低下させる方法がある。

(4) 設問の記述は、**Bのみ正しい。**

A　量子化雑音は、アナログ信号をデジタル信号に変換するときに発生する雑音であり、再生中継により発生するものではない。また、その他の雑音については、再生中継により取り除かれ、一般に次の中継区間に伝達されない。したがって、記述は誤り。

B　雑音指数（NF）は、増幅回路などの機器において入力側のSN比に比べて出力側のSN比がどの程度劣化しているかを表す尺度であり、入力信号電力をP_{Si}、入力雑音電力をP_{Ni}、出力信号電力をP_{So}、出力雑音電力をP_{No}とすれば、次式で表される。雑音指数の値は小さいほどよく、0〔dB〕であれば理想的である。したがって、記述は正しい。

$$NF = 10\log_{10}\frac{P_{Si}}{P_{Ni}} - 10\log_{10}\frac{P_{So}}{P_{No}} \text{〔dB〕}$$

(5) 光ファイバ通信は、発光ダイオード（LED）や半導体レーザダイオード（LD）などで作り出された光を点滅させることでデジタル伝送を行っている。光を点滅（変調）させる方法には、直接変調方式と外部変調方式とがある。

直接変調方式は、発光ダイオードや半導体レーザダイオードなどに入力する駆動電流を変化させることによって光の強度を直接変調し、点滅させる。これに対し、外部変調方式は、電気光学効果や音響光学効果を利用した光変調器を使用し、出力一定の光源からの光に外部から変調を加える。一般に、外部変調方式の方が高速・長距離伝送が可能である。

答	
(ア)	①
(イ)	②
(ウ)	③
(エ)	②
(オ)	⑤

次の各文章の 内に、それぞれの[ ]の解答群の中から最も適したものを選び、その番号を記せ。 (小計20点)

(1) デジタル変調方式のうち、送信データに応じて搬送波の位相を変化させて1シンボルに2ビットの情報を割り当てる多値変調方式は、 (ア) といわれる。 (4点)
   [① 2値FSK ② BPSK ③ QPSK ④ 8相PSK ⑤ 16QAM]

(2) デジタル移動通信などにおける多元接続方式のうち、各ユーザに異なる符号を割り当て、スペクトル拡散技術を用いることにより一つの伝送路を複数のユーザで共用する方式は、 (イ) といわれる。 (4点)
   [① CDMA ② CSMA ③ FDMA ④ OFDMA ⑤ TDMA]

(3) 伝送装置などで使用されるフィルタについて述べた次の二つの記述は、 (ウ) 。 (4点)
   A デジタルフィルタは、信号をデジタル処理する加算器、乗算器及び遅延器で構成することができ、アナログフィルタと比較して、一般に、高精度な周波数選択性を有している。
   B コイル、コンデンサなどの受動素子のみで構成されるフィルタは、一般に、アクティブフィルタといわれる。
   [① Aのみ正しい ② Bのみ正しい ③ AもBも正しい ④ AもBも正しくない]

(4) デジタル通信における誤り訂正方式のうち、送信側に問い合わせることなく、誤り訂正を受信側が単独で行える方式は、一般に、 (エ) 又は前方誤り訂正といわれる。 (4点)
   [① BCD ② ARQ ③ CRC ④ FEC ⑤ FCS]

(5) 伝送するパルス列の時間軸上の短い位相変動は、 (オ) といわれ、光中継伝送システムなどに用いられる再生中継器におけるタイミングパルスの間隔のふらつきや共振回路の同調周波数のずれが一定でないことなどに起因している。 (4点)
   [① 相互変調 ② バースト ③ 非直線ひずみ ④ エコー ⑤ ジッタ]

解　説

(1)　デジタル変調方式では、送信するデータの値（ビット値＝0または1）に応じて、搬送波の周波数、振幅または位相を離散的に変化させる。その一つであるPSK（Phase Shift Keying 位相偏移変調）は、搬送波の周波数を一定にしておき、変調信号の符号列に応じて搬送波の位相を変化させる方式である。

　　PSKには、利用する位相数により、2相PSK（BPSK）、4相PSK（QPSK）、8相PSK（8-PSK）などがあるが、このうち、**QPSK**は図2のように4つの位相に2進数の00、01、10、11の4値を対応させ、1シンボル当たり2ビットの情報を伝送できる。

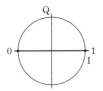

1シンボルで1ビットの情報を表す

図1　BPSKの信号点配置

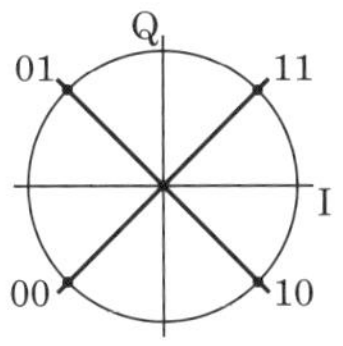

1シンボルに2ビットの情報を割り当てる

図2　QPSKの信号点配置

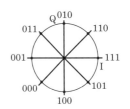

1シンボルに3ビットの情報を割り当てる

図3　8-PSKの信号点配置

(2)　多元接続方式は、多数のユーザ（端末）が1つの伝送路の容量を動的に利用するための技術である。代表的なものとしては、CDMA（Code Division Multiple Access 符号分割多元接続）、FDMA（Frequency Division Multiple Access 周波数分割多元接続）、OFDMA（Orthogonal FDMA 直交周波数分割多元接続）、TDMA（Time Division Multiple Access 時分割多元接続）などがある。

　　このうち、**CDMA**方式は、同一時間軸、同一周波数上でチャネルごとに異なる複数の相互に直交した拡散符号を割り当て、この拡散符号を用いた拡散、逆拡散により伝送路を分割する方式である。送信側では、入力信号をPSK（位相偏移変調）などで一次変調した後、さらに拡散符号で周波数を拡散（スペクトル拡散）して送出する。受信側では、逆拡散により一致した拡散符号のチャネルのみを一次変調後の信号に戻し、復調する。このようにして信号の独立性を確保した伝送チャネルを構成し、複数のユーザが同一の周波数帯域で通信を行うことができる。

(3)　設問の記述は、**Aのみ正しい**。

A　アナログフィルタは、抵抗、コンデンサ、コイルにより構成されているため、各素子の特性によりフィルタの精度が決定される。これに対し、デジタルフィルタでは、アナログ信号をデジタル信号に変換し、加算器、乗算器、単位時間遅延素子などによりデジタルな演算処理を行っているため、デジタル信号への変換の際に量子化ステップの幅を小さくすることで信号を演算処理する際の誤差分を小さくすることができ、低域、高域等のフィルタとしての精度を上げることができる。したがって、記述は正しい。

B　抵抗、リアクトル（コイル）およびコンデンサの受動素子（整流や増幅などの作用のない素子）のみで構成されたフィルタを<u>パッシブフィルタ（受動フィルタ）</u>という。したがって、記述は誤り。アクティブフィルタ（能動フィルタ）は、抵抗、コンデンサに能動素子である演算増幅器を組み合わせたフィルタをいう。

(4)　デジタル通信において、伝送誤りがあった場合にそれを訂正する方法には、ARQ（Automatic Repeat reQuest 自動再送要求）方式とFEC（Forward Error Correction 前方誤り訂正）方式の2つがある。

　　ARQ方式は、受信側がデータを正しく受信できたときは送信側にACK（acknowledgement 受信確認）信号を返送し、誤りを検出したときには送信側に問い合わせて同じデータを再送してもらうことにより誤りを訂正するもので、高い信頼度が要求されるが一定の伝送遅延は許容される通信に適用される。

　　一方、**FEC**方式は、受信側が誤りを検出したときに誤り訂正符号を用いて自らデータを訂正するもので、放送や同報通信など、送信側から受信側への単方向の通信システムにおいて、少ない伝送遅延でリアルタイム性の要求される通信に適用される。

(5)　再生中継伝送において、タイミングパルスの間隔のふらつき（外的要因）やタイミング回路内の共振回路における同調周波数のずれ（内的要因）が一定でないために、タイミング抽出回路の出力振幅が変動する場合がある。その変動が、伝送するパルス列の時間軸上の位相変動、すなわち、**ジッタ**といわれるデジタルパルス列の時間的なゆらぎに変換され、位相変調雑音や伝送誤りといった伝送品質の劣化を招く。

基礎

5
伝送技術

答

(ア)	③
(イ)	①
(ウ)	①
(エ)	④
(オ)	⑤

次の各文章の　　　　　内に、それぞれの[　　]の解答群の中から最も適したものを選び、その番号を記せ。 (小計20点)

(1) 1シンボル当たり複数ビットを伝送することができる多値変調方式の一つであるQAMにおいて、1シンボル当たりNビットを伝送する場合、信号点配置図上の信号点の数は　(ア)　となる。 (4点)

　　[① $2N$　② $4N$　③ 2^N　④ N^2　⑤ N^4]

(2) PCM伝送の受信側では、伝送されてきたパルス列から、サンプリング間隔で各パルス符号に対応するレベルの信号を生成し、サンプリング周波数の$\frac{1}{2}$を遮断周波数とする　(イ)　フィルタを通して信号を再生している。 (4点)

　　[① 帯域阻止　② 低域通過　③ 帯域通過　④ 高域通過]

(3) 光ファイバを用いて波長の異なる複数の光信号を1本の光ファイバで伝送する方式のうち、多重する波長が数波長から10数波長程度に限定されている方式は、　(ウ)　といわれる。 (4点)

　　[① TDM　② DWDM　③ CWDM　④ TCM　⑤ FDM]

(4) デジタル信号の伝送などについて述べた次の二つの記述は、　(エ)　。 (4点)

　A　同一の変調方式を用いてデジタル信号を伝送する場合、デジタル信号の伝送速度が速くなるに伴い、伝送に必要な周波数帯域幅は広くなる。

　B　受信したデジタル信号が隣接タイムスロットの識別点にまで広がる現象は、パターン効果といわれ、これはビット誤りが発生する原因の一つとなる。

　　[① Aのみ正しい　② Bのみ正しい　③ AもBも正しい　④ AもBも正しくない]

(5) 光中継伝送システムに用いられる再生中継器には、中継区間における信号の減衰、伝送途中で発生する雑音、ひずみなどにより劣化した信号波形を再生中継するため、等化増幅、タイミング抽出及び　(オ)　の機能が必要であり、これら三つの機能は3R機能といわれる。 (4点)

　　[① 強度変調　② 位相同期　③ 偏波制御　④ 識別再生　⑤ 波長変換]

解　説

(1)　デジタル変調では、変調信号に対応して搬送波の振幅、周波数、位相を変化させている。デジタル伝送では、一般に、データをタイムスロットといわれる一定の時間間隔で区切って伝送するが、1タイムスロットで伝送する情報が2値より多くなる方式は、多値変調方式といわれる。

　　多値変調方式のうち、QAM（Quadrature Amplitude Modulation）は、搬送波の位相と振幅を同時に変調する方式で、これにより、1シンボルで多数の情報を伝送することができる。一般に、1シンボルでNビットの情報を伝送するとき、信号点配置図上の信号点の数は、2^N個になる。

(2)　PCM（Pulse Code Modulation パルス符号変調）伝送では、送信側では、まず、音声信号を低域通過フィルタに通して折返し雑音を防止するための帯域制限を行う。次に、音声信号のアナログ波形から一定周期（8kHz）で振幅値を抽出して標本値とし、PAM波形を生成する（標本化）。次いで、標本化で得られた振幅の標本値を有限個のステップに区切り、離散的な近似値に変換する（量子化）。さらに、量子化された値を0と1の2進符号に変換する（符号化）。そして、符号化された2進符号に対応させたパルス列をデジタル伝送路に送出する。

　　受信側では、デジタル伝送路から受信したパルスに対応する符号から、量子化レベルの信号を再生する（復号）。そして、標本化周波数の$\frac{1}{2}$（4kHz）を遮断周波数とする**低域通過**フィルタに通して補間処理を行い、元の音声信号を再生する。

(3)　波長の異なる光が互いに干渉しない性質を利用し、1本の光ファイバで複数の光信号を同時に伝送する方式をWDM（Wavelength Division Multiplexing 波長分割多重）方式という。

　　このうち、数十から百数十波長の高密度の多重化を行って伝送するものをDWDM（Dense WDM）という。DWDMは波長間隔が1nm（ナノメートル＝1mmの100万分の1）程度と極めて狭いため、高精度な部品を使用する必要があり、また、温度制御等も必要になる。

　　これに対して、数波長から10波長程度の低密度な多重化により波長間隔を20nmと広くとって伝送する方式があり、**CWDM**（Coarse WDM）といわれる。これは、小形・廉価な部品の使用や動作の安定化を図ったものである。

(4)　設問の記述は、**Aのみ正しい**。
A　帯域とは、情報を伝送するために利用する電気信号や電波の周波数の範囲をいう。帯域の上限と下限の差を帯域幅といい、帯域幅が広くなるほど時間当たりに伝送できる情報量が多くなる。つまり、信号の伝送速度を速くしようとするほど、広い周波数帯域幅が必要になる。したがって、記述は正しい。
B　デジタル伝送において、送信パルス波形として用いられる矩形波が帯域制限された伝送系で伝送されると、受信側では立ち上がりの緩やかな波形となり、隣接するタイムスロットとの識別点でも振幅が0にならずに波形ひずみが残る。これは符号間干渉といわれ、これによりビット誤りが発生するなど、パルス伝送における劣化要因となる。したがって、記述は誤り。符号間干渉を減らす方法には、伝送系の周波数帯域幅を広くする方法と、タイムスロット間隔を大きくして伝送速度を低下させる方法がある。

(5)　光ファイバ中継伝送路には、中間中継器として再生中継器と線形中継器が使用されている。このうち、再生中継器は、減衰劣化したパルスをパルスの有無が判定できる程度まで増幅する等化増幅（Reshaping）機能、パルスの有無を判定する時点を設定するタイミング抽出（Retiming）機能、波形の振幅を判定してその値が判定レベルを超えた場合にパルスを発生する**識別再生**（Regenerating）機能のいわゆる3R機能を有する。

　　これに対して、線形中継器の機能は、増幅機能のみであるため、光増幅器で生ずる自然放出光雑音の累積によるSN比の劣化、光ファイバの分散によって生ずる波形ひずみの累積による波形の劣化など、伝送特性が劣化する欠点がある。一方、信号を中継する過程で光信号を電気信号に変換する必要がないことから、再生中継器に比較して、符号形式や符号速度を制約する要因となる能動素子の使用数が少なくて済む。このため、小型で低消費電力の中継装置を実現でき、また、光信号のビットレートに基本的に依存せず、低雑音性かつ数十nmの広い利得帯域幅を有しており、WDM（Wavelength Division Multiplexing 波長分割多重）伝送方式の場合に複数波長を一括増幅することが可能である。

答

㋐	③
㋑	②
㋒	③
㋓	①
㋔	④

次の各文章の 内に、それぞれの[ ]の解答群の中から最も適したものを選び、その番号を記せ。 (小計20点)

(1) デジタル変調方式として1シンボル当たり2ビットの情報を伝送することができるQPSKを用いたデジタル伝送システムにおいて、ビットレートがNビット／秒の場合、シンボルレートは (ア) シンボル／秒である。 (4点)

$$\left[\quad ① \ \frac{N}{4} \qquad ② \ \frac{N}{2} \qquad ③ \ N \qquad ④ \ 2N \qquad ⑤ \ 4N \quad\right]$$

(2) 光ファイバ通信に用いられる光の変調方法の一つに、物質に電界を加え、その強度を変化させると、物質の屈折率が変化する (イ) 効果を利用したものがある。 (4点)

[① ファラデー ② ブルリアン ③ ラマン ④ ポッケルス ⑤ ドップラー]

(3) 光伝送システムなどに用いられる光ファイバ増幅器について述べた次の二つの記述は、 (ウ) 。 (4点)

A 光ファイバ増幅器には、励起用光源として半導体レーザを用い、増幅用光ファイバとして希土類元素のエルビウムイオンを添加した光ファイバを用いた、一般に、EDFAといわれるものがある。

B 光ファイバ増幅器は、一般に、識別再生回路、増幅用光ファイバ、タイミング抽出回路などで構成される。

[① Aのみ正しい ② Bのみ正しい ③ AもBも正しい ④ AもBも正しくない]

(4) デジタル伝送路における符号誤りの評価尺度の一つである (エ) は、測定時間中に伝送された符号（ビット）の総数に対する、その間に誤って受信された符号（ビット）の個数の割合を表したものである。 (4点)

[① %EFS ② %ES ③ %SES ④ BER ⑤ FER]

(5) 光ファイバ通信において、光の波長によって伝搬速度が異なることに起因して生ずる波長分散は、構造分散と (オ) 分散の和で表される。 (4点)

[① スペクトル ② モード ③ 粒子 ④ 異常 ⑤ 材料]

解　説

(1) デジタル変調方式において、1回の変調で伝送するひとまとまりの情報を1シンボルという。QPSKは、1回の変調で2ビットの情報を伝送できる方式であるが、これは1シンボル当たり2ビットの情報を伝送できると言い換えても同じ意味になる。QPSKにおいて、ビットレート（1秒当たりの伝送ビット数）がN〔bit／s〕の場合、必要な変調回数は1秒当たり$\dfrac{N}{2}$回になるので、1秒当たりのシンボル数すなわちシンボルレートは$\dfrac{N}{2}$〔symbol／s〕である。

(2) 物質に電界を印加すると、その物質の屈折率が変化する。たとえば、ニオブ酸リチウム（LN：LiNbO₃）やタンタル酸リチウム（LT：LiTaO₃）などの単結晶に電界を加えると、その屈折率が電界の強さに比例して変化するが、この現象を一次電気光学効果または**ポッケルス**効果とよぶ。また、タンタル酸ニオブ酸カリウム（KTN：KTa₁₋ₓNbₓO₃）の単結晶に電界を加えると、その屈折率は電界の強さの2乗に比例して変化するが、この現象を二次電気光学効果または光カー効果という。

　これらの電気光学効果を利用して、電気信号により光の強弱を制御する光変調器や、光の伝播方向を制御する光スイッチが開発され、光ファイバ通信に利用されている。

(3) 設問の記述は、**Aのみ正しい**。

A　光ファイバ増幅器は、コア部分の材料に微量のエルビウムイオン（Er³⁺）などの希土類イオンを添加した光ファイバに、信号光と励起光を同時に入射させ、励起光のエネルギーを使って光信号を増幅するエルビウム添加光ファイバ増幅器（EDFA）が一般に多く用いられている。したがって、記述は正しい。

B　光ファイバ増幅器は、光ファイバを伝送されてきた微弱な光信号を直接増幅するもので、一般に、励起用光源（半導体レーザにより励起光を発生させる）、増幅用光ファイバ、光合・分波器、光アイソレータ（一方向には光を通すが逆の方向には光を通さないデバイスで、光増幅器の反射による発振を防止する）、光フィルタ（増幅用光ファイバ内で発生する自然放出光や吸収されなかった励起光を除去する）などで構成される。識別再生回路は、光信号をいったん電気信号に変換して整形し、整形した電気信号に基づいて光信号に再び変換して送出する機能を有する回路で、再生中継器を構成するが、光ファイバ増幅器には不要である。したがって、記述は誤り。

(4) デジタル通信網では、情報伝達の正確さを示す伝送品質の劣化要因として、符号誤り、ジッタ・ワンダ、スリップ、伝送遅延等が考えられる。これらのうち、符号誤りの影響が支配的であり、特に高品質の影像サービスの場合にジッタの影響を受けることを除けば、伝送品質はほぼ一元的に符号誤りによって評価できる。しかし、符号誤りが伝送品質に与える影響は、その発生形態とサービス種別によって異なる。従来、符号誤りは、測定時間中に伝送されたビットの総数に対するエラービット数の割合を表す**BER**のみで評価されてきた。しかし、BERによる評価が適しているのは符号誤りの発生形態がランダムである場合であり、バースト的に発生する場合には適していないため、ITU（国際電気通信連合）では、これらを補う新しい符号誤りの評価尺度として、各種サービスへの適応も考慮し、%SES、%DMおよび%ESなどを勧告化している。

(5) 光ファイバにおいて、入射した光パルスが光ファイバ内を伝搬する間に、その波形に時間的な広がりを生じる現象を分散という。この分散現象は、発生要因別にモード分散、材料分散、構造分散の3種類に大別される。また、構造分散と**材料**分散は、その大きさが光の波長に依存することから、あわせて波長分散ともよばれている。

表1　光ファイバにおける分散現象の種類

種類		発　生　要　因　お　よ　び　特　徴
モード分散		光の各伝搬モードの経路が異なるために到達時間に差が出てパルス幅が広がる現象である。伝送帯域を制限する要因となっている。多モード（MM）型のみに起こり、単一モード（SM）型では起こらない。
波長分散	材料分散	光ファイバの材料が持つ屈折率は、光の波長によって異なった値をとる。これが原因でパルス波形に時間的な広がりを生じる現象である。モード分散と同様に伝送帯域を制限する要因となる。
	構造分散	コアとクラッドの境界面で光が全反射を行う際、光の一部がクラッドへ漏れパルス幅が広がる現象。光の波長が長くなるほど光の漏れが大きくなる。

答

(ア)	②
(イ)	④
(ウ)	①
(エ)	④
(オ)	⑤

工事担任者試験(基礎科目)に必要な単位記号、対数について

工事担任者試験の基礎科目において、計算問題の占める割合は非常に多い。問題を解く上で単位記号や対数の内容を理解することは必須と言える。

表1に国際単位系(SI)の単位記号を、表2に常用対数(10を底とする対数)の性質を示す。

表1

量	名 称	単位記号	参 考
電 流	アンペア	A	$1〔A〕= 10^3〔mA〕= 1〔C/s〕$
電圧・電位	ボルト	V	$1〔V〕= 10^3〔mV〕= 1〔J/C〕$
電気抵抗	オーム	Ω	$1〔Ω〕= 10^{-3}〔kΩ〕$
熱 量	ジュール	J	$1〔J〕= 1〔W·s〕$
電 力	ワット	W	$1〔W〕= 10^{-3}〔kW〕= 1〔J/s〕$
電気量・電荷	クーロン	C	$1〔C〕= 1〔A·s〕$
静電容量	ファラド	F	$1〔F〕= 10^6〔μF〕= 10^{12}〔pF〕$
コンダクタンス	ジーメンス	S	
磁 束	ウェーバ	Wb	
磁束密度	テスラ	T	
インダクタンス	ヘンリー	H	
時 間	秒	s	

表2

対数の性質(常用対数)
指数関数 $x = 10^y$
対数関数 $y = \log_{10} x$
$\log_{10} 10 = 1 \qquad \log_{10} 1 = 0$
$\log_{10} xy = \log_{10} x + \log_{10} y$
$\log_{10} \dfrac{x}{y} = \log_{10} x - \log_{10} y$
$\log_{10} \dfrac{x}{y} = - \log_{10} \dfrac{y}{x}$
$\log_{10} x^m = m \log_{10} x \quad (m は任意の実数)$

2

端末設備の接続のための
技術及び理論

1 …… 端末設備の技術

2 …… ネットワークの技術

3 …… 情報セキュリティの技術

4 …… 接続工事の技術（Ⅰ）

5 …… 接続工事の技術（Ⅱ）及び施工管理

基礎

技術・理論

法規

端末設備の接続のための技術及び理論

出題分析と対策の指針

　第1級デジタル通信における「技術科目」は、第1問から第5問まであり、各問は配点が20点で、解答数は5つ、解答1つの配点が4点となる。それぞれのテーマおよび概要は、以下のとおりである。

●第1問　端末設備の技術

　端末設備の技術の主な出題項目には、次のものがある。
- PONシステムを構成する装置（OLT、ONU）の機能概要
- IP電話を利用するための装置の構成および機能
- ハブ等からLAN端末へ電力を供給するPoE機能の規格
- L2スイッチ、L3スイッチの特徴および機能
- 無線LANの特徴
- IoTを実現する無線通信技術
- ノイズ対策
- 雷害対策

　スイッチングハブのフレーム転送方式は毎回のように出題されているので、確実にマスターすること。

●第2問　ネットワークの技術

　ネットワークの技術の主な出題項目には、次のものがある。
- 光アクセスネットワーク設備の概要
- 伝送路符号化方式
- イーサネットの仕様
- 広域イーサネットとIP－VPN
- IPv6の仕様
- IP電話システム

　このほか、クラウドサービスの概要やネットワーク仮想化技術、CATVシステムの方式などが出題されることもある。

●第3問　情報セキュリティの技術

　情報セキュリティの技術の主な出題項目には、次のもの

がある。
- 不正プログラム、サイバー攻撃の種類と特徴
- 暗号化技術
- 認証関連技術
- セキュリティプロトコル
- アクセス管理
- アクセス制御技術
- 情報セキュリティ対策
- 無線LANのセキュリティ

　対象範囲が広いうえに、情報システムに対する脅威が日々変化しているので、情報セキュリティに関係する機関や企業からの発表、マスメディアの報道などに日頃から関心をもつようにするとよい。

●第4問、第5問　接続工事の技術及び施工管理

　接続工事の技術の主な出題項目には、次のものがある。
- 配線ケーブルの試験
- 構内ケーブルの配線技術
- 平衡配線の性能に関する事項
- 光配線のOTDR法による損失試験
- 光コネクタの用途による分類

　配線技術では、OITDA／TP 11／BW、JIS X 5150－2について出題されるので、これらの規格によく目を通しておくこと。また、水平リンク長さの式は必ず覚えること。
　施工管理の主な出題項目には、次のものがある。
- 安全管理手法
- 施工管理技術・ツール
- 工程管理手法

　工程管理に利用するアローダイアグラムの見方・活用方法について毎回のように出題されているので、確実にマスターしておくこと。

●出題分析表

　次の表は、第1級デジタル通信の試験における3年分の出題実績を示したものである。問題の傾向をみるうえで参考になるので是非活用していただきたい。

表　「端末設備の接続のための技術及び理論」科目の出題分析

出題項目		出題実績						学習のポイント
		23秋	23春	22秋	22春	21秋	21春	
第1問	光アクセスシステムを構成するPON	○	○	○	○	○	○	GE－PON、G－PON、10G－EPON
	IP電話システムの構成、機能	○	○		○	○	○	IP－PBX、IPセントレックスサービス
	PoE規格	○	○	○		○	○	PSE、PD、給電方式
	無線LAN	○		○	○			ISMバンド、CSMA／CA、OFDM
	IoTを実現する無線通信技術			○	○			IoT、無線PAN、ZigBee、LoRaWAN、SIGFOX
	LANを構成する機器		○	○			○	スイッチングハブ、レイヤ3スイッチ
	雷害とその対策	○		○			○	雷サージ、接地、ボンディング、SPD
	ノイズ対策		○		○	○		コモンモードチョークコイル、フェライトコア

表 「端末設備の接続のための技術及び理論」科目の出題分析(続き)

出題項目		出題実績						学習のポイント
		23秋	23春	22秋	22春	21秋	21春	
第2問	光アクセスネットワーク設備	○	○	○	○	○	○	SS方式、ADS方式、PDS方式、CWDM、DWDM
	デジタル信号符号化方式	○	○	○	○	○		NRZI、MLT‐3、8B1Q4、4B／5B
	イーサネットの概要				○		○	MACアドレス、MACフレーム、10GbE
	広域イーサネットなど	○	○	○	○	○	○	EoMPLS技術、IP‐VPN
	インターネットプロトコル	○	○		○	○	○	IPv4、IPv6、近隣探索、PMTUD、ICMPv6
	IP電話システム			○		○		VoIPゲートウェイ、PLC
	クラウドサービス			○				IaaS、PaaS、SaaS
	ネットワーク仮想化技術	○						VLAN、SDN、OpenFlow
	CATVシステム		○				○	HFC方式、FTTC方式、FTTH方式
第3問	不正プログラム		○					ウイルス、ワーム、ランサムウェア、ボット、rootkit
	サイバー攻撃の種類		○	○	○	○	○	ポートスキャン、バッファオーバフロー、IPスプーフィング、パケットスニッフィング、DoS攻撃、SEOポイズニング
	暗号方式の特徴					○		共通鍵暗号方式、公開鍵暗号方式
	ユーザ認証技術	○		○	○		○	パスワード認証、BIOSパスワード、生体認証
	セキュリティプロトコル		○	○				IPsec、SSL／TLS
	アクセス管理						○	ログ
	アクセス制御		○			○		ファイアウォール、IDS、IPS、最小特権の原則
	情報セキュリティ対策	○			○	○	○	ウイルス対策ソフト、デフォルトアカウント、ホスティング
	無線LANのセキュリティ			○				MACアドレスフィルタリング、ANY接続拒否
	情報セキュリティ管理	○	○	○	○	○	○	管理策、情報セキュリティポリシー、入退室管理
第4問・第5問	プラスチック系光ファイバ			○			○	POF、アクリル樹脂系、フッ素樹脂系
	光ファイバの接続・配線	○	○	○				融着接続、メカニカルスプライス接続、コネクタ接続
	光ファイバ試験方法	○	○	○	○	○	○	光導通試験、OTDR法、挿入損失試験
	光コネクタの種類	○		○	○			SCコネクタ、FAコネクタ、FASコネクタ、MPOコネクタ
	構内設備の配線用図記号				○			複合アウトレット
	平衡配線工事			○	○		○	UTPケーブル、メカニカルスプライス、配線規格
	平衡配線試験方法			○				フィールドテスト
	アクセス回線の配線工事		○					ドロップ光ファイバケーブル、インドア光ファイバケーブル
	PoEの給電方式	○				○		オルタナティブA、オルタナティブB
	ケーブルの成端		○					コネクタ
	LANシステムの設計	○				○		プライベートIPアドレス
	LAN環境のトラブルシューティング	○	○			○	○	STP、通信モードの組合せ
	ビルディング内光配線システム	○	○			○		配線盤の機能、フリーアクセスフロア、布設工事
	汎用情報配線設備	○	○	○	○	○	○	水平配線設備モデル、平衡ケーブル
	平衡配線設備の伝送性能			○			○	クラス、3dB／4dBルール、反射減衰量
	安全管理	○						職場における安全活動、5S
	施工管理の概要		○	○	○		○	施工計画書、工費・建設費曲線、施工管理、突貫工事
	パフォーマンス改善					○		ヒストグラム、PDCAサイクル
	工程管理	○	○	○	○	○	○	アローダイアグラム、バーチャート

(凡例)「出題実績」欄の○印は、当該項目がいつ出題されたかを示しています。
23秋:2023年秋(11月)試験に出題　　23春:2023年春(5月)試験に出題
22秋:2022年秋(11月)試験に出題　　22春:2022年春(5月)試験に出題
21秋:2021年秋(11月)試験に出題　　21春:2021年春(5月)試験に出題

技術・理論

GE－PONシステム

OLTから配線された1心の光ファイバを光スプリッタなどの受動素子により分岐し、複数のONUで共用する光アクセス方式をPONといい、PONのうち、Ethernet技術を用いたものをGE－PONという。GE－PONでは、1Gbit/sの帯域を各ONUで分け合い、上り信号の帯域は各ONUに動的に割り当てられる。

GE－PONでは、OLTからの下り信号は配下の全ONU

に同一のものが送信されるため、各ONUはそれがどのONU宛のものかを識別する必要がある。また、上り信号がどのONUからのものかをOLTが識別しなければならない。これらの識別は、EthernetフレームのプリアンブルPA)部に埋め込まれたLLIDによって行う。また、OLTがONUに送信許可を通知することで、各ONUから送信される上り信号が衝突するのを回避している。

IP電話システム

●SIP(Session Initiation Protocol)

インターネット技術を基に標準化され、単数または複数の相手とのセッションを生成、変更、切断するたのアプリケーション制御プロトコルである。テキストベースのプロトコルフォーマットを採用しているため拡張性に優れ、Webとの親和性も高い。音声データの伝送にはRTPを使用する。

●IP-PBX(IP-Private Branch eXchange)

IPに対応したPBXで、専用機タイプのものと、汎用サー

バを利用したものがある。内線IP電話機はPC等と同様にLANケーブルで結ばれるため、従来型PBXでは実現できなかった高度なサービスが可能である。

SIPサーバシステムを用いたIP-PBXでは、システムの核となるSIPサーバ(本体サーバ)は、SIPによる呼制御を行うための機能としてプロキシ・リダイレクト・レジストラからなるSIP基本機能、内・外線の交換接続や内線相互接続などを行うPBX機能、Webアプリケーションなどと連携するためのアプリケーション連携機能をもつ。

LANの規格

LANの規格では、IEEE(電気電子学会)の802委員会が審議・作成しているものが標準的である。この規格は、OSI参照モデルのデータリンク層を2つの副層に分けて標準化している。下位の副層は物理媒体へのアクセス方式の制御について規定したもので、MAC(Media Access Control 媒体アクセス制御)副層という。また、上位の副層は物理媒体に依存せず、各種の媒体アクセス方式に対して共通に使用するもので、LLC(Logical Link Control 論理リンク制御)副層と呼ばれている。

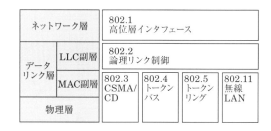

図1　LANのOSI階層とIEEE802.x(抜粋)

LAN間接続装置

●リピータ

同種のLANのセグメント相互を接続するための装置で、物理層の機能のみを有する。電気信号の整形と再生増幅を行い、他方のLANセグメントに送出する。イーサネットLANのセグメントには距離の制限があるが、リピータを使用することによって大規模なイーサネットを構築することができる。

たとえば、100BASE-TXではLANセグメントの長さが100mまでに制限されるが、入力された信号と同じ規格の信号を出力するクラス2リピータを用いて多段接続する場合リピータを2台まで接続して延長することが可能で、最長205m(＝100＋5＋100)となる。

●スイッチングハブ(レイヤ2スイッチ)

MAC副層を通じてLANとLANとを接続する装置で、MACアドレスをもとにフレームの転送先ポートを決定して出力する。

転送方式には、有効フレームの宛先アドレスを受信すると内部に保有しているアドレステーブルと照合して直ちに転送するカットアンドスルー方式、有効フレームの先頭か

ら64バイトまで受信した時点で誤りを検査して異常がなければ転送するフラグメントフリー方式、有効フレームをすべてバッファに取り入れ誤り検査を行ってから転送するため速度やフレーム形式の異なったLAN相互の接続が可能なストアアンドフォワード方式がある。

●ルータ

ネットワーク層や一部のトランスポート層でLANとLANとを接続する装置で、MAC副層でのアドレス体系が異なるLAN同士を接続することができる。

IPヘッダ内にあるIPアドレスをもとに、次にどの経路に情報を渡すかの判断を行うルーティング(経路選択)機能をもつ。また、IPアドレスなどを判断基準として、ヘッダが不正なものや通過を禁止しているものなどを選別する。

●ゲートウェイ

ルータの場合、接続するLANはネットワーク層以上のプロトコルが同じでなければならないのに対して、上位層を含めて異なるプロトコル体系を有するLAN同士を接続する装置。

PoE機能

PoE（Power over Ethernet）機能は、LAN配線に用いるカテゴリ5e（クラスD）以上のメタリックケーブルを用いて電力を供給する機能をいう。これにより、既設の電源コンセントの位置に制約されず、また、商用電源の配線工事をすることなく、ネットワーク機器を設置できる。給電側の装置をPSE（Power Sourcing Equipment）といい、受電側の装置をPD（Powered Device）という。

●IEEE802.3af

PoEの最初の規格で、IEEE802.3atおよびbtにType1として引き継がれている。PSEは1ポート当たり直流44〜57Vの範囲で最大15.4Wの電力を供給し、PDは直流37〜57Vの範囲で最大12.95Wの電力を受電する。PSE〜PD間の最大電流は350mAである。

●IEEE802.3at（PoE Plus）

IEEE802.3afをType1としてそのまま引き継ぎ、これに30Wまでの電力供給を可能とする仕様をType2として追加した規格である。PSEは1ポート当たり直流50〜57Vの範囲で最大30Wの電力を供給し、PDは直流42.5〜57Vの範囲で最大25.5Wの電力を受電する。PSE〜PD間の最大電流は600mAである。Type1と2では2対の心線を用いて給電するが、その方法には、10BASE-Tおよび100BASE-TXにおける信号線（1,2,3,6）を用いるオルタナティブA方式と、空き心線（4,5,7,8）を用いるオルタナティブB方式がある。

●IEEE802.3bt（PoE Plus Plus）

IEEE802.3atのType1と2をほぼそのまま引き継ぎ、これにType3および4として、ケーブルの心線を4対とも用いて大きな電力を供給する仕様を追加した規格である。PSEの1ポート当たりの最大供給電力は、直流52〜57Vの範囲で、Type3が60W、Type4が90Wとなっている。また、PDの最大受電電力は、直流51.1〜57Vの範囲で、Type3が51W、Type4が71.3Wとなっている。PSE〜PD間の最大電流は、Type3が600mA、Type4が960mAである。

無線LAN

●無線LANの規格

電波方式の無線LANの規格は、現在IEEE802.11a、g、n、acの4種類が主流である。

表1　無線LANの主な規格

	802.11a	802.11ac	802.11g	802.11n
使用周波数帯域	5.2GHz	5.2GHz	2.4GHz	2.4GHz/5.2GHz
最大伝送速度	54Mbit/s	6.93Gbit/s	54Mbit/s	600Mbit/s

●無線LANのアクセス制御手順

無線LANで用いられるアクセス制御手順としてCSMA/CA方式（Carrier Sense Multiple Access with Collision Avoidance 搬送波感知多重アクセス/衝突回避方式）がある。無線LANではコリジョン（同じ回線を流れる信号の衝突）を検出できないので、各ノードは通信路が一定時間以上継続して空いていることを確認してからデータを送信する。

具体的には、通信を開始する前に、各ホストは一度受信を試行し現在通信中の他のホストの有無を確認する。その際に通信中のホストを検出すれば、ランダムな時間だけ待った後、再度使用状況を調べ、通信中のホストがなければデータを送信する。

送信したデータが無線区間で衝突したかどうかの確認はACK（Acknowledgement）信号の受信の有無で行う。ACKを受信した場合は衝突がなくデータを正しく送信できたと判断し、一定時間ACKを検出できなかった場合は衝突があったと判断して再送処理に入る。

●隠れ端末問題と回避策

無線LAN端末どうしの位置が離れている、あるいは間に障害物があるなどの理由により、送信を行っている無線LAN端末の信号をキャリアセンスできないことがある。これを隠れ端末問題といい、データの衝突を引き起こしスループット特性の低下を招く原因となる。この隠れ端末問題の対策にRTS／CTS制御があり、データを送信しようとする無線LAN端末は、まず無線LANアクセスポイントに送信要求（RTS：Request To Send）信号を送信し、これを受けた無線LANアクセスポイントは受信準備完了（CTS：Clear To Send）信号を返す。他の無線LAN端末はこのCTS信号を受信できれば送信を開始しようとしている無線LAN端末が存在することを知ることができる。

端末機器の雷・ノイズ対策

●端末機器の雷対策

バイパス、等電位化、絶縁等が挙げられる。

・バイパスによる対策

サージ防護デバイス（SPD）を用いて雷などの過渡的な過電圧を制限し、サージ電流を分流する。

・等電位化による対策（等電位ボンディング）

離れた導電性部分間を直接導体によって、またはSPDを介して連接接地し、雷電流によってこれらの部分間に発生する電位差を低減させる。

・絶縁による対策

絶縁トランスにより系統を電気的に絶縁する。

●ノイズ対策

・通信線から通信機器に侵入する雑音の種類

誘導雑音、雷雑音、放送波による電波障害など。誘導雑音には、通信線間に発生するノーマルモードノイズと、大地と通信線との間に発生するコモンモードノイズがある。

・コモンモードノイズ対策

コモンモードチョークコイルにより縦電圧を減衰させる。

・外部誘導ノイズ対策

接地されていない高導電率の金属で電子機器を完全に覆う電磁シールドを施す。

・他の動力機器からアース線を介して進入するノイズ対策

情報処理システム専用の接地極を設ける。

次の各文章の　　　　内に、それぞれの[　　]の解答群の中から最も適したものを選び、その番号を記せ。　　　　　　　　　　　　　　　　　　　　　　　　　　　　　　　　　　　（小計20点）

(1) 10G－EPONのOLTには、同一光スプリッタ配下に10G－EPON用のONUとGE－PON用のONUを混在して接続することを可能とするため、　　(ア)　　が異なる断片的な光信号を処理することができるデュアルレートバースト受信器を搭載したものがある。　　　　　　　　　　　　　　　　　（4点）

[　① OLTからONU方向の波長　　② OLTからONU方向の通信速度と強度
　③ ONUからOLT方向の波長　　④ ONUからOLT方向の通信速度と強度　]

(2) IPセントレックスサービス及びIP－PBXについて述べた次の二つの記述は、　　(イ)　　。　　（4点）
A　IPセントレックスサービスでは、一般に、ユーザ側のIP電話機は、電気通信事業者の拠点に設置されたPBX機能を提供するサーバなどにIPネットワークを介して接続される。
B　IP－PBXにはIP－PBX用に構成されたハードウェアを使用するハードウェアタイプと、汎用サーバにIP－PBX用の専用ソフトウェアをインストールするソフトウェアタイプがあり、ハードウェアタイプはソフトウェアタイプと比較して、一般に、新たな機能の実現や外部システムとの連携が容易とされている。

[① Aのみ正しい　　② Bのみ正しい　　③ AもBも正しい　　④ AもBも正しくない]

(3) IEEE802.11axとして標準化された無線LAN規格において、使用可能な周波数帯のうちISMバンドや気象レーダ波との電波干渉が生じない帯域は　　(ウ)　　GHz帯である。　　　　　　（4点）

[① 1.7　　② 3.4　　③ 6　　④ 12　　⑤ 28]

(4) IEEE802.3btとして標準化されたPoEのType4、Class8は、カテゴリ5e以上のツイストペアケーブル内の4対全てを用い、PSEの1ポート当たり最大　　(エ)　　ワットの電力を、PSEからPDに供給することができる規格である。　　　　　　　　　　　　　　　　　　　　　　　　　　　　　　　（4点）

[① 30　　② 45　　③ 60　　④ 75　　⑤ 90]

(5) 電気通信設備に対する雷害には、直撃雷電流により発生する　　(オ)　　に起因する誘導雷サージがある。誘導雷サージは、落雷地点の付近にある通信ケーブルなどを通して通信装置に影響を与える。　　（4点）

[① 複流　　② 瞬断　　③ 不平衡　　④ 熱伝導　　⑤ 電磁界]

解説

(1) 1Gbit／sのGE－PONが普及したことで通信の快適な利用が可能になったが、近年、GE－PONよりもさらに高速な10Gbit／sの10G－EPONの導入が始まり、提供エリアが拡大されつつある。10G－EPONでは、GE－PON用の既設の光伝送路を活用し、同一の光伝送路上で速度の異なる信号伝送が共存できるようにすることで、GE－PONから10G－EPONへのスムーズな移行を可能にしている。10G－EPONのシステムにおいて、OLTからONUへの下り方向では、WDM（波長分割多重）技術により10Gbit／sの信号伝送に1.57μm帯を、1Gbit／sの信号伝送に1.49μm帯を用いて多重伝送し、ONU側で波長フィルタにより信号を識別する。一方、ONUからOLTへの上り方向では10Gbit／sと1Gbit／sで同じ1.31μm帯を用いるが、複数のONUから送出された信号は、TDMA（時分割多元接続）技術により時間的に分割された断片的な信号として伝送される。このとき、OLTは各ONUの送信タイミングを管理し、信号がOLTに到着するタイミングに応じて10Gbit／s用か1Gbit／s用かを識別している。さらに、ONUごとに送信する光信号の強度が異なるので、OLTの受信器はそれに対応した処理をする必要がある。このことから、10G－EPON用のOLTには、**ONUからOLT方向の通信速度と強度**の異なる断片的な光信号を処理するデュアルレートバースト受信器が搭載されている。

(2) 設問の記述は、**Aのみ正しい**。

A　IPセントレックスサービスでは、電気通信事業者の拠点に設置されたサーバなどの装置に、ユーザがIPネットワークを介してIP電話機やソフトフォンなどを接続し、PBX機能を利用するサービス形態をとる。したがって、記述は正しい。

B　IP－PBXには、専用のハードウェアを用いたハードウェアタイプと、汎用サーバにソフトウェアを導入してIP－PBXの機能を持たせたソフトウェアタイプがある。ハードウェアタイプは、ソフトウェアタイプに比べて稼働の安定やセキュリティなど信頼性の面で優れている。また、ソフトウェアタイプは、ハードウェアタイプに比べて拡張性に優れ、新たな機能の追加や外部システムとの連携が容易である。したがって、記述は誤り。

(3) IEEE802.11axは、伝送速度が最大9.6Gbit／s（理論値）の伝送速度を実現する無線LANの規格である。2019年に承認された初期仕様のものは、Wi-Fi AllianceによってWi-Fi6と名づけられ、搬送波に2.4GHz帯の周波数の電波と5GHz帯の周波数（5.2GHz帯、5.3GHz帯、5.6GHz帯）の電波を使用する。また、2022年には仕様が拡張され、6GHz帯の周波数の電波も使用できるようになった。これは、Wi-Fi6Eと名づけられた。

IEEE802.11ax（Wi-Fi6E）で使用可能な電波のうち2.4GHz帯は、ISMバンド（産業、科学、医療用の機器で利用するために、無線局の開設手続きおよび無線従事者の免許を不要とした周波数帯域）に分類される2.4GHz帯そのものであり、電子レンジやBluetoothなどとの間で電波干渉を生じる。また、気象レーダでは、Cバンドの一部（5.3GHz帯）やXバンドの一部（9.4GHz帯、9.7GHz帯）の電波を使用しており、このためIEEE802.11axで使用する5GHz帯の周波数の電波が気象レーダで用いるCバンドの電波との間で干渉を生じるおそれがある。一方、**6GHz帯はISMバンド**にはなく、気象レーダ波の周波数帯とも異なるので、これらとの間で電波干渉が生じることはない。

(4) PoEは、イーサネットLANで4対（8心）平衡ケーブルを利用して機器に電力を供給する技術をいう。PoEで電力を供給する機器はPSEといわれ、電力を受ける機器はPDといわれる。PoEの最初の規格は2003年に策定されたIEEE802.3afで、4対（8心）のうち2対（4心）を使用してPSEから直流44～57Vの範囲で1ポート当たり最大15.4Wの電力供給を可能とし、PSEとPDの間に流れる電流は350mAまで許容された。次いで2009年に策定されたIEEE802.3atでは、IEEE802.3afを受け継いだType1に、30W程度までの電力供給を可能とする仕様がType2として追加された。最新の規格は2018年に策定されたIEEE802.3btで、IEEE802.3atのType1およびType2をそのまま受け継ぎ、4対（8心）すべてを使用して最大60Wの電力供給を可能にしたType3と最大90Wの電力供給を可能にしたType4が追加された。Type4の仕様では、Class8の電力供給（PSEの1ポート当たりの出力電力が直流52～57Vの範囲で最大**90**W、PDの使用電力が直流51.1～57Vの範囲で最大71.3W）を可能とし、PSEとPDの間に流れる電流を最大960mAとしている。

(5) 電気通信設備の雷害には、一般に、直撃雷による雷害と、直撃雷電流によって生ずる**電磁界**によってその付近にある電線などを通して通信装置などに影響を与える誘導雷による雷害がある。

電気通信設備を設置している建造物には、アンテナ等の屋外設備、通信線路設備、電源設備等からの雷サージの侵入経路が多数あることを総合的に勘案して適切な対策を講じなければならない。通信の多様化、高速化、大容量化に伴い通信装置の高集積化が進んできていることもあり、雷サージの低減、等電位化、絶縁といった雷防護対策をとる必要があるとされている。

技術・理論

1 端末設備の技術

答	
(ア)	④
(イ)	①
(ウ)	③
(エ)	⑤
(オ)	⑤

次の各文章の 　　　　 内に、それぞれの[　　]の解答群の中から最も適したものを選び、その番号を記せ。 　　　　　　　　　　　　　　　　　　　　　　　　　　　　　　　（小計20点）

(1) GE－PONシステムで用いられているOLTのマルチポイントMACコントロール副層の機能には、ONUがネットワークに接続されるとそのONUを自動的に発見し通信リンクを自動的に確立する （ア） に関するものと、上り信号制御に関するものがある。 　　　　　　　　（4点）

　　① アイソレーション 　② P2MPディスカバリ 　③ セルフラーニング
　　④ フィルタリング 　⑤ オートネゴシエーション

(2) IP－PBXについて述べた次の二つの記述は、 （イ） 。 　　　　　　　　（4点）
　A　IP－PBXの設備形態として、利用者の事業所には物理的なPBX装置を設置せず、利用者が端末からインターネットなどのネットワークを介して通信事業者などが提供するPBX機能を利用するものがあり、一般に、この形態のものはクラウド型PBXといわれる。
　B　IP－PBXなどで用いられているSIPは、IETFのRFCとして標準化された呼制御プロトコルであり、TCP／IPのプロトコル階層モデルにおけるインターネット層のプロトコルである。

　　① Aのみ正しい 　② Bのみ正しい 　③ AもBも正しい 　④ AもBも正しくない

(3) IEEE802.3at Type1として標準化されたPoEの電力クラス0の規格では、PSEの1ポート当たり、直流電圧44〜57ボルトの範囲で最大 （ウ） を、PSEからPDに給電することができる。 　（4点）

　　① 350ミリアンペアの電流 　② 450ミリアンペアの電流 　③ 600ミリアンペアの電流
　　④ 30ワットの電力 　⑤ 68.4ワットの電力

(4) IEEE802.11標準の無線LAN規格のうち、2.4GHz帯と5GHz帯の両方の周波数帯を利用できる規格は、 （エ） である。 　　　　　　　　（4点）

　　① IEEE802.11a及びIEEE802.11ac 　② IEEE802.11a及びIEEE802.11ax
　　③ IEEE802.11n及びIEEE802.11ac 　④ IEEE802.11n及びIEEE802.11ax
　　⑤ IEEE802.11ac及びIEEE802.11ax

(5) 通信線から通信機器に侵入する誘導雑音のうち、 （オ） ノイズは、動力機器などからの雑音が大地と通信線との間に励起されて発生する。 　　　　　　　　（4点）

　　① 線　間 　② ノーマルモード 　③ ディファレンシャルモード
　　④ 正　相 　⑤ コモンモード

解　説

(1) GE‑PON（Gigabit Ethernet-Passive Optical Network）は、IEEE（米国に本部がある電気電子学会で、アイトリプルイーと読む）が定めた標準規格802.3ahによる光アクセス方式である。GE‑PONのプロトコルスタックは、物理層、データリンク層、上位層から成り、このうち、データリンク層は、MAC副層、マルチポイントMACコントロール副層、OAM副層などで構成される。マルチポイントMACコントロール副層の機能は、P2MPディスカバリに関するものと、上り帯域制御に関するものに大別される。

　P2MPディスカバリでは、OLT（電気通信事業者の設備センタ側にある光加入者線終端装置）は、ONU（利用者宅に設置される光加入者線網装置）が接続されると、そのONUを自動的に発見し、ONUにLLID（論理リンク識別子）を付与して通信リンクを確立する。この際、OLTとONUの間のRTT（往復遅延時間）の測定（レンジング）および時刻同期が行われる。

　上り帯域制御には、上り方向のトラヒックの帯域について、各ONUにトラヒック量に応じて動的に帯域を割り当てる**DBA**（動的帯域割当）機能がある。FBA（固定帯域割当）ではトラヒックがない場合にも帯域が割り当てられるのに対して、DBAは未使用帯域を無駄に生じさせることなく、システムを効率的に運用することができる。

(2) 設問の記述は、**Aのみ正しい。**

A　IP‑PBXは、従来は利用者（企業など）が自らの拠点（オフィスなど）に設置して運用するのが一般的であったが、近年は、インターネットやVPN（仮想私設網）などのネットワークを介して通信事業者がもつPBX機能を利用するクラウド型PBXが主流になってきている。クラウド型PBXを採用することで、装置の導入コストや設定作業などを軽減できる、従業員の新規雇用や転勤、退職などの異動にも柔軟に対応できる、といったメリットが生じる。したがって、記述は正しい。

B　SIPは、IP電話などにおいて単数または複数の相手とのセッションを生成、変更および切断するための、テキストベースの<u>アプリケーション層</u>制御プロトコルである。インターネット層のプロトコルに依存しないため、IPv4およびIPv6の両方で動作することができる。したがって、記述は誤り。

(3) PoE機能は、イーサネットLANでUTPケーブルなどの通信用メタリックケーブルの心線を利用してネットワーク端末機器に電力を供給する機能をいう。PoEにはIEEEが定めた標準規格があり、2003年に最初のIEEE802.3afが策定され、次いで2009年にIEEE802.3atが策定された。最新の規格は2018年に策定されたIEEE802.3btであるが、先に策定された規格の内容は後の規格に引き継がれている。IEEE802.3af（IEEE802.3atおよびIEEE802.3btのType1）対応機器では、PSE（電力を供給する機器）からPD（電力を受ける機器）に最大15W程度の電力を供給できる。また、端末の動作に必要な電力により、クラス0〜3の4つの電力クラスが規定されており、デフォルトとして設定されているクラス0では、PSEの1ポート当たりの出力電力が直流電圧44〜57〔V〕の範囲で最大15.4〔W〕、PDの使用電力が直流電圧37〜57〔V〕の範囲で最大0.44〜12.95〔W〕となり、PSE〜PD間には最大**350〔mA〕**の電流が流れる。

(4) IEEEにより標準化されている無線LAN規格のうち、主なものを表1に示す。表より、2.4GHz帯と5GHz帯の両方の周波数帯を利用できる規格は、**IEEE802.11nおよびIEEE802.11ax**である。

表1　主な無線LAN規格（IEEE802.11標準）

規格名		利用可能周波数帯	最大伝送速度（理論値）
IEEE802.11		2.4GHz帯	2Mbit／s
IEEE802.11a		5GHz帯	54Mbit／s
IEEE802.11b		2.4GHz帯	11Mbit／s
IEEE802.11g		2.4GHz帯	54Mbit／s
IEEE802.11n	Wi-Fi4	2.4GHz帯／5GHz帯	600Mbit／s
IEEE802.11ac	Wi-Fi5	5GHz帯	6.9Gbit／s
IEEE802.11ax	Wi-Fi6	2.4GHz帯／5GHz帯	9.6Gbit／s
	Wi-Fi6E	2.4GHz帯／5GHz帯／6GHz帯	

(5) 屋内線等の通信線から端末機器に侵入し、通信に妨害を与える雑音にはさまざまな種類がある。電界・磁界により誘起される誘導雑音には、通信線間に発生する**ノーマルモードノイズ**（正相ノイズ、線間ノイズ、ディファレンシャルモードノイズともいう）と、通信線と大地の間に発生する**コモンモードノイズ**（同相ノイズともいう）がある。

　誘導雑音の軽減には、ノイズフィルタを取り付ける方法がある。さらに、コモンモードノイズ対策としては、コモンモードチョークコイルを取り付ける方法も有効である。

答	
㈇	②
㈈	①
㈉	①
㈊	④
㈋	⑤

次の各文章の □□□□ 内に、それぞれの[　　]の解答群の中から最も適したものを選び、その番号を記せ。 (小計20点)

(1) 光アクセスシステムを構成するPONの規格には、IEEE802.3avとして標準化され、伝送路符号化方式に64B／66Bを用いるとともに、前方誤り訂正を必須とし、最大伝送速度が上り下りとも10ギガビット／秒の □(ア)□ がある。 (4点)

```
① GE－PON      ② 10G－EPON    ③ XG－PON
④ XGS－PON     ⑤ NG－PON2
```

(2) スイッチングハブのフレーム転送方式における □(イ)□ 方式では、有効フレームの先頭から宛先アドレスまでを受信した後、フレームが入力ポートで完全に受信される前に、フレームの転送を開始する。
(4点)

```
① カットアンドスルー    ② フラグメントフリー      ③ フラッディング
④ バルク転送          ⑤ ストアアンドフォワード
```

(3) IEEE802.3btとして標準化されたPoEのType4、Class8は、カテゴリ5e以上のツイストペア4対全てを用い、PSEの1ポート当たり最大 □(ウ)□ ワットの電力を、PSEからPDに供給することができる規格である。 (4点)

```
[① 45    ② 60    ③ 75    ④ 90    ⑤ 125]
```

(4) IEEE802.11nとして標準化された無線LAN規格では、データ転送を効率化して通信速度を向上させるため、アクセスポイントが無線端末から受信した複数のデータフレームに対して確認応答信号を1回にまとめて送信する □(エ)□ フレームが用いられている。 (4点)

```
① ビーコン           ② プローブ応答           ③ リアソシエーション応答
④ ブロックACK        ⑤ オーセンティケーション
```

(5) JIS C 5381－11：2014低圧サージ防護デバイス－第11部においてSPDは、サージ電圧を制限し、サージ電流を分流することを目的とした、1個以上の □(オ)□ を内蔵しているデバイスとされている。(4点)

```
[① リアクタンス    ② コンデンサ    ③ 三端子素子    ④ 線形素子    ⑤ 非線形素子]
```

解　説

(1) 光アクセスネットワークの設備構成の一種である PON（Passive Optical Network）は、電気通信事業者の設備から配線された1本の光ファイバを光受動素子で分岐し、複数の利用者に光通信サービスを提供するシステムである。PON の主な規格には、IEEE 標準によるものと、ITU－T 勧告によるものがあり、IEEE 標準では、イーサネットフレームを伝送単位とした GE－PON や 10G－EPON などが規定されている。**10G－EPON** は IEEE802.3av で規定され、伝送路符号化方式に 64B／66B を用い、前方誤り訂正（FEC：Forwad Error Correction）を必須とすること等により、上り・下りとも最大 10Gbit／s の伝送速度を実現している。また、下りで WDM 多重伝送を、上りで TDMA 多重伝送を行うことで、伝送速度が 1Gbit／s の GE－PON を同一の光ファイバ上に共存させることができる。このため、GE－PON から 10G－EPON に移行する際に新たに光ファイバを敷設し直す必要がない。

(2) スイッチングハブのフレーム転送方式は、フレーム転送の可否を判断するタイミングによって、カットアンドスルー方式、フラグメントフリー方式、ストアアンドフォワード方式の3種類に分類される。このうち、**カットアンドスルー**方式は、有効フレーム（イーサネットフレームからプリアンブル（PA：PreAmble）と開始デリミタ（SFD：Start Frame Delimiter）で構成された8バイトの物理ヘッダを除いた部分）の先頭から6バイト（宛先アドレス（DA：Destination Address）まで）を受信した後、スイッチングハブ内のアドレステーブルと照合して直ちに、すなわち、バッファリング（専用の保存領域に一時的に保存すること）せずにフレームが入力ポートで完全に受信される前に、フレームを転送する方式である。

(3) PoE（Power over Ethernet）は、イーサネット LAN で 4 対（8 心）平衡ケーブルを利用して機器に電力を供給する技術をいう。PoE で電力を供給する機器は PSE といわれ、電力を受ける機器は PD といわれる。PoE の最初の規格は 2003 年に策定された IEEE802.3af で、4 対（8 心）のうち 2 対（4 心）を使用して PSE から直流 44～57V の範囲で 1 ポート当たり最大 15.4W の給電を可能とした。次いで 2009 年に策定された IEEE802.3at では、IEEE802.3af を受け継いだ Type1 に、カテゴリ 5e 以上のケーブルを必須として 30W 程度までの給電を可能とする仕様が Type2 として追加された。最新の規格は 2018 年に策定された IEEE802.3bt で、IEEE802.3at の Type1 および Type2 をそのまま受け継ぎ、さらに、4 対（8 心）すべてを使用してより大きな給電を可能とする PoE Plus Plus ともいわれる Type3 と Type4 の仕様が追加された。Type3 では、PSE の最大出力を 45W とし PD の最大使用電力を 40W とした Class5 と、PSE の最大出力を 60W とし PD の最大使用電力を 51W とした Class6 が規定されている。また、Type4 では、PSE の最大出力を 75W とし PD の最大使用電力を 62W とした Class7 と、PSE の最大出力を **90W** とし PD の最大使用電力を 71.3W とした Class8 が規定されている。

(4) IEEE802.11n では、通信の高速化を図るため、従来の規格に対しさまざまな改良がなされた。物理層では、複数の送受信アンテナを用いて空間多重伝送を行うことにより伝送周波数帯域を増やさずに複数のデータストリームを同時に送受信できる MIMO（Multiple-Input Multiple-Output）や、隣接する複数のチャネルを束ねて1つのチャネルとして扱うチャネルボンディングなどが導入された。また、データリンク層の MAC 副層では、フレームアグリゲーションやブロック ACK などが導入された。

　フレームアグリゲーションは、MAC ヘッダが同じイーサネットフレームのユーザデータを 8〔kB〕まで複数連結して A－MSDU といわれる1つのフレームにまとめて転送する技術である。さらに、A－MSDU を 64〔kB〕まで複数連結して A－MPDU といわれる1つのフレームにまとめて転送することもできる。

　また、**ブロック ACK** は、従来規格では1回のフレーム受信に対して1回の確認応答（ACK 応答）をしていたのを、複数フレームを受信してからその結果を1回の確認応答で送信元に返すようにすることで、通信のオーバヘッドを削減する技術である。確認応答信号には各フレームの受信結果を示す情報が含まれているため、フレームにエラーがあった場合は当該フレームだけを再送すればよい仕組みになっている。

(5) JIS C 5381－11：2014 低圧サージ防護デバイス―第 11 部：低圧配電システムに接続する低圧サージ防護デバイスの要求性能及び試験方法は、交流 50／60Hz の 1,000V 以下の電源回路および機器に接続し、雷またはその他の過渡的な過電圧の直接的および間接的な影響のサージに対する防護のための低圧サージ防護デバイス（SPD）の要求性能、標準的試験方法および定格について規定したものである。その「3. 用語及び定義並びに記号又は略号―3.1 用語及び定義―3.1.1 低圧サージ防護デバイス」において、低圧サージ防護デバイス（SPD）とは、サージ電流を分流することを目的とした、1個以上の**非線形素子**を内蔵しているデバイスをいうと規定されている。

答

(ア)	②
(イ)	①
(ウ)	④
(エ)	④
(オ)	⑤

次の各文章の　　　　内に、それぞれの[　　]の解答群の中から最も適したものを選び、その番号を記せ。 (小計20点)

(1) GE－PONシステムで用いられているOLTのマルチポイントMACコントロール副層の機能には、ONUがネットワークに接続されるとそのONUを自動的に発見し通信リンクを自動的に確立する　(ア)　に関するものと、上り信号制御に関するものがある。 (4点)

[① アイソレーション　② オートネゴシエーション　③ セルフラーニング
④ フィルタリング　⑤ P2MPディスカバリ]

(2) IP－PBX及びIPセントレックスについて述べた次の二つの記述は、　(イ)　。 (4点)
A IP－PBXにはIP－PBX用に構成されたハードウェアを使用するハードウェアタイプと、汎用サーバにIP－PBX用の専用ソフトウェアをインストールするソフトウェアタイプがあり、ハードウェアタイプはソフトウェアタイプと比較して、一般に、新たな機能の実現や外部システムとの連携が容易とされている。
B IPセントレックスサービスでは、一般に、ユーザ側のIP電話機は、電気通信事業者の拠点に設置されたPBX機能を提供するサーバなどにIPネットワークを介して接続される。

[① Aのみ正しい　② Bのみ正しい　③ AもBも正しい　④ AもBも正しくない]

(3) IEEE802.11標準の無線LANには、複数の送受信アンテナを用いて信号を空間分割多重伝送することにより、使用する周波数帯域幅を増やさずに伝送速度を高速化することができる技術である　(ウ)　を用いる規格がある。 (4点)

[① デュアルバンド対応　② MIMO(Multiple-Input Multiple-Output)
③ チャネルボンディング　④ フレームアグリゲーション
⑤ OFDM(Orthogonal Frequency Division Multiplexing)]

(4) IoTを実現する無線通信技術のうち、通常の電池でも1年以上動作可能な省電力性と、見通し通信距離が数キロメートルから数10キロメートルという特徴を持つものは、一般に、　(エ)　といわれ、LoRaWAN、SIGFOXなどはこれに該当する規格とされている。 (4点)

[① 無線PAN　② NFC　③ LPWA　④ ローカル5G　⑤ プライベートLTE]

(5) 通信機器は自ら発生する電磁ノイズにより、周辺にある他の装置に影響を与えることがあり、JIS C 60050－161：1997EMCに関するIEV用語では、ある発生源から電磁エネルギーが放出する現象を、　(オ)　と規定している。 (4点)

[① 電磁環境　② 電磁障害　③ 電磁両立性　④ イミュニティ　⑤ 電磁エミッション]

解　説

(1) GE－PONのデータリンク層は、MAC副層、マルチポイントMACコントロール副層、OAM副層などから成る。マルチポイントMACコントロール副層の機能は、P2MPディスカバリに関するものと、上り帯域制御に関するものに大別される。

　　P2MPディスカバリでは、OLT（電気通信事業者の設備センタ側にある光加入者線終端装置）は、ONU（利用者宅に設置される光加入者線網装置）が接続されると、そのONUを自動的に発見し、ONUにLLID（論理リンク識別子）を付与して通信リンクを確立する。この際、OLTとONUの間のRTT（往復遅延時間）の測定（レンジング）および時刻同期が行われる。

　　上り帯域制御には、上り方向のトラヒックの帯域について、各ONUにトラヒック量に応じて動的に帯域を割り当てるDBA（動的帯域割当）機能がある。FBA（固定帯域割当）ではトラヒックがない場合にも帯域が割り当てられるのに対して、DBAは未使用帯域を無駄に生じさせることがなく、システムを効率的に運用することができる。

(2) 設問の記述は、**Bのみ正しい**。

A　IP－PBXには、専用のハードウェアを用いたハードウェアタイプと、汎用サーバにソフトウェアを導入してIP－PBXの機能を持たせたソフトウェアタイプがある。ハードウェアタイプは、ソフトウェアタイプに比べて稼働の安定やセキュリティなど信頼性の面で優れている。また、ソフトウェアタイプは、ハードウェアタイプに比べて拡張性に優れ、新たな機能の追加や外部システムとの連携が容易である。したがって、記述は誤り。

B　IPセントレックスサービスでは、電気通信事業者の拠点に設置されたサーバなどの装置に、ユーザがIPネットワークを介してIP電話機やソフトフォンなどを接続し、PBX機能を利用するサービス形態をとる。したがって、記述は正しい。

(3) 無線LANの伝送において、送信側、受信側ともに複数のアンテナを用いて、それぞれのアンテナから同一の周波数で異なるデータストリームを送信し、それらのデータストリームを複数のアンテナで受信することで空間多重伝送を行う技術を**MIMO（Multiple-Input Multiple-Output）**という。MIMOでは、理論上はアンテナ数に比例して伝送ビットレートを増やすことができ、1対のアンテナで送受信を行うSISO（Single Input Single Output）と比較して、大幅な高速化を可能にしている。

(4) 「モノ」のインターネットともいわれるIoT（Internet of Things）とは、情報機器だけでなく、車、エアコン、冷蔵庫、電気ポット、スピーカなどといった、従来はインターネットに接続されていなかったものまで含めたさまざまな「モノ」をインターネットに接続するための技術をいう。「モノ」とインターネットの接続は、ケーブルを使用して有線で行う場合と、電波を利用して無線で行う場合がある。また、無線によりIoTを実現する接続技術には、無線PAN、Wi-Fi、モバイル通信、LPWAなどがある。これらの接続技術のうちどれを選択するかは、「モノ」の種類や用途などの要求条件によって異なってくる。

　　LPWA（Low Power Wide Area）は、見通し伝送距離が数km～数十kmに及ぶ長距離通信と、通常の電池で年単位の長期運用を可能とする低消費電力を特徴とした無線通信技術である。LPWAでは、長距離通信を実現するために、一般に、1GHz以下の低周波数帯を利用している。また、電力消費を抑えるために、回路設計や通信プロトコルを単純化し、1回に送信するメッセージを極めて短くし、通信方向を上りのみに限定して送信回数を抑え、送信するデータがあるときだけ電源をONにするなどの工夫をしている。このため、気温や川の水量などの定期的なデータ収集や、地震などのイベントが発生したときの通知に適している。LPWAの代表的な規格には、非ライセンスバンド（無線局の免許が不要な周波数帯）の電波を使用するLoRaWANやSIGFOXなど、LTE（Long Term Evolution）のような携帯通信キャリアネットワークを利用するセルラーLPWAの規格であるLTE－MやNB－IoTなどがある。

(5) JIS C 60050－161：1997EMCに関するIEV用語は、国際電気用語（IEV）のうち、電磁両立性（EMC）に関する用語について規定したものであり、解答群中の各用語は、次のように定義されている。

① 電磁環境：ある場所に存在する電磁現象のすべて。

② 電磁障害（EMI）：電磁妨害によって引き起こされる装置、伝送チャネルまたはシステムの性能低下。

③ 電磁両立性（EMC）：装置またはシステムの存在する環境において、許容できないような電磁妨害をいかなるものに対しても与えず、かつ、その電磁環境において満足に機能するための装置またはシステムの能力。

④ イミュニティ：電磁妨害が存在する環境で、機器、装置またはシステムが性能低下せずに動作することができる能力。

⑤ **電磁エミッション**：ある発生源から電磁エネルギーが放出する現象。

答	
(ア)	⑤
(イ)	②
(ウ)	②
(エ)	③
(オ)	⑤

次の各文章の _____ 内に、それぞれの[ ]の解答群の中から最も適したものを選び、その番号を記せ。 (小計20点)

(1) 光アクセスシステムを構成するPONの一つには、IEEE802.3avとして標準化され、伝送路符号化方式に64B／66Bを用いるとともに、前方誤り訂正(FEC)を必須とし、最大伝送速度が上り下りとも10ギガビット／秒の (ア) がある。 (4点)

[① XG－PON ② XGS－PON ③ NG－PON2 ④ GE－PON ⑤ 10G－EPON]

(2) SIPサーバの構成要素のうち、ユーザエージェントクライアント(UAC)からの登録要求を受け付ける機能を持つものは、 (イ) といわれる。 (4点)

[① ロケーションサーバ ② レジストラ ③ プロキシサーバ
④ リダイレクトサーバ ⑤ SIPアプリケーションサーバ]

(3) IEEE802.3at Type1として標準化されたPoEの電力クラス0の規格では、PSEの1ポート当たり、直流電圧44〜57ボルトの範囲で最大 (ウ) を、PSEからPDに給電することができる。 (4点)

[① 30ワットの電力 ② 68.4ワットの電力 ③ 350ミリアンペアの電流
④ 450ミリアンペアの電流 ⑤ 600ミリアンペアの電流]

(4) IoTを実現するデバイスなどに適用され、通信速度が最大250キロビット／秒、接続可能数が最大65,535であって、主にセンサネットワークの構築に用いられる無線PANの規格は、 (エ) といわれる。 (4点)

[① Wi－Fi ② DS－UWB ③ ZigBee ④ MB－OFDM ⑤ Bluetooth]

(5) 商用電源を使用するネットワーク機器のノイズ対策に用いられるデバイスについて述べた次の二つの記述は、 (オ) 。 (4点)

A フェライトリングコアは、入出力間における浮遊容量が大きく、インダクタンスは小さいため、低周波域のノイズ対策に用いられる。

B コモンモードチョークコイルは、コモンモード電流を阻止するインピーダンスを発生させることによりコモンモードノイズの発生を抑制するものであり、一般に、電源ラインや信号ラインに用いられる。

[① Aのみ正しい ② Bのみ正しい ③ AもBも正しい ④ AもBも正しくない]

解説

(1) PONは、1本の光ファイバを光受動素子で分岐し、複数の利用者に光通信サービスを提供するシステムである。PONの主な規格には、IEEE標準で規定されたものと、ITU－T勧告で規定されたものがある。IEEE標準によるものとしては、イーサネットフレームを伝送単位としたGE－PONや10G－EPONなどがある。**10G－EPON**はIEEE802.3avで規定され、上り・下りとも最大10Gbit／sの伝送速度を実現している。また、下りでWDM多重伝送を、上りでTDMA多重伝送を行うことで、伝送速度が1Gbit／sのGE－PONを同一の光ファイバ上に共存させることができる。このため、GE－PONから10GE－PONに移行する際に新たに光ファイバを敷設し直す必要がない。

(2) SIPは、単数または複数の相手とのセッションを開始し、切替え、終了するためのアプリケーション層制御プロトコルで、インターネット上で音声をやりとりするためのVoIP技術と組み合わせて使用することでIP電話を実現している。SIPを解釈して処理する各種端末のソフトウェアまたはハードウェアはユーザエージェント(UA)といわれ、IP電話機やVoIPゲートウェイなどでSIPに対応した端末は、一般に、UAに相当する。UAは、リクエストを生成するクライアントとしての役割を果たすときにはユーザエージェントクライアント(UAC)といわれ、レスポンスを生成するサーバとしての役割を果たすときにはユーザエージェントサーバ(UAS)といわれる。SIPサーバは、UAにさまざまなサービスを提供しており、機能別に、UACの登録要求を受け付ける**レジストラ**(登録サーバ)、受け付けたUACの位置を管理するロケーションサーバ、UACからの発呼要求などのメッセージを転送するプロキシサーバ、UACからのメッセージを再転送する必要がある場合にその転送先を通知するリダイレクトサーバから構成される。

(3) PoE機能は、イーサネットLANでUTPケーブルなどの通信用メタリックケーブルの心線を利用してネットワーク端末機器に電力を供給する機能をいう。PoEには標準規格があり、2003年に最初のIEEE802.3afが策定され、次いで2009年にIEEE802.3atが策定された。最新の規格は2018年に策定されたIEEE802.3btであるが、先に策定された規格の内容は後の規格に引き継がれている。IEEE802.3af(IEEE802.3atおよびIEEE802.3btのType1)対応機器では、PSE(電力を供給する機器)からPD(電力を受ける機器)に最大15W程度の電力を供給できる。また、端末の動作に必要な電力により、クラス0～3の4つの電力クラスが規定されており、デフォルトとして設定されているクラス0では、PSEの1ポート当たりの出力電力が直流電圧44～57〔V〕の範囲で最大15.4〔W〕、PDの使用電力が直流電圧37～57〔V〕の範囲で最大0.44～12.95〔W〕となり、PSE～PD間には最大**350〔mA〕の電流**が流れる。

(4) 無線PANは、赤外線や電波を利用して数cm～数m程度の狭い範囲で機器間を接続し、データを送受信するネットワークのことである。無線PANの仕様はいくつも標準化されているが、IEEE802.15.4に規定されている**ZigBee**や、IEEE802.15.1に基本仕様が規定されているBluetoothなどがよく知られている。ZigBeeは、モノのインターネットともいわれるIoTを実現するデバイスなどで利用されている規格で、理論上1つのネットワークに最大65,535個の端末(ノード)を接続でき、日本国内では2.4GHz帯のISMバンドを使用して通信を行う。信号の到達距離が数m～数十m程度と短く、通信速度も最大250kbit／sとかなり低速であるため送信出力が小さい。さらに、通常時はスリープ状態にしておき送信する情報があるときだけ起動する仕組みにより消費電力を極めて小さくできるので、ボタン電池や単四、単三電池での長期運用も可能になる。このことから、地震発生時の建物の振動や変形の状況、水道などの流量、気温や風速、火災の発生、人の出入り、などを検出したセンサ情報を転送するセンサネットワークなどに利用される。

(5) 設問の記述は、**Bのみ正しい**。電界・磁界により通信線に誘起される誘導雑音には、近接する導体間で反対方向に流れるノーマルモード電流により信号ラインと信号ラインの間に発生するノーマルモードノイズと、同方向に流れるコモンモード電流により信号ラインと大地の間に発生するコモンモードノイズがある。このうち、コモンモードノイズ対策には、コモンモードチョークコイルなどのフェライトコアを用いたEMC対策部品の取付けが有効である。フェライトなどの磁性体でつくられたドーナツ形状のコアに互いに逆方向になるように電線を巻いた2つのコイルを、それぞれL1線、L2線に直列に挿入すると、ノーマルモード電流により発生する2つの磁束は互いに逆向きになるため打ち消し合い、2つのコイルがノーマルモード電流に及ぼす影響が小さい。これに対して、コモンモード電流により発生する2つの磁束は同じ向きであり相加するためコイルのインダクタンスが大きくなり、端末機器に流入するコモンモード電流が減衰するので、コモンモードノイズが抑制される。

A　フェライトリングコアは、フェライトを円筒状に焼き固めたもので、その中心に複数対の電線を通して使用する。フェライトリングコアを用いたノイズ対策部品は、コモンモードチョークコイルに比べて入出力間の浮遊容量が極めて小さいため高周波域のノイズ対策に有効であるが、インダクタンスを大きくできないため低周波域のノイズ対策には適さない。したがって、記述は誤り。

B　コモンモードチョークコイルは、一般に、電源ラインや信号ラインのコモンモードノイズ対策に用いられ、コモンモード電流を阻止する誘導性リアクタンスによりインピーダンスを発生させてコモンモードノイズの発生を抑制する。したがって、記述は正しい。

答	
(ア)	⑤
(イ)	②
(ウ)	③
(エ)	③
(オ)	②

技術及び理論

② ネットワークの技術

データ伝送技術

●伝送路符号形式

LANで使用される伝送路符号形式には、10BASE-T等で用いられる Manchester 符号、100BASE-TX等で用いられる 4B/5B + MLT-3、100BASE-FX等で用いられる 4B/5B + NRZI、1000BASE-T等で用いられる 8B1Q4 + 4D-PAM5、1000BASE-SXや100BASE-LX等で用いられる 8B/10B + NRZ などがある。

●コネクション/コネクションレス型通信方式

コンピュータ通信には、コネクション型とコネクションレス型の2種類の方式がある。コネクション型は、データを送るときあらかじめ相手との間で論理的な回線を設定し、またデータを送受する際には送達確認を行う。コネクション型は安定した通信が可能となるが、回線を設定するまでの手続きや再送制御などの処理が必要となる。

一方、コネクションレス型は、相手との間には回線を設定せずデータに相手方の宛先情報（アドレス）をつけて送り出すだけの方式であり、データ送受においても送達確認は行われない。コネクションレス型は、プロトコルの手続きが簡単であるため、高速通信が可能となる。

表1 伝送路符号形式の例

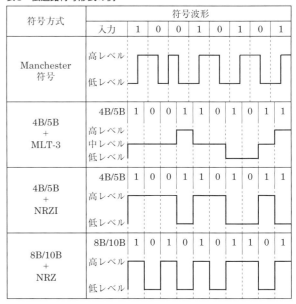

OSI参照モデル

コンピュータシステム相互間を接続し、データ交換を行うには、両者間で物理的なコネクタの形状からデータ伝送制御手順等までの通信の取決め（プロトコル）を標準化しておく必要がある。この標準化の基本概念については、ITU－T勧告X.200で規定されたOSI参照モデル（開放型システム間相互接続）で示されており、このモデルでは表2のようにシステム間を7つの階層に分類して、それぞれの層ごとに同一層間のプロトコルを規定している。

これら7層のうち、通信網のネットワークが提供するのは、第1層の物理層から第3層のネットワーク層までの機能である。第4層以上については、基本的には端末間のプロトコルが規定されている。

表2 OSI参照モデルの各層の主な機能

	レイヤ名	主な機能
第7層	アプリケーション層	ファイル転送やデータベースアクセスなどの各種の適用業務に対する通信サービスの機能を規定する。
第6層	プレゼンテーション層	端末間の符号形式、データ構造、情報表現方式等の管理を行う。
第5層	セション層	両端末間で同期のとれた会話の管理を行う。会話の開始、区切り、終了等を規定する。
第4層	トランスポート層	端末間でのデータの転送を確実に行うための機能、すなわちデータの送達確認、順序制御、フロー制御などを規定する。
第3層	ネットワーク層	端末間でのデータの授受を行うための通信路の設定・解放を行うための呼制御手順、ルーティング機能を規定する。
第2層	データリンク層	隣接するノード間で誤りのないよう通信を実現するための伝送制御手順を規定する。情報を転送する際は、フレームという単位で伝送している。
第1層	物理層（フィジカル層）	最下位に位置づけられる層であり、コネクタの形状、電気的特性、信号の種類等の物理的機能を規定する。

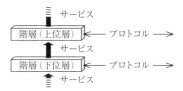

・コンピュータネットワークの構成要素の機能を論理的に表し、構成要素間で通信を行う場合の通信規約（プロトコル）を体系的にまとめたものをネットワークアーキテクチャという。

図1 ネットワークアーキテクチャ

インターネットプロトコル

●TCP/IPの概要

TCP/IPは、インターネットの標準の通信プロトコルであり、OSI参照モデルのトランスポート層に概ね対応するTCPとネットワーク層に概ね対応するIPの2つのプロトコルから構成されている。ただし、一般にTCP/IPとは、その上・下位層のプロトコルを含めTCP/IP通信に関わる多くのプロトコル群の総称として用いられている。

●IP（インターネット層プロトコル）

IPはデータパケットを相手側のコンピュータに送り届けるためのプロトコルである。まずはパケットを相手に届けるため、各コンピュータにそれぞれ固有のアドレスを割り当てることが必要となる。IPの主な役割は、このようにアドレスを一元的に管理することである。IPは単にデータにIPアドレスを含むヘッダをつけて送り出すだけなの

で、コネクションレス型に相当する。コネクションレス型は、相手との送達確認や通信開始時の回線設定を行わないことから、制御が簡略化されており、通信の高速化には有利である。一方、誤り制御等を行わないので信頼性に劣るが、これらの機能は上位のTCPに委ねられている。

●TCPとUDP（トランスポート層）

TCPはパケットが相手に正しく届くようにするための通信プロトコルである。TCPでは通信の開始と終了の取り決め、パケットの誤り検出、順序制御、送達確認等など が規定されている。フロー制御には、ウィンドウサイズが可変のスライディングウィンドウ方式を用いる。

TCP/IPのトランスポート層に相当するプロトコルとしてはTCPのほかにUDPがある。UDPはポート番号を指定するのみで、相手側と送達確認をせずに情報を転送する。すなわち、TCPは相手とのコネクションを確立し送達確認を行いながら情報を転送するコネクション型、UDPは相手とのコネクション確立手順を行わずに情報を転送するコネクションレス型のプロトコルである。

MTUサイズとMSS

MTU（Maximum Transmission Unit）サイズは、そのネットワークで伝送されるIPデータグラム（パケット）の最大長である。MTUサイズはpingコマンドにデータの分割を禁止するオプションである-fオプションおよびICMPメッセージの大きさを指定するオプションである-lオプションを付けることによって調べることができる。ICMPメッセージ長とMTUサイズには、次の関係がある。

MTUサイズ = IPヘッダ長 + ICMPヘッダ長
+ ICMPメッセージ長

たとえば、-lで指定した値が1472までは正常応答が返され、それを超える値を指定すると異常応答になる場合は、そのネットワークで伝送できるICMPメッセージの最 大長は1,472バイトであり、これにIPヘッダ長20バイトとICMPヘッダ長8バイトの合計28バイトを加えた1,500バイトがMTUサイズとなる。

MSS（Maximum Segment Size）は、TCPプロトコルで伝送されるセグメントの最大長である。MSSとMTUサイズには、次のような関係がある。

MSS = MTUサイズ - IPヘッダ長 - TCPヘッダ長

たとえば、イーサネットでは、MTUサイズは1,500バイトである。IPヘッダ長が20バイト、TCPヘッダ長が20バイトだから、このときのMSSは、

MSS = 1,500 - 20 - 20 = 1,460〔バイト〕

通信を効率化するための技術

●IPv6

IPv6は、IPv4におけるアドレスの枯渇の問題を解決するため、従来は32ビットだったアドレス空間を**128ビット**に拡張している。使用目的に合わせて、1対1の通信を行うためのユニキャストアドレス、グループを通信相手とする場合に用いるマルチキャストアドレス（先頭がff）、通信相手グループに属する1つのインタフェースにパケットを送るためのエニーキャストアドレスが割り当てられる。一般に、16ビットごとにコロン"："で区切り、16進数で表記する。

IPv6では、アドレス解決などの通信に必要な設定は、ICMPv6を用いて行うため、**すべてのIPv6ノードは完全にICMPv6を実装しなければならない。**

また、ネットワークの負荷を軽減するため、**中継ノードによるパケットの分割処理を禁止**している。このため、送信元ノードは、あらかじめ**PMTUD機能**により宛先ノー ドまでの間で転送可能なパケットの最大長を検出しておき、適切なサイズのパケットを組み立てて送出する。

●MPLS網

MPLSは、大量のトラヒックが流れるIPネットワークにおいてルータの処理効率を高めるために開発されたパケット転送技術である。MPLS網では、IPアドレスとラベルを対応づけて、ラベルだけを参照してパケットを転送する。IP網からパケットが転送されてくると、網の入口にあるエッジルータで網内の転送に用いるラベルが付与される。また、網の出口にあるエッジルータではラベルが取り除かれ、IPパケットとしてIP網に転送される。

MPLS網でイーサネットフレームを高速転送する技術は、EoMPLSといわれる。ユーザネットワークのアクセス回線から転送されたフレームは、MPLSドメインの入口にあるエッジルータで**PAとFCS**が除去され、レイヤ2転送用ヘッダとMPLSヘッダが付与されてMPLS網内を転送される。

光アクセスネットワークの設備構成

●FTTH（Fiber To The Home）

FTTHは、光ファイバによる家庭向けの通信サービスである。大容量伝送と常時接続を特徴とする。その設備構成には次のようなものがある。

・SS（Single Star）方式

電気通信事業者の設備センタと利用者を1対1で接続するネットワーク形態である。

・PDS（PON）方式

電気通信事業者の設備センタと利用者間に光スプリッタ などを設置し、光スプリッタと複数の利用者間に光ファイバを配線するネットワーク形態である。受動素子を用いるためPDS（Passive Double Star）といわれる。Ethernet技術を採用したGE-PONが普及してきている。

●ADS（Active Double Star）方式

電気通信事業者の設備センタと利用者間に光/電気変換機能や多重分離機能などを有するRT（Remote Terminal）を設置し、RTと複数の利用者間にメタリックケーブルを配線するネットワーク形態である。

次の各文章の 内に、それぞれの[ ]の解答群の中から最も適したものを選び、その番号を記せ。　　　　　　　　　　　　　　　　　　　　　　　　　　　　　　　　　　（小計20点）

(1) 1000BASE－Tでは、送信データを符号化した後、符号化された4組の5値情報を5段階の電圧に変換し、4対の撚り対線を用いて並列に伝送する　(ア)　といわれる方式が用いられている。　　　（4点）

　　[① 4D－PAM5　② PAM5×5　③ PAM16　④ 4B／5B　⑤ 8B／10B]

(2) TTC標準では、アクセス系光ファイバネットワークに用いられる伝送技術である　(イ)　の波長グリッドについて、温度制御が不要なレーザやフィルタなどの性能を考慮し、隣接波長との間隔は20ナノメートルと規定されている。　　　（4点）

　　[① TDM　② TDMA　③ DWDM　④ CWDM　⑤ FDMA]

(3) ネットワーク仮想化技術において、ネットワークの機能をデータが実際に転送されるデータプレーンとプロトコルなどの設定を制御するコントロールプレーンとに分離し、ネットワークの設計や設定をソフトウェアの制御により動的かつ柔軟に行えるようにする技術は、　(ウ)　といわれる。　　　（4点）

　　[① TELNET／SSH　② SDH／SONET　③ SDN　④ VLAN　⑤ VPN]

(4) IPv6パケットにIPv4ヘッダを付加してIPv6パケットをIPv4パケットにカプセル化し、IPv6パケットをIPv4網を経由して転送する技術は、一般に、　(エ)　といわれる。　　　（4点）

　　[① アドレス変換　　　② ネイティブ　　　　　　　③ トンネリング
　　④ デュアルスタック　⑤ ステップ・バイ・ステップ交換　　　　　　]

(5) MPLS網の構成などについて述べた次の二つの記述は、　(オ)　。　　　（4点）

　A MPLS網を構成する主な機器には、MPLSラベルを付加したり外したりするラベルエッジルータと、MPLSラベルを参照してフレームを転送するラベルスイッチルータがある。

　B EoMPLSにおけるラベル情報を参照するラベルスイッチング処理によるフレームの転送速度は、一般に、レイヤ3情報を参照するルーティング処理によるパケットの転送速度と比較して遅い。

　　[① Aのみ正しい　② Bのみ正しい　③ AもBも正しい　④ AもBも正しくない]

解　説

(1)　ギガビットイーサネットは、最大1Gbit／sの伝送速度を実現するイーサネット規格で、IEEE802.3abで規定された1000BASE－Tといわれる規格と、IEEE802.3zで規定された1000BASE－Xと総称される規格の2つの系統がある。

　　1000BASE－Tは伝送媒体にツイストペアケーブルを利用し、4対ある撚り対線をすべて用いて信号を並列伝送するもので、送信データの符号化には8B1Q4といわれるデータ符号化方式を用いている。8B1Q4方式では、8ビットごとに区切ったデータビット列にエラー検出用の1ビットを加えて9ビットとし、これを1つのシンボルに変換する。1つのシンボルは4組の信号からなり、1組の信号は－2、－1、0、＋1、＋2の5値情報で表現される符号である。そして、各組の信号を撚り対ごとに割り当て、符号の値に応じて5段階（－1.0V、－0.5V、0V、＋0.5V、＋1.0V）の電位に変換する**4D－PAM5**といわれる多値符号化変調方式により変調を行い、伝送する。

　　1000BASE－Xは伝送媒体の違いにより、シングルモード光ファイバとマルチモード光ファイバの両方を利用できる1000BASE－LX、マルチモード光ファイバを利用する1000BASE－SX、同軸ケーブルを利用する1000BASE－CXに分類される。符号化方式には、送信データを8ビットごとに区切ったビット列を10ビットのコード体系に変換する8B／10Bを用いている。

(2)　1本の光ファイバで波長の異なる複数の光信号を同時に伝送する技術をWDM（波長分割多重）といい、主として基幹系の光ファイバネットワークに用いられるDWDM（高密度波長分割多重）と、アクセス系光ファイバネットワークに用いられるCWDM（低密度波長分割多重）がある。そして、TTC標準では、WDMのスペクトルグリッド（波長分割システムで使用可能な光信号のスペクトル配置を定めるもの）について、それぞれ規定している。DWDMでは、JT－G694.1により周波数グリッド（スペクトルの中心を周波数で表現したもの）が規定され、12.5〔GHz〕、25〔GHz〕、50〔GHz〕、100〔GHz〕またはそれ以上の周波数間隔とされている。また、**CWDM**では、JT－G694.2により波長グリッド（スペクトルの中心を波長で表現したもの）が規定され、隣接波長との間隔は20〔nm〕（ナノメートル）となっている。

(3)　コンピュータシステムの仮想化とは、いくつかのハードウェアをソフトウェアにより統合し、効率よく配分・構成することで、実際には保有していないハードウェア（サーバやクライアントマシン、ネットワーク、ストレージ、メモリなど）の機能を実現することをいう。

　　ネットワークを仮想化する技術には、VLAN（Virtual LAN）やSDN（Software Defined Networking）などがある。VLANは、1台の物理スイッチの内部で複数の論理的なLANセグメントを設定することで、互いに独立した複数の仮想ネットワークを構成する技術である。この方法は、導入時に設定した物理スイッチの状態を固定しておく場合に適している。一方、**SDN**は、ネットワークの機能をデータ転送機能（データプレーン）と、OpenFlowといわれるプロトコルなどの制御機能（コントロールプレーン）に分離し、ソフトウェア制御によりネットワークの設計および設定を動的かつ柔軟に行えるようにしたものである。

(4)　IPv4からIPv6に移行する場合、システムの更新などが必要になることから、直ちに全面的に行うのは困難であり、一定期間は両者が共存せざるを得ない。IPv4とIPv6が共存した状態でIPネットワークを利用する技術には、トンネリング、デュアルスタック、トランスレータなどがある。このうち、**トンネリング**は、プロトコルやアドレス体系が異なるパケットをカプセル化して送る技術をいう。とくに、IPv6パケット全体をIPv4パケットのペイロードとしてカプセル化し、IPv6パケットをIPv4網を経由して転送するものは、IPv6 over IPv4トンネリングといわれる。

(5)　設問の記述は、**Aのみ正しい**。EoMPLSは、電気通信事業者のIP通信網として普及しているMPLSネットワークにおいて、LANで利用されているイーサネットフレームをカプセル化して転送する技術である。

　A　通常、MPLS網は、MPLSドメインの出入口にありMPLS網内の転送に用いられるラベルの付与および除去を行うラベルエッジルータ（LER）と、カットスルー方式によりラベルのみを参照して次の装置へ高速転送するラベルスイッチルータ（LSR）といわれる中継装置で構成される。したがって、記述は正しい。

　B　MPLSでは、フレーム内のMPLSラベルに基づきスイッチングによる転送を行うため、ルータなどが行っているレイヤ3情報を参照したルーティング処理による経路制御よりも高速に情報転送を行うことができる。そして、その高速性を生かして、インターネットや電気通信事業者の提供するVPNサービスに利用される。したがって、記述は誤り。

技術・理論

２ ネットワークの技術

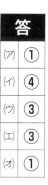

答	
㈔	①
㈤	④
㈥	③
㈦	③
㈧	①

次の各文章の _____ 内に、それぞれの[   ]の解答群の中から最も適したものを選び、その番号を記せ。　　　　　　　　　　　　　　　　　　　　　　　　　　　　　　　　　　　　　（小計20点）

(1) 10GBASE－LRの物理層では、上位MAC副層からの送信データをブロック化し、このブロックに対してスクランブルを行った後、2ビットの同期ヘッダの付加を行う ___(ア)___ といわれる符号化方式が用いられる。　　　（4点）

　　　[① 4B／5B　② 8B／10B　③ 64B／66B　④ 8B／6T　⑤ 8B1Q4]

(2) CATVセンタとエンドユーザ間の伝送路に光ファイバケーブルを用いて映像配信を行うCATVシステムにおいて、周波数多重された多チャンネル映像信号を中心周波数3ギガヘルツ程度の単一キャリア広帯域信号に変換し、この信号を用いて光の強度を変調して伝送する方式は、一般に、___(イ)___ 方式といわれる。　　（4点）

　　　[① FDMA／FDD　② FM一括変換　③ OFDM　④ CSMA／CD　⑤ IPTV]

(3) IEEE802.3aeとして標準化されたLAN用の ___(ウ)___ の仕様では、信号光の波長として850ナノメートルの短波長帯が用いられ、伝送媒体としてマルチモード光ファイバが使用される。　　（4点）

　　　[① 10GBASE－ER　② 10GBASE－LW　③ 10GBASE－LR
　　　④ 10GBASE－SR　⑤ 1000BASE－SX]

(4) IETFのRFC4443として標準化されたICMPv6などについて述べた次の二つの記述は、___(エ)___。　　（4点）

　A　ICMPv6は、IPv6ノードで使用され、IPv6を構成する一部分であるが、IPv6ノードの使用形態によってはICMPv6を実装しなくてもよいと規定されている。

　B　IPv6では、送信元ノードのみがパケットを分割することができ、中継ノードはパケットを分割しないで転送するため、PMTUD機能により、あらかじめ送信先ノードまでの間で転送可能なパケットの最大長を検出する。

　　　[① Aのみ正しい　② Bのみ正しい　③ AもBも正しい　④ AもBも正しくない]

(5) 広域イーサネットなどにおいて用いられるEoMPLSでは、ユーザネットワークのアクセス回線から転送されたイーサネットフレームは、一般に、MPLSドメインの入口にあるラベルエッジルータでPA（Preamble／SFD）とFCSが除去され、___(オ)___ とMPLSヘッダが付加される。　　　（4点）

　　　[① IPヘッダ　② TCPヘッダ　③ L2ヘッダ　④ VCラベル　⑤ VLANタグ]

解説

(1) 10GBASE-LRは、IEEE802.3aeで標準化されている10ギガビットイーサネット(10GbE)におけるLAN仕様のひとつである。10GbEのLAN仕様では、従来のイーサネットと同様に、物理層(PHY)部分はデータの符号化を行うPCS、データのシリアル化を行うPMA、物理媒体との接続を行うPMDの3部分で構成されている。PCSにおいて10Gbit／sのデータを**64B／66B**により符号化するものを10GBASE-Rと総称し、これには、伝送媒体にマルチモード光ファイバ(MMF)を用いて850nm(ナノメートル)の短波長帯信号光を伝送する10GBASE-SR、シングルモード光ファイバ(SMF)を用いて1,310nmの長波長帯信号光を伝送する10GBASE-LR、シングルモード光ファイバ(SMF)を用いて1,550nmの超長波長帯信号光を伝送する10GBASE-ERがある。

(2) CATVの光アクセスネットワークでは、光ファイバを効率的に利用するため多重伝送技術が用いられ、ITU-T勧告によりFM一括変換方式およびSCM方式が標準化されている。**FM一括変換**方式は、送信側において、周波数多重された多チャンネル映像信号をシングルキャリアの広帯域FM信号に変換し、このFM信号により光強度変調を行うもので、FTTH方式(CATVセンタから利用者宅まですべて光ファイバ)の光アクセスネットワークで採用されている。また、SCM方式は、送信側において、複数の映像信号をそれぞれ異なる周波数(副搬送波)で変調し、周波数多重した多チャンネル映像信号により光強度変調を行うもので、HFC方式(CATVセンタから途中の光ノードまで光ファイバ、光ノードから利用者宅まで同軸ケーブル)およびFTTH方式の光アクセスネットワークで使用されてきた。

(3) IEEE802.3aeで標準化されている10ギガビットイーサネットのLAN用の規格には、10GBASE-LX4、10GBASE-SR、10GBASE-LR、10GBASE-ERの4種類がある。これらのうち、**10GBASE-SR**は、短波長(850nm)帯の半導体レーザを用いて伝送し、LAN用の伝送媒体にはマルチモード光ファイバ(MMF)を使用する。これに対して、長波長(1,310nm)帯を用いる10GBASE-LRおよび超長波長(1,550nm)帯を用いる10GBASE-ERでは、伝送媒体にシングルモード光ファイバ(SMF)が使用される。また、WDM(Wavelength Division Multiplexing 波長分割多重)技術を用いて10Gbit／sのデータを4つの長波長帯光に多重化して伝送する10GBASE-LX4では、MMFとSMFのどちらも選択可能であるが、どちらを使用するかで延長距離が異なる。

(4) 設問の記述は、**Bのみ正しい**。

A　ICMPv6は、IPv6で用いられるインターネット制御通知プロトコル(ICMP)であり、IPレベルのコントロールメッセージを伝達する。IETFの技術文書RFC4443では、ICMPv6はIPv6を構成する一部分として必須であり、すべてのIPv6ノードは完全にICMPv6を実装しなければならないと規定している。したがって、記述は誤り。

B　IPv4では、中継ノードは、受信したパケットのサイズが転送可能な最大のサイズ(MTU値)よりも大きいときは、パケットをフラグメント化(分割・再構成処理)し、転送可能なサイズに直して転送する。このため、送信元ノードは、送信先ノードまでの経路上の転送可能なパケットの最大長を考慮せずに大きなサイズのパケットを送出することができる。これに対し、IPv6では、負荷の軽減のため中継ノードでのフラグメント化を禁止し、フラグメント化は送信元ノードのみが行うこととしている。このため、送信元ノードは、パケットの送出に先立ち、PMTUD機能を用いて、送信先ノードまでの間で転送可能なパケットの最大長(経路上にあるさまざまなネットワークのMTU値のうち最小の値)を検出する。したがって、記述は正しい。

(5) 広域イーサネットでは、電気通信事業者のIP通信網として普及しているMPLS(Multi-Protocol Label Switching)ネットワークを利用し、LANで利用されているイーサネットフレームをカプセル化して転送するEoMPLS技術の採用が進んできている。MPLSはルーティングとは異なり、MPLSヘッダに設定されたラベル値でスイッチングによる転送を行うため、ルータなどが行っているレイヤ3情報を参照したルーティング処理による経路制御よりも高速に情報転送を行うことができる。そして、MPLSネットワーク上で直接イーサネットフレームを転送するEoMPLSは、イントラネットのLANを簡単に相互接続でき、拡張しやすいメリットがある。EoMPLSにおいては、MPLSドメインの入口にあるラベルエッジルータ(PEルータ)が、ユーザネットワークから入力されたイーサネットフレームの先頭にある同期用のフィールドであるPA(Preamble/SFD)と、末尾にある誤り制御用のフィールドであるFCSを除去する。次に、先頭にMACヘッダなどの**L2ヘッダ**(レイヤ2転送用のヘッダ)およびShimヘッダともいわれるMPLSヘッダを付加し、さらに、これらに対応したFCSを末尾に付加する。

技術・理論

2 ネットワークの技術

答

(ア)	③
(イ)	②
(ウ)	④
(エ)	②
(オ)	③

次の各文章の 内に、それぞれの[ ]の解答群の中から最も適したものを選び、その番号を記せ。 (小計20点)

(1) デジタル信号を送受信するための伝送路符号化方式において、符号化後に例えば高レベルと低レベルといった二つの信号レベルだけをとる2値符号には (ア) 符号がある。 (4点)

[① AMI ② MLT-3 ③ NRZI ④ PR-4 ⑤ PAM-5]

(2) 光アクセスネットワークの設備構成などについて述べた次の記述のうち、誤っているものは、 (イ) である。 (4点)

① 光アクセスネットワークには、波長分割多重伝送技術を使い、上り、下りで異なる波長の光信号を用いて、1心の光ファイバで上り、下り両方の信号を同時に送受信する全二重通信を行う方式がある。

② 光アクセスネットワークの設備構成のうち、電気通信事業者のビルからアクセスネットワークの途中の能動素子を用いた光／電気変換装置までの区間に光ファイバを用い、そこから複数のユーザまでの区間に既存のメタリックケーブルを用いる構成を採る方式は、ADS方式といわれる。

③ 光アクセスネットワークの設備構成のうち、電気通信事業者のビルから配線された光ファイバの1心を、分岐点において光受動素子を用いて分岐し、個々のユーザの引込み区間にドロップ光ファイバケーブルを使用して配線する構成を採る方式は、PDS方式といわれる。

④ 光アクセスネットワークの設備構成のうち、電気通信事業者のビルから配線された光ファイバ心線を分岐することなく、電気通信事業者側とユーザ側に設置されたメディアコンバータなどとの間を1対1で接続する構成を採る方式は、HFC方式といわれる。

(3) クラウドコンピューティングのサービスモデルのうち、クラウド事業者がサーバやストレージなどの基盤のみをユーザに提供するサービスは、一般に、 (ウ) といわれ、ユーザはOS、ミドルウェア、アプリケーションなどをインストールして利用する。 (4点)

[① オンプレミス ② ハウジング ③ IaaS ④ PaaS ⑤ SaaS]

(4) IP電話において、送信側からの音声パケットがIP網を経由して受信側に到着するときの音声パケットの到着間隔がばらつくことによる音声品質の劣化を低減するため、一般に、受信側のVoIPゲートウェイなどでは (エ) 機能が用いられる。 (4点)

[① トンネリング ② 音声圧縮・伸張 ③ 非直線量子化
④ カプセル化 ⑤ 揺らぎ吸収]

(5) 広域イーサネットで用いられるEoMPLSについて述べた次の二つの記述は、 (オ) 。 (4点)

A EoMPLSにおけるラベル情報を参照するラベルスイッチング処理によるフレームの転送速度は、一般に、レイヤ3情報を参照するルーティング処理によるパケットの転送速度と比較して遅い。

B MPLS網内を転送されたMPLSフレームは、一般に、MPLSドメインの出口にあるラベルエッジルータに到達した後、MPLSラベルの除去などが行われ、オリジナルのイーサネットフレームとしてユーザネットワークのアクセス回線に転送される。

[① Aのみ正しい ② Bのみ正しい ③ AもBも正しい ④ AもBも正しくない]

解　説

(1) デジタル信号を送受信するための伝送路符号の1つである**NRZI**(Non-Return to Zero Inversion)符号は、符号化後に高レベルと低レベルなどの2つの信号レベルをとる。その方式には、入力(ビット値)が0のとき出力(信号レベル)を変化させず、入力に1が発生するごとに出力を変化させるものと、入力が1のとき出力を変化させず、入力に0が発生するごとに出力を変化させるものがあるが、Fast Ethernetの規格を定めたIEEE802.3uでは前者を規定している。

① 　AMI：ISDNの基本インタフェースなどで用いられ、プラス、マイナス、ゼロの3つのレベル値を用いる方式で、たとえば、ISDN基本ユーザ・網インタフェースでは、ビット値が1のときにはゼロのレベル値とし、ビット値が0のときにプラス・マイナスのパルスを交互に発生させる。

② 　MLT-3：高レベル、0、低レベルの3つの電圧状態による2値データの表現法で、ビット値が0のとき電圧を変化させず、ビット値が1のときは電圧を1段階ずつ上下させる。

④ 　PR-4：伝送パルスの符号間干渉をある程度許容し、受信側でそれを除去(等化)することで、狭い周波数帯域でも高速伝送ができるようにした方式。

⑤ 　PAM-5：MLT-3を拡張し、5つの電圧状態を使用する4値データの表現法。

(2) 設問の記述のうち、誤っているのは、「光アクセスネットワークの設備構成のうち、電気通信事業者のビルから配線された光ファイバ心線を分岐することなく、電気通信事業者側とユーザ側に設置されたメディアコンバータなどとの間を1対1で接続する構成を採る方式は、HFC方式といわれる。」である。光アクセスネットワークの設備構成には、SS方式、ADS方式、PDS方式がある。

① 　SS(Single Star)方式やPDS(Passive Double Star)方式などでは、上り／下りで異なる波長の光信号を用いて波長分割多重化を行い、双方向の信号を同時に送受信する全二重通信を行っている。したがって、記述は正しい。

② 　ADS(Active Double Star)方式は、1心の光ファイバを伝送されてきた光信号を能動素子により電気信号に変換し、メタリック加入者線を使用して各ユーザへデータを振り分けている。したがって、記述は正しい。

③ 　PDS方式では、電気通信事業者のビルから配線された光ファイバの1心を、分岐点において光受動素子により分岐し、個々のユーザにドロップ光ファイバケーブルを用いて配線する。したがって、記述は正しい。なお、PDS方式はPON(Passive Optical Network)方式ともいわれる。

④ 　SS方式についての説明なので、記述は誤り。HFC(Hibrid Fiber Coaxial)は、CATVシステムにおいて、ヘッドエンド設備からアクセスネットワークの途中の光ノードまでの区間に光ファイバケーブルを用い、光ノードからユーザ宅までの区間に同軸ケーブルを用いるネットワークの形態である。

(3) クラウドコンピューティングとは、インターネット等のネットワークを通じて、サーバ、OS、ネットワーク、ストレージ、ソフトウェア、アプリケーションといったリソースを物理的または仮想的に提供するもので、リソースに対する需要の変動やユーザからの利用要求に対して、自動的かつ柔軟に対応できることを特徴としている。そして、クラウドコンピュータを介して提供される情報処理の能力をクラウドサービスという。クラウドサービスの主要なモデルとして、IaaS(Infrastructure as a Service)、PaaS(Platform as a Service)、SaaS(Software as a Service)の3つがよく知られている。このうち、事業者がサーバやストレージなどの基盤(Infrastructure)のみをユーザに提供するサービスは**IaaS**であり、ユーザはOSやミドルウェア、アプリケーションなどをインストールして利用する。

(4) IP電話において、アナログ電話網とIP電話網を接続するための装置をVoIPゲートウェイという。VoIPゲートウェイの受信側でパケットの受信タイミングにばらつきがあると、電話機の受話器やスピーカで再生される音声は揺らぎのある聴き取りにくいものになってしまう。そこで、VoIPゲートウェイの受信側では、受信したパケットをゆらぎ吸収バッファといわれるメモリにいったん蓄積し、パケット間隔を揃えてから復号処理を行うことで、発声タイミングを再現した自然な通話を確保している。このような機能を**揺らぎ吸収**機能という。

(5) 設問の記述は、**Bのみ正しい**。EoMPLS(Ethernet over MPLS)は、電気通信事業者のIP通信網として普及しているMPLSネットワークにおいて、LANで利用されているイーサネットフレームをカプセル化して転送する技術である。

A 　MPLSでは、フレーム内のMPLSラベルに基づきスイッチングによる転送を行うため、ルータなどが行っているレイヤ3情報を参照したルーティング処理による経路制御よりも高速に情報転送を行うことができる。そして、その高速性を生かして、インターネットや電気通信事業者の提供するVPNサービスに利用される。したがって、記述は誤り。

B 　MPLS網内を転送されたMPLSフレームは、MPLSドメインの出口にあるLER(Label Edge Router)でMPLS網内転送用のMACヘッダとMPLSヘッダが除去され、イーサネットフレームとしてユーザネットワークのアクセス回線に転送される。したがって、記述は正しい。

答	
(ア)	③
(イ)	④
(ウ)	③
(エ)	⑤
(オ)	②

次の各文章の 内に、それぞれの[ ]の解答群の中から最も適したものを選び、その番号を記せ。 （小計20点）

(1) 光アクセスネットワークの設備構成のうち、電気通信事業者のビルから配線された光ファイバ心線を分岐することなく、電気通信事業者側とユーザ側に設置されたメディアコンバータなどとの間を1対1で接続する構成を採る方式は、一般に、 (ア) 方式といわれる。 （4点）

[① PLC ② SS ③ SCM ④ ADS ⑤ PDS]

(2) 1000BASE－Tでは、送信データを8ビットごとに区切ったビット列に1ビットの冗長ビットを加えた9ビットが4組の5値情報に変換される (イ) といわれる符号化方式が用いられている。 （4点）

[① 8B1Q4 ② 8B／6T ③ 8B／10B ④ NRZI ⑤ MLT－3]

(3) MACアドレスなどについて述べた次の二つの記述は、 (ウ) 。 （4点）

A 端末機器などをイーサネットに接続するためのネットワークインタフェースカード(NIC)は、6バイト長で構成されるMACアドレスといわれる固有のアドレスを持つ。

B イーサネットのMACフレームの最後にあるFCSは、フレームの伝送誤りの有無を検出するための情報であり、受信側では、フレームを受信し終えるとFCSの検査を行い、受信フレームの正常性を確認している。

[① Aのみ正しい ② Bのみ正しい ③ AもBも正しい ④ AもBも正しくない]

(4) IPv6パケットにIPv4ヘッダを付加してIPv6パケットをIPv4パケットにカプセル化し、IPv6パケットをIPv4網を経由して転送する技術は、一般に、 (エ) といわれる。 （4点）

[① デュアルスタック ② トンネリング ③ アドレス変換
④ ネイティブ ⑤ ステップ・バイ・ステップ変換]

(5) 広域イーサネットなどにおいて用いられるEoMPLSでは、ユーザネットワークのアクセス回線から転送されたイーサネットフレームは、一般に、MPLSドメインの入口にあるラベルエッジルータでPA(Preamble/SFD)とFCSが除去され、 (オ) とMPLSヘッダが付加される。 （4点）

[① VLANタグ ② IPヘッダ ③ TCPヘッダ ④ L2ヘッダ ⑤ VCラベル]

解 説

(1) 光アクセスネットワークの設備構成には、SS、ADS、PDS（PON）の各方式がある。このうち**SS**では、電気通信事業者側の光加入者線終端装置（MC；メディアコンバータ）とユーザ側の光加入者線終端装置（MC）を1対1で接続し、上り／下りで異なる波長の光信号を用いた全二重通信を行っている。なお、近年は電気通信事業者側のMCをOSUと呼び、利用者側のMCをONUと呼ぶことも多くなってきている。また、ADS方式およびPDS方式のシステムは、電気通信事業者の設備（OLT）とユーザの装置との間が2段のスター構成をとる。これらのシステムでは、OLTとユーザの装置の間にRTなどといわれる分岐点（機能点）を設け、OLTと分岐点の間に配線された光ファイバを、複数のユーザで共有する。ADS方式は、機能点に電気的手段による装置を用い、光信号と電気信号を相互に変換し、メタリック加入者線を使用して各ユーザへデータを振り分けている。これに対して、PDS方式は、分岐点に光信号を分岐・結合する光受動素子（光スプリッタ）を用い、個々のユーザにドロップ光ファイバケーブルで配線する方式で、波長分割多重伝送（WDM）技術により上りと下りにそれぞれ異なる波長の光搬送波を割り当て、全二重通信を行っている。

(2) ギガビットイーサネットは、最大1Gbit/sの伝送速度を実現するイーサネット規格で、IEEE802.3abで規定された1000BASE－Tといわれる規格と、IEEE802.3zで規定された1000BASE－Xと総称される規格の2つの系統がある。

1000BASE－Tは伝送媒体にツイストペアケーブルを利用し、4組の撚り対線をすべて用いて信号を並列伝送するもので、送信データの符号化には8B1Q4といわれるデータ符号化方式を用いている。**8B1Q4**方式では、8ビットごとに区切ったデータビット列にエラー検出用の1ビットを加えて9ビットのビット列とし、これを1つのシンボルに変換する。1つのシンボルは4組の信号からなり、1組の信号は－2、－1、0、＋1、＋2の5値情報で表現される符号である。符号化されたデータは、4D－PAM5といわれる多値符号化変調方式により変調され、伝送路に送出される。

また、1000BASE－Xはさらに伝送媒体の違いにより、シングルモード光ファイバとマルチモード光ファイバの両方を利用できる1000BASE－LX、マルチモード光ファイバを利用する1000BASE－SX、同軸ケーブルを利用する1000BASE－CXに分類される。符号化方式には、送信データを8ビットごとに区切ったビット列を10ビットのコード体系に変換する8B／10Bを用いている。

(3) 設問の記述は、**AもBも正しい**。

A　MACアドレスは、ネットワーク上にあるPCやLAN機器などの機器を識別するためにネットワークインタフェースカード（NIC）に割り当てられる識別子で、これにより、レイヤ2フレームを送受信する相手装置を特定する。MACアドレスの長さは6バイトで、先頭の3バイトはIEEEがベンダ（発売元）ごとに管理、割当てを行い、残りの3バイトはベンダが製品に固有に割り当てる。MACアドレスは機器の出荷時にあらかじめNICに設定されているため、物理アドレスともいわれ、その機器に固有のものとなっている。したがって、記述は正しい。

B　イーサネット上を流れる情報は、MACフレームと呼ばれる64バイト以上1,518バイト以下の可変長のフレームを伝送単位としてやりとりされるが、その末尾には、フレーム検査シーケンス（FCS）という、4バイト長の伝送誤り検出用フィールドが付加される。FCSに設定される値は、MACアドレス（DAおよびSA）、タイプ／長さ（T/L）、データ（データおよびパディング（PAD））の各フィールドから計算したCRC値である。受信側では、フレームを受信し終えると送信側と同様にCRC値を計算し、これがFCSの値と異なれば伝送誤りがあったとしてフレームを破棄して受信処理を終了し、一致すれば伝送誤りがなかったとして次の処理に移る。したがって、記述は正しい。

(4) IPv4からIPv6に移行する場合、システムの更新などが必要になることから、直ちに全面的に行うのは困難であり、一定期間は両者が共存せざるを得ない。IPv4とIPv6が共存した状態でIPネットワークを利用する技術には、トンネリング、デュアルスタック、トランスレータなどがある。このうち、**トンネリング**は、プロトコルやアドレス体系が異なるパケットをカプセル化して送る技術をいう。とくに、IPv6パケット全体をIPv4パケットのペイロードとしてカプセル化し、IPv6パケットをIPv4網を経由して転送するものは、IPv6 over IPv4トンネリングといわれる。

(5) 広域イーサネットでは、電気通信事業者のIP通信網として普及しているMPLS（Multi-Protocol Label Switching）ネットワークを利用し、LANで利用されているイーサネットフレームをカプセル化して転送するEoMPLS技術の採用が進んできている。MPLSはルーティングとは異なり、MPLSヘッダに設定されたラベル値でスイッチングによる転送を行うため、ルータなどが行っているレイヤ3情報を参照したルーティング処理による経路制御よりも高速に情報転送を行うことができる。そして、MPLSネットワーク上で直接イーサネットフレームを転送するEoMPLSは、イントラネットのLANを簡単に相互接続でき、拡張しやすいメリットがある。EoMPLSにおいては、MPLSドメインの入口にあるラベルエッジルータ（PEルータ）が、ユーザネットワークから入力されたイーサネットフレームの先頭にある同期用のフィールドであるPA（Preamble/SFD）と、末尾にある誤り制御用のフィールドであるFCSを除去する。次に、先頭にMACヘッダなどの**L2ヘッダ**（レイヤ2転送用のヘッダ）およびShimヘッダともいわれるMPLSヘッダを付加し、さらに、これらに対応したFCSを末尾に付加する。

答	
(ア)	②
(イ)	①
(ウ)	③
(エ)	②
(オ)	④

次の各文章の 内に、それぞれの[ ]の解答群の中から最も適したものを選び、その番号を記せ。 （小計20点）

(1) デジタル信号を送受信するための伝送路符号化方式において、符号化後に例えば高レベルと低レベルといった二つの信号レベルだけをとる2値符号には、 （ア） がある。 （4点）

[① MLT－3 ② PAM－5 ③ PR－4 ④ AMI ⑤ NRZI]

(2) 光アクセスネットワークの設備構成などについて述べた次の二つの記述は、 （イ） 。 （4点）

A 電気通信事業者のビルから集合住宅のMDF室などに設置された回線終端装置までの区間には光ファイバケーブルを使用し、MDF室などに設置されたVDSL装置から各戸までの区間に既設の電話用の配線を利用する形態のものがある。

B 電気通信事業者のビルから配線された光ファイバの1心を、光受動素子を用いて分岐し、個々のユーザにドロップ光ファイバケーブルを用いて配線する構成を採る方式は、PDS方式といわれる。

[① Aのみ正しい ② Bのみ正しい ③ AもBも正しい ④ AもBも正しくない]

(3) IPv6アドレスは128ビットで構成され、マルチキャストアドレスは、16進数で表示すると128ビット列のうちの （ウ） である。 （4点）

[① 先頭8ビットがff ② 末尾8ビットがff ③ 先頭12ビットがfe8
④ 末尾12ビットがfe8 ⑤ 先頭16ビットがfd00 ⑥ 末尾16ビットがfd00]

(4) IP電話において、IP網の経路上で発生するパケット損失による音声品質の劣化を低減させるため、受信側のVoIPゲートウェイなどにおいてパケット損失が発生した箇所の前後の音声データから損失箇所を補間する技術は、一般に、 （エ） といわれる。 （4点）

[① キューイング ② AGC ③ ARQ ④ PLC ⑤ エコーキャンセラ]

(5) 広域イーサネットについて述べた次の二つの記述は、 （オ） 。 （4点）

A IP－VPNがレイヤ3の機能をデータ転送の仕組みとして使用するのに対して、広域イーサネットはレイヤ2の機能をデータ転送の仕組みとして使用する。

B 広域イーサネットにおいて利用できるルーティングプロトコルには、EIGRP、IS－ISなどがある。

[① Aのみ正しい ② Bのみ正しい ③ AもBも正しい ④ AもBも正しくない]

解　説

(1)　デジタル信号を送受信するための伝送路符号化方式の1つである**NRZI**符号は、符号化後に高レベルと低レベルなどの2つの信号レベルをとる。その方式には、入力（ビット値）が0のときは出力（信号レベル）を変化させず1が発生するごとに出力を変化させるものと、入力が1のときには出力を変化させず0が発生するごとに出力を変化させるものがあるが、伝送速度が100MbpsのFast Ethernetの規格を定めたIEEE802.3uでは前者を規定している。

①　MLT－3：高レベル、0、低レベルの3つの電圧状態による2値データの表現法で、ビット値が0のとき電圧を変化させず、ビット値が1のときは電圧を1段階ずつ上下させる。

②　PAM－5：MLT－3を拡張し、5つの電圧状態を使用する4値データの表現法。

③　PR－4：伝送パルスの符号間干渉をある程度許容し、受信側でそれを除去（等化）することで、狭い周波数帯域でも高速伝送ができるようにした方式。

④　AMI：ISDNの基本インタフェースなどで用いられ、プラス、マイナス、ゼロの3つのレベル値を用いる方式。たとえば、ISDN基本ユーザ・網インタフェースでは、ビット値が1のときにはゼロのレベル値とし、ビット値が0のときにプラス・マイナスのパルスを交互に発生させる。

(2)　設問の記述は、**AもBも正しい。**

A　光アクセスネットワークの設備構成の一つに、VDSLがある。この方式では、一般に、大規模集合住宅のMDF室などまで光ファイバケーブルを敷設し、ユーザ側では光信号を電気信号に変換して各戸に分配するいわゆる「マンションタイプ」のサービス形態をとる。これにより、既設の電話用の宅内配線を利用した高速通信を実現している。したがって、記述は正しい。

B　光アクセスネットワークの設備には、設備センタのOLTとユーザ宅に設置されたONUの間で2段のスター構成をとり、OLTとONUの間に機能点（分岐点）を設け、OLTと分岐点の間に配線された光ファイバを複数ユーザで共有するものがある。これには、PDS方式とADS方式の2種類のシステムがあり、このうち、光スプリッタで分岐し、個々のユーザにドロップ光ファイバケーブルを用いて配線する構成を採る方式はPDSである。また、PDSは国際標準ではPONといわれる。したがって、記述は正しい。

(3)　IPv6アドレスの種類は、上位（先頭）からみたビットパターンによって識別することができる。その体系は、128ビットの値がすべて"0"（::／128）の不特定アドレス、先頭から127ビットの値が"0"で最下位の1ビットのみ値が"1"（::1／128）のループバックアドレス、**先頭8ビットが全て"1"**（**ff**00::／8）のマルチキャストアドレス、先頭10ビットのビットパターンが"1111111010"（fe80::／10）のリンクローカルユニキャストアドレス、先頭7ビットのビットパターンが"1111110"（fc00::／7）のユニークローカルユニキャストアドレス、およびこれら以外のグローバルユニキャストアドレスとなっている。

(4)　IP電話の音声品質が劣化する要因の一つに、送話側から送出された音声パケットが途中で失われ、受話側に届かないパケットロス（パケット損失）がある。パケットロスがあると、受信側で再生される音声が途切れるなど通話品質が低下することがある。パケットロスは、IP網が輻輳して通信経路上でパケットが破棄されることや、揺らぎ吸収（パケットの到着時間にばらつきがあった場合そのまま再生すると音の途切れや詰まりが起きるため受信側でいったんバッファに蓄積して等時間間隔になるよう調整すること）のための受信待ち時間内に到着しなかったパケットが破棄されることなどが原因で起きる。この対策として、VoIPゲートウェイなどのVoIP端末は**PLC**（Packet Loss Concealment）といわれる音声データ補間機能を有している。一般に音声信号には同じような波形が連続する性質があることから、音声パケットが失われた箇所の音声波形をその前後の波形をもとに復元し、補間することで自然な音声を再生できる。

(5)　設問の記述は、**AもBも正しい。**

A　IP－VPNはその名に"IP"とある通りレイヤ3の機能をデータ転送の仕組みとして使用し、広域イーサネットはその名に"イーサネット"とある通りレイヤ2の機能をデータ転送の仕組みとして使用する。したがって、記述は正しい。

B　広域イーサネットは、レイヤ2で遠隔地にあるLAN間を接続するWANであり、LAN間のルーティングプロトコルの利用に制限がない。このため、OSPF、IS－IS、RIP、EIGRP、BGPなどさまざまなプロトコルが利用できる。したがって、記述は正しい。なお、IP－VPNにおけるルーティングプロトコルはIPのみである。

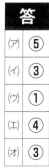

答	
㋐	⑤
㋑	③
㋒	①
㋓	④
㋔	③

技術・理論

2　ネットワークの技術

情報セキュリティ概要

●マルウェア

コンピュータの使用者に不利益となる不正な活動を行うことを意図して作られた悪意のあるプログラムの総称で、ウイルス、トロイの木馬、ワーム、ボット、スパイウェア、アドウェアなどがある。マルウェアの感染経路としては、電子メール、電子ファイル、Webページ、リムーバブルメディア、ファイル交換ソフトウェアなどが挙げられる。

対策としては、セキュリティパッチによりOSやアプリケーションソフトウェアの脆弱性を修正しておくこと、マルウェア対策ソフトウェアをインストールし最新の状態にしておくこと、メールやファイルを開く前に検査すること、リムーバブルメディアの使用制限などがある。

●不正アクセス

アクセス権限が与えられていないにもかかわらずネットワークへアクセスすること。表1のようなものがある。

●ファイアウォール

コンピュータやイントラネットへの不正なアクセスを防ぐために設置するシステム。基本的な機能には、アクセス制御、アドレス変換、ログ記録などがある。パケットフィルタリング型、ステートフルインスペクション型、アプリケーションゲートウェイ型などに分類される。また、DMZ（DeMilitarized Zone 非武装地帯）を設けることにより内部セグメントへの不正アクセスの危険を低減できる。

●VPN

VPN（Virtual Private Network 仮想私設網）は、公衆網をあたかも専用線のように利用する技術である。エンド・ツー・エンドで専用通信を実現するために、網のプロトコルと異なるプロトコルのパケットであってもカプセル化して送受信できるトンネリング技術や、より強固な秘匿性を確保する暗号化技術が使われている。

表1　ネットワークへの不正アクセスの例

名称	説明
盗聴	不正な手段で通信内容を盗み取る。
改ざん	管理者や送信者の許可を得ずに、通信内容を勝手に変更する。
なりすまし	他人のIDやパスワードなどを入手して、正規の使用者に見せかけて不正な通信を行う。
辞書攻撃	パスワードとして正規のユーザが使いそうな文字列を辞書として用意しておき、これらを機械的に次々と指定して、ユーザのパスワードを解析し侵入を試みる。
踏み台	侵入に成功したコンピュータを足掛かりにして、他のコンピュータを攻撃する。このとき足掛かりにされたコンピュータのことを「踏み台」という。
ウォードライビング	セキュリティ対策が十分でない無線LANのアクセスポイントを探し出し、ネットワークに侵入する。
スキミング	他人のクレジットカードなどの磁気記録情報を不正に読み取り、カードを偽造したりする。
スパイウェア	ユーザの情報を収集し、許可なく外部へ送信する。
ゼロデイ攻撃	コンピュータプログラムのセキュリティ上の脆弱性が公表される前、あるいは脆弱性の情報は公表されたがセキュリティパッチがまだない状態において、その脆弱性をねらって攻撃する。
セッションハイジャック	攻撃者が、Webサーバとクライアント間の通信に割り込んで、正規のユーザになりすますことによって、やりとりしている情報を盗んだり改ざんしたりする。
バッファオーバフロー攻撃	データを一時的に保存しておく領域（バッファ）の容量を超える大量のデータを送りつけて、システムの機能を停止させるなどの害を与える。
フィッシング	金融機関などの正規の電子メールやWebサイトを装い、暗証番号やクレジットカード番号などを入力させて個人情報を盗む。
ボット	感染したコンピュータを、ネットワークを通じて外部から操作することを目的として作成されたプログラムをいう。
ポートスキャン	コンピュータに侵入するためにポートの使用状況を解析する。
DoS（Denial of Service：サービス拒絶攻撃）	特定のサーバに大量のパケットを送信することによって、システムの機能を停止させる。なお、多数のコンピュータを踏み台にして、特定のサーバに対して同時に行う攻撃を、DDoS（Distributed Denial of Service 分散型サービス拒絶攻撃）という。
SQLインジェクション	データベースと連携したWebアプリケーションにSQL文の一部を含んだ不適切なデータを入力する。これにより、データベースに直接アクセスして不正な操作を行う。

電子認証技術とデジタル署名技術

●暗号化技術の概要

暗号化は、データ自体に対して特定の処理を施し、内容を読み取れないようにする技術である。その暗号化されたデータは元のデータに戻す復号方法を知らないと、内容を読み取ることができない。この暗号化技術は、対盗聴技術として有効である。この暗号化／復号する仕組み（アルゴリズム）を「鍵」と呼び、それぞれを暗号化鍵、復号鍵と呼ぶ。

図1　暗号化鍵と復号鍵

代表的な暗号化方式には、共通鍵暗号方式と公開鍵暗号方式がある。

共通鍵暗号方式は、暗号化と復号に同じ鍵を使い、暗号化する者と復号する者の間でその鍵を秘密に保持する方式である。これにより、暗号化する者と復号する者以外は暗号化された内容を知りえない。また、暗号化と復号に用いるアルゴリズムが比較的簡単で、処理が速い。その反面、二者間で秘密に鍵を共有する方式であるため、暗号化通信の相手が増えるとそれだけ秘密鍵が増えることになり、鍵の管理が難しくなる。代表的な方式にAESがある。

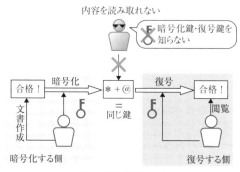

図2　共通鍵暗号方式

一方、公開鍵暗号方式は、暗号化と復号に別の鍵を使い、

暗号化鍵を公開し、復号鍵を自分だけの秘密にする方式である。これにより、誰でも暗号化はできるが、本人以外は復号することができない。公開鍵暗号方式は、暗号化鍵を公開し、多数の者に利用させるので、暗号化／復号鍵が一組だけですみ、鍵の管理が容易である。その反面、暗号化と復号に別の鍵を用いるので仕組みがむずかしく、比較的処理が遅い。代表的な方式にRSAがある。

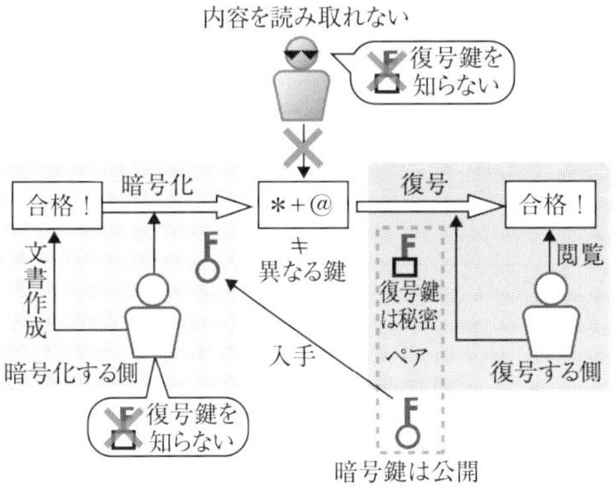

図3　公開鍵暗号方式

●認証技術の概要

データにアクセスする利用者が本人であるか(なりすましでないか)を確認することを、認証という。パスワード認証、指紋認証、静脈認証など、さまざまな方法で実現さ

れている。その人の身体的特徴やその人しか知りえない情報の確認で本人であるかどうかを確認する。

デジタル署名は、公開鍵暗号方式を応用した、本人であることの証明手段である。デジタル署名を用いたデータ送信では、送信者が自分の秘密鍵で暗号化した署名を付加し、受信者へ送信する。受信者は、暗号化された署名を送信者の公開鍵で復号し、正しい署名であれば正しい送信者からのメッセージと判断できる。これは、署名を暗号化する鍵は送信者本人しか知りえないため、本人以外は作成することができないことが根拠となる。

PKI(Public Key Infrastructure)は、公開鍵インフラ(基盤)とも呼ばれ、公開鍵暗号方式を利用した技術・製品全般を指す。公開鍵暗号方式を利用した暗号通信やデジタル署名を安心して利用するためには、このPKIの整備が急務となっている。具体的にPKIに含まれるものとしては、公開鍵が本人のものであることの証明書を発行する認証局(CA)、SSLを使った技術製品などが挙げられる。なお、SSLとはインターネット上の情報の暗号化に関するセション層(第5層)のプロトコルである。共通鍵暗号方式や公開鍵暗号方式、デジタル署名などの技術を組み合わせて機能する。そのほか、インターネットにおいて暗号化通信を行うためのプロトコルにIPsecがある。これにより、アプリケーションの下位層がTCPであっても、UDPであっても意識することなく、暗号化通信を行うことができる。

端末設備とネットワークのセキュリティ

●端末設備とネットワークのセキュリティ対策

端末設備とネットワークのセキュリティ対策としては、不正アクセス対策とウイルス対策が主なものである。

不正アクセス対策としては、ファイアウォールやIDS (Intrusion Detection System 侵入検知システム)の導入などが有効である。アクセスを限定しておき、もしも不正アクセスがあった場合には、速やかに分析・対応できるようにしておく。対策としては、ウイルス対策ソフトウェアの導入などが有効である。ただし、ウイルスの新種が日々発生しているので、パターンファイルのアップデート、ソフトウェアのバージョンアップやパッチファイルの適用などを速やかに行うことが必要になる。

●運用管理面からのセキュリティ対策

最近では、Webサイトを利用したフィッシング、利用者の端末から情報を窃取・操作するスパイウェアの埋込みなど、手段が巧妙化している。これらに関する情報収集や

教育など、利用者レベルでの対策も大変重要である。

企業や組織でネットワークを構築・利用している場合は、大量のデータを送りつけシステムダウンに追い込むDoS(Denial of Services)攻撃や、第三者が自分になりすまし、いわゆる「踏み台」として知らないうちに自分が攻撃主体と偽装されてしまうなど、さまざまな脅威がある。これに対し、日頃からのログの取得・解析、アクセス管理が重要である。さらに、個人情報の保管・廃棄方法など、厳重な管理を行い、個人情報の漏洩を防ぐことが必要である。

しかし、さまざま脅威から自らの端末やネットワークを完全に防御できるとは限らない。そのため、セキュリティ侵害に対する対策と復旧方法に加え、公的機関等、社会に対する報告も含むインシデント対策を講じる必要がある。このインシデント対策においては、システムへの不正侵入、データの改ざん等が発生した場合の対処方法について事前の検討が必要である。

情報セキュリティ管理

●情報セキュリティの管理と運用の概要

情報セキュリティポリシーは、組織が保有する情報資産を適切に保護するために、セキュリティ対策に関する統一的な考え方や具体的な遵守事項を定めたものである。組織のセキュリティ対策は、これに則ってなされる必要がある。

情報セキュリティポリシーでは、セキュリティ文書として、階層的に基本方針(ポリシー)、対策基準(スタンダード)、実施手順書(プロシージャ)を作成する。このうち対策基準

(スタンダード)は、基本方針(ポリシー)に従って、社内規定や規則として作成される。また、対策基準(スタンダード)に基づき、実施手順書(プロシージャ)が、現場での手順書やマニュアルとして整備される。

図4　情報セキュリティポリシーの体系

次の各文章の 内に、それぞれの[ ]の解答群の中から最も適したものを選び、その番号を記せ。 (小計20点)

(1) ISP（Internet Service Provider）による迷惑メール対策において、ISPがあらかじめ用意しているメールサーバ以外からの電子メールを外部ネットワークへ送信しない仕組みは、 (ア) といわれる。(4点)
　　［① SMTP AUTH　② DKIM　③ PGP　④ SPF　⑤ OP25B］

(2) 電子データの送受信における脅威とその対策について述べた次の二つの記述は、 (イ) 。 (4点)
　A 送信者が、後になって送信の事実を否定したり、内容が不正に変更されたと主張したりすることを防止するための手段として、一般に、共通鍵暗号を用いた電子データの暗号化が有効とされている。
　B 電子データが悪意のある第三者によって不正に変更されていないことを確認するための手段として、一般に、メッセージ認証が有効とされている。
　　［① Aのみ正しい　② Bのみ正しい　③ AもBも正しい　④ AもBも正しくない］

(3) コンピュータウイルス対策について述べた次の二つの記述は、 (ウ) 。 (4点)
　A コンピュータウイルスの検出手法の一つとして用いられているチェックサム方式は、ハードディスク内にある実行可能ファイルが改変されていないかを検査し、ウイルス名を特定することができる。
　B コンピュータウイルスに感染したファイルが添付された電子メールの受信による被害を抑制する対策としては、電子メールの添付ファイルがコンピュータウイルスに感染していないかをチェックする機能をメールサーバに設ける方法がある。
　　［① Aのみ正しい　② Bのみ正しい　③ AもBも正しい　④ AもBも正しくない］

(4) サニタイジングについて述べた次の記述のうち、正しいものは、 (エ) である。 (4点)
　　① 相対パスによる表記を利用することにより、Webサイトの運営者側でアクセスを想定していないディレクトリへアクセスさせる攻撃である。
　　② 標的となるWebサイトに攻撃用のスクリプトを混入させ、Webサイトを利用したユーザのWebブラウザ上でこれを実行させて情報を奪取する攻撃である。
　　③ 閲覧者からのデータの入力や操作を受け付けるようなWebサイトにおいて、攻撃者がURLのパラメータなどにOSのコマンドを挿入し、Webサイトの運営者側で想定していないOSコマンドを実行する攻撃である。
　　④ 入力データに、HTMLタグ、JavaScriptなどとして動作する可能性のある文字や文字列が含まれる場合、それらを別の表記に置き換えることで無効化する処理である。

(5) 情報セキュリティに関するリスク分析手法の一つで、既存のガイドラインを参照するなどして、あらかじめ組織として確保すべきセキュリティレベルを設定し、それを実現するための管理策の組合せを決定してから、組織全体でセキュリティ対策に抜けや漏れが無いように補強していく手法は、一般に、 (オ) といわれる。 (4点)
　　［① 非形式的アプローチ　② FTA　③ ベースラインアプローチ
　　④ 組合せアプローチ　⑤ 詳細リスク分析］

解説

(1) 電子メールサービスの利用者が受信することを希望していないにもかかわらず、一方的に送られてくる電子メールを迷惑メールという。迷惑メール対策には、個人でできる対策と、ISPによる対策がある。個人でできる対策としては、メールアドレスの変更、ISPが提供する迷惑メールブロックサービスの利用などが挙げられる。また、ISPによる迷惑メール対策には、送信対策と受信対策がある。送信対策には、送信トラヒック制御（同一アカウントからの送信量を制限する）、**OP25B**（自社の外部向けSMTPサーバのTCP25番ポートの通信を遮断して、スパムメールやウイルスメールの送信を抑制する）、送信者認証（自社のメールサーバから送信しようとする送信者に対して認証を行う）などがある。また、受信対策には、送信ドメイン認証によりメール送信者アドレスの詐称を防ぐ、ブラックリスト（受信を拒否する条件を記録したリスト）と照合し条件に当てはまるものをブロックするなどの方法がある。

(2) 設問の記述は、**Bのみ正しい**。電子データの送受信における脅威には、盗聴、改ざん、なりすまし、否認がある。

A　送信者が、後になって送信の事実を否定したり、内容が不正に変更されたと主張したりする「否認」を防止するための手段として、一般に、公開鍵暗号を用いた電子署名が有効とされている。したがって、記述は誤り。

B　悪意のある第三者によって電子データが不正に変更される「改ざん」への対策は、メッセージ認証が有効である。メッセージ認証の仕組みの一つであるHMAC（暗号ハッシュ関数を使用してメッセージ認証を行う方式）は、ハッシュ関数と共通鍵暗号方式とを組み合わせたものであるが、送信者がHMACを電子データに添付して送信することで、受信者は改ざんを検出することができる。また、ハッシュ関数と公開鍵暗号方式とを組み合わせたデジタル署名を電子データに添付すれば、「改ざん」を検出でき、「なりすまし」や「否認」の防止にも有効である。したがって、記述は正しい。

(3) 設問の記述は、**Bのみ正しい**。

A　チェックサム方式では、桁あふれを無視して合計するなどの方法で計算したチェックサムを導入時のチェックサムの値と比較して、データの改変の有無を検出する。ただし、この方式で検出できるのは改変の有無のみであり、改変の原因となったウイルスの名称を特定することはできない。したがって、記述は誤り。

B　コンピュータウイルスに感染した電子メールの受信防止のために、特定のメールアドレスをリスト（ブラックリスト）に登録しておき、メールを受信する都度そのリストを参照して、該当する電子メールを拒否する機能や、電子メールの添付ファイルのウイルス感染をチェックする機能などをメールサーバに設けることがある。また、HTMLメールでは、メール本文中に悪意のあるスクリプトが埋め込まれ、メールを開いたデバイスをウイルスに感染させる場合があるため、メール本文に対してもウイルス感染をチェックする機能を設けることがある。したがって、記述は正しい。

(4) 解答群の記述のうち、正しいのは、「**入力データに、HTMLタグ、JavaScriptなどとして動作する可能性のある文字や文字列が含まれる場合、それらを別の表記に置き換えることで無効化する処理である。**」である。サニタイジングとは、スクリプトとして動作する元となる有害な文字や文字列を別の無害な文字列に変換し、入力データに含まれるHTMLタグなどを無効化する処理をいう。

① ディレクトリトラバーサル（directory traversal）についての記述である。

② クロスサイトスクリプティング（XSS：Cross Site Scripting）についての記述である。

③ OSコマンドインジェクション（OS command injection）についての記述である。

(5) 情報セキュリティに関するリスク分析は、リスクアセスメントにおいて、リスクの特質を理解し、リスクレベルを評価するプロセスをいう。リスク分析の手法には、非形式的アプローチ、ベースラインアプローチ、詳細リスク分析、組合せアプローチがある。

非形式的アプローチは、組織内にいる専門知識・経験を有する者や、外部のコンサルタントが、自身の知識・経験に基づいてリスクを評価する手法である。短期間で遂行でき、環境の変化にも迅速に対応できるなどの利点がある。

ベースラインアプローチは、既存の基準やガイドラインを参照することにより、組織で実現すべきセキュリティレベルの決定およびそのための管理策の選択を行い、さらに組織全体で抜けや漏れがないかを確認しながら補強していく手法である。

組合せアプローチはこれらの手法を複数併用する手法で、ベースラインアプローチと詳細リスク分析を組み合わせて用いることが多い。

詳細リスク分析は、組織の情報資産を洗い出し、情報資産ごとに資産価値、脅威、脆弱性、セキュリティ要件を識別し、評価する手法で、分析作業に多くの時間と労力がかかるが、適切な管理策の選択が可能になる。FTA（Fault Tree Analysis）もそのひとつで、望ましくない特定の事象を定義し、それを発生させる原因事象を洗い出し、さらにその原因事象を発生させる原因事象を洗い出す展開を順次繰り返し、根本原因となる基本事象まで分解していく。

答	
(ア)	⑤
(イ)	②
(ウ)	②
(エ)	④
(オ)	③

次の各文章の 内に、それぞれの[ ]の解答群の中から最も適したものを選び、その番号を記せ。 (小計20点)

(1) コンピュータシステムへの脅威などについて述べた次の二つの記述は、 (ア) 。 (4点)

A コンピュータシステムへの不正侵入者により再びそのシステムに侵入しやすくするために仕掛けられた侵入経路は、一般に、ボットといわれる。

B 本物を装った偽のWebサイトに利用者を誘導してアクセスさせ、ID、パスワードなどの情報を入力させることによりその情報を不正に取得する手法は、一般に、スキミングといわれる。

[① Aのみ正しい ② Bのみ正しい ③ AもBも正しい ④ AもBも正しくない]

(2) 事業所間のインターネットVPNにおけるセキュリティ確保のために用いられる (イ) は、トンネルモードとトランスポートモードの二つの転送モードを持つプロトコルである。 (4点)

[① PPP ② PPTP ③ IPsec ④ SSL ⑤ SSH]

(3) ポートスキャンについて述べた次の記述のうち、誤っているものは、 (ウ) である。 (4点)

① ネットワークを介してサーバに対しポート番号を順次変えながらアクセスしてその応答を確認していく行為は、ポートスキャンといわれる。

② ファイアウォールにおけるパケットフィルタリング機能は、ポートスキャン対策としての効果はない。

③ サーバへのポートスキャンにより、開いているポートが分かれば、そのサーバが提供しているサービスを推測することができる。

④ ポートスキャンを利用した攻撃への対策の一つに、不要なサービスを停止させ、必要最小限のサービスだけを稼働させる方法がある。

(4) コンピュータや社内ネットワークの外部との通信を監視し、コンピュータや社内ネットワークに対する侵入の試みや攻撃などの不正アクセスを検知して、検知したものを自動的に遮断する機能を持つシステムは、 (エ) といわれる。 (4点)

[① IPS ② NMS ③ DNS ④ NAPT ⑤ CMS]

(5) 入退室管理におけるセキュリティ用語などについて述べた次の二つの記述は、 (オ) 。 (4点)

A 一つの監視エリアにおいて、認証のためのICカードなどを用い、入室記録後の退室記録がない場合に再入室をできなくしたり、退室記録後の入室記録がない場合に再退室をできなくしたりする機能は、一般に、アンチパスバックといわれる。

B セキュリティレベルの違いによって幾つかのセキュリティ区画を設定することは、ハウジングといわれ、セキュリティ区画は、一般に、一般区画、業務区画、アクセス制限区画などに分類される。

[① Aのみ正しい ② Bのみ正しい ③ AもBも正しい ④ AもBも正しくない]

解 説

(1) 設問の記述は、**AもBも正しくない**。

 A コンピュータシステムへの侵入者は、一度侵入に成功すると、次回以降も容易にシステムに侵入できるよう、<u>バックドア</u>(裏口)とよばれる侵入口を形成するプログラムを実行することが多い。したがって、記述は誤り。なお、ボットとは、コンピュータをネットワークを通じて遠隔操作するためにつくられたコンピュータウイルスをいう。

 B スキミング(skimming)とは、銀行のキャッシュカードやクレジットカードなどから、スキマーあるいはスキミングマシンなどと呼ばれる専用のカード情報読み取り装置を用いて磁気ストライプ上の記録情報を読み取り、偽造カードを作成する行為をいう。したがって、記述は誤り。金融機関などの正規の電子メールや正規のWebサイトであるかのように装い、暗証番号やクレジットカード番号を入力させ個人情報を盗む行為は、<u>フィッシング</u>といわれる。

(2) 企業が公衆網を利用して構築するVPN(仮想専用通信網)には、インターネットVPNやIP－VPNなどがある。このうち、インターネットVPNは、企業内の各支店間などのLANをインターネット経由で接続して利用するものである。インターネット上にVPNを構築することから、セキュリティを確保した通信形態とするためには、IPsecなどを用いたデータの暗号化などの技術が必要になる。**IPsec**は、IPパケット単位で情報を秘匿したり、改ざんを防止したりするためのプロトコルで、動作モードには、送信するIPパケットのペイロード部分だけを暗号化して通信するトランスポートモードと、IPパケットのヘッダ部まで含めてすべてを暗号化するトンネルモードがある。

 また、IP－VPNは、一般に、電気通信事業者が提供するIPネットワークでVPNを構築するサービスである。インターネットVPNと比較すると、一定水準の帯域を確保しやすい、セキュアな通信が行える等の特徴がある。

(3) ポートスキャンとは、ホスト内で動作し通信可能な状態にあるTCP／UDPのポートを探査することである。不正侵入者は、コンピュータシステムのセキュリティホールを突いて侵入を試みるが、そのための事前調査として、ポートスキャンにより、ターゲットとなるサーバのポートに対して順次アクセスを行い、サーバ内で動作しているアプリケーションやOSの種類を調べ、侵入口となりうる脆弱なポートの有無を調べる。

 ポートスキャンによる不正侵入を防ぐ対策の一つは、サーバで動作させるサービスを必要最小限にし、不要なサービスを停止させることである。また、ファイアウォールのパケットフィルタリング機能によって、不要なポートへのアクセスを遮断するのも有効な対策である。したがって、解答群の記述のうち、<u>誤っているのは</u>、「**ファイアウォールにおけるパケットフィルタリング機能は、ポートスキャン対策としての効果はない。**」である。

(4) インターネットから内部ネットワークへの不正侵入や情報漏洩などのセキュリティ上の問題を検知するためのシステムは、IDS(Intrusion Detection System 侵入検知システム)といわれ、ネットワーク上の異常な通信やユーザの不審な挙動を検知するとその内容を分析し、データを格納し、システム管理者に通知する。

 IDSのうち、ネットワーク上のトラヒックの監視、不正侵入の兆候の検出と管理者への通知などを行うものはNIDS(Network-based IDS ネットワーク型侵入検知システム)といわれる。また、NIDSを発展させ、異常が検知された場合にネットワークの遮断を自動的に行うことなどを基本機能として備えたものは**IPS**(Intrusion Prevention System 侵入防止システム)といわれる。

(5) 設問の記述は、**Aのみ正しい**。

 A ICカードなどを利用して入退室管理を行い、最新の記録では入室していることになっているのにまた入室しようとしたり、未入室または退室しているはずなのに退室しようとするなど、入退室行為が記録と論理的に矛盾している場合に、そのICカードでは入室または退室ができないように監視することをアンチパスバックという。したがって、記述は正しい。アンチパスバック機能により、入室ゲートを通過した後にそのICカードを他の人に手渡して入室させる不正や、部外者が正規の利用者の同伴者のふりをしてすぐ後について行くことで認証を受けることなく不正に出入りしてしまうピギーバック(共連れ)の問題を抑制することができる。

 B セキュリティレベルの違いによって幾つかのセキュリティ区画を設定することは、<u>セキュリティゾーニング</u>といわれる。したがって、記述は誤り。セキュリティ区画は、一般に、誰でも制限なく入室できる「一般区画」、従業員など関係者のみ入室を可能とした「業務区画」、区画の管理責任者から特別に許可された者だけが入室可能で入室者の履歴を追跡管理する「アクセス制限区画」などに分類される。

技術・理論

3 情報セキュリティの技術

答	
(ア)	**④**
(イ)	**③**
(ウ)	**②**
(エ)	**①**
(オ)	**①**

次の各文章の 内に、それぞれの[　]の解答群の中から最も適したものを選び、その番号を記せ。 (小計20点)

(1) 悪意のあるWebサイトに利用者を誘導するために、検索エンジンの順位付けアルゴリズムを悪用し、検索結果の上位に不正なWebページのリンクを表示させる行為は、一般に、 (ア) といわれる。 (4点)

[① クロスサイトスクリプティング　② ディレクトリトラバーサル　③ SEOポイズニング
④ セッションハイジャック　⑤ SQLインジェクション]

(2) パスワードによる認証などについて述べた次の記述のうち、誤っているものは、 (イ) である。
(4点)

[① ユーザIDとパスワードを暗号化せずに送受信する方式は、一般に、平文認証といわれ、ネットワーク上で容易に盗聴されて、なりすまし行為をされるおそれがある。
② 毎回異なるチャレンジコードと、パスワード生成ツールにより作成されるレスポンスコードを用いることにより認証する方法は、ハイブリッド方式といわれる。
③ PAP認証では、認証のためのユーザIDとパスワードは暗号化されずにそのまま送られる。
④ ワンタイムパスワードを用いた認証は、一般に、PAP認証と比較して、安全性が高くセキュリティ強度は高いとされている。]

(3) 無線LANのセキュリティについて述べた次の二つの記述は、 (ウ) 。 (4点)
A 無線LANアクセスポイントにおいて、MACアドレスフィルタリングを有効に設定すると、一般に、MACアドレスを利用した接続制限が可能となるが、無線LAN区間での傍受による情報漏洩を防ぐことはできない。
B 無線LANアクセスポイントの設定において、ANY接続を拒否する設定にすることにより、SSIDを知らない者の無線LAN端末からアクセスポイントに接続される危険性を低減できる。

[① Aのみ正しい　② Bのみ正しい　③ AもBも正しい　④ AもBも正しくない]

(4) IPsec及びIPsec-VPNについて述べた次の二つの記述は、 (エ) 。 (4点)
A IPsecの通信モードには、送信するIPパケットのペイロード部分だけを暗号化するトランスポートモードと、IPパケットのIPヘッダ部まで含めて暗号化するトンネルモードがある。
B IPsec-VPNは、企業の各拠点相互をLAN間接続する場合に用いられるが、移動中や遠隔地のパーソナルコンピュータからインターネット経由で企業のサーバにリモートアクセスする場合には用いられない。

[① Aのみ正しい　② Bのみ正しい　③ AもBも正しい　④ AもBも正しくない]

(5) 一つの監視エリアにおいて、認証のためのICカードなどを用い、入室記録後の退室記録がない場合に再入室をできなくしたり、退室記録後の入室記録がない場合に再退室をできなくしたりする機能は、一般に、 (オ) といわれる。 (4点)

[① アンチパスバック　② スプーフィング　③ ピギーバック
④ トラッシング　⑤ サニタイジング]

解　説

(1)　Webブラウザの検索ボックスなどにキーワードを入力すると、インターネット上にあるあらゆる情報の中からそのキーワードと関連性のあるWebページやファイルなどの情報を探し出すクローリング、探し出した情報を蓄積するインデックス、蓄積した情報に関連度の高い順に順位付けをして一覧表示するランキングの各機能をもつシステムを検索エンジンという。

　　検索エンジンは、たいへん便利であるが、その反面、フィッシングサイトや不正なスクリプトが埋め込まれたサイト、マルウェアをダウンロードウンロードさせるサイトといった、悪意のあるWebサイトのリンクを検索結果の上位に表示させ、利用者を誘導する手段にも悪用されることがある。このような順位付けアルゴリズムを悪用する行為は、一般に、**SEO**（Search Engine Optimization）**ポイズニング**といわれる。

(2)　解答群中の記述のうち、<u>誤っている</u>のは、「**毎回異なるチャレンジコードと、パスワード生成ツールにより作成されるレスポンスコードを用いることにより認証する方法は、ハイブリッド方式といわれる。**」である。

　①　ユーザIDとパスワードを暗号化せず送受信してネットワーク認証を行う方式は、平文認証といわれる。平文（クリアテキスト）とは、暗号化されてないデータのことをいう。このため、ユーザIDとパスワードがネットワーク上で盗聴されれば、なりすましに利用される危険性が高い。したがって、記述は正しい。

　②　毎回異なるチャレンジコードと、パスワード生成ツールにより作成されるレスポンスコードを用いて認証する方<u>法は、チャレンジレスポンス方式を利用したワンタイムパスワード認証といわれる</u>。ワンタイムパスワード認証とは、1回しか使えない使い捨てパスワードで行う認証のことである。したがって、記述は誤り。

　③、④　PPP（Point to Point Protocol）で行っているPAP（Password Authentication Protocol）認証は、平文認証であり、パスワードの安全性が低く、セキュリティ強度は低い。これに対して、ワンタイムパスワードを用いた認証は、1回しか使えない使い捨てパスワードで行う認証であり、盗聴されても悪用される危険性が少ないため、パスワードの安全性は高く、セキュリティ強度は高い。したがって、記述は正しい。

(3)　設問の記述は、**AもBも正しい**。

　A　MACアドレスは機器（無線LANアダプタ）固有の情報であるため、これによりフィルタリングをすることでネットワークへ不正侵入される危険性を低減させることができる。しかし、電波は空間に放射されるため、無線LAN区間での傍受による情報漏洩を防ぐことはできない。したがって、記述は正しい。

　B　SSID（Service Set Identifier）は、無線LANネットワークの識別子で、アクセスポイントに接続する無線LAN端末を制限するために用いる。SSIDを設定したアクセスポイントの管理画面でANY接続を拒否する設定にすると、そのアクセスポイントには同一のSSIDを設定した無線LAN端末からしか接続できなくなる。したがって、記述は正しい。ANY接続は、フリーWi-Fiスポットサービスなど不特定多数の無線LAN端末からの接続を許可するために用意された仕様であり、ANY接続を許可する設定にすると、どの無線LAN端末からでも接続が可能になる。

(4)　設問の記述は、**Aのみ正しい**。

　A　IPsecとは、IP層でパケットの暗号化と認証を行うプロトコルである。これにより、IPパケット単位で情報を秘匿したり、改ざんを防止したりすることができる。IPsecの動作モードには、送信するIPパケットのペイロード部分だけを認証・暗号化して通信するトランスポートモードと、IPパケットのヘッダ部まで含めてすべてを認証・暗号化するトンネルモードがある。したがって、記述は正しい。

　B　IPsecを利用してVPNを構築する方法をIPsec－VPNといい、拠点相互間の接続に適している。また、専用ソフトウェアをインストールし、環境設定を行う必要があるが、移動中または遠隔地のPCからインターネット経由で企業のサーバにリモートアクセスすることも可能である。したがって、記述は誤り。

(5)　ICカードなどを利用して入退室管理を行い、最新の記録では入室していることになっているのにまた入室しようとしたり、未入室または退室しているはずなのに退室しようとするなど、入退室行為が記録と論理的に矛盾している場合に、そのICカードの所有者が入室または退室できないように監視することを**アンチパスバック**という。これにより、入室ゲートを通過した後にそのICカードを他の人に手渡して入室させる不正や、部外者が正規の利用者の同伴者のふりをしてすぐ後について行くことで認証を受けることなく不正に出入りしてしまうピギーバック（共連れ）の問題を抑制することができる。

答	
(ア)	③
(イ)	②
(ウ)	③
(エ)	①
(オ)	①

技術・理論

3　情報セキュリティの技術

次の各文章の 内に、それぞれの[ ]の解答群の中から最も適したものを選び、その番号を記せ。ただし、 内の同じ記号は、同じ解答を示す。 (小計20点)

(1) 発信元のIPアドレスを攻撃対象のホストのIPアドレスに偽装したICMPエコー要求パケットを、攻撃対象のホストが所属するネットワークのブロードキャストアドレス宛に送信することにより、攻撃対象のホストを過負荷状態にするDoS攻撃は、一般に、 (ア) 攻撃といわれる。 (4点)

[① スマーフ ② ゼロデイ ③ ブルートフォース ④ リプレイ ⑤ Ping of Death]

(2) PKI(公開鍵基盤)の仕組みなどについて述べた次の二つの記述は、 (イ) 。 (4点)
　A 認証局は、申請者の秘密鍵と申請者の情報を認証局の公開鍵で暗号化し、デジタル証明書を作成する。
　B 利用者は、受け取ったデジタル証明書が失効していないかどうか、認証局のリポジトリから情報を入手してチェックすることができる。

[① Aのみ正しい ② Bのみ正しい ③ AもBも正しい ④ AもBも正しくない]

(3) バッファオーバフロー攻撃は、あらかじめ用意したバッファに対して (ウ) が適切であることのチェックを厳密に行っていないOSやアプリケーションの脆弱性を利用するものであり、サーバが操作不能にされたり特別なプログラムが実行されて管理者権限を奪われたりするおそれがある。 (4点)

[① ファイルの拡張子 ② 関数呼び出し ③ 入力データの冗長性
④ 入力データのサイズ ⑤ 入力データの機密性]

(4) OSやアプリケーションにあらかじめ用意されているアカウントは、一般に、 (エ) アカウントといわれる。 (エ) アカウントは、一般に、その名前が秘密にされていないため、攻撃の対象とならないよう、利用できなくしたり、アカウントのパスワードを変更したりしておくことがセキュリティ上望ましいとされる。 (4点)

[① 管理者 ② 特権 ③ デフォルト ④ 代表 ⑤ メール]

(5) 情報セキュリティポリシーに関して望ましいとされている運用方法などについて述べた次の記述のうち、誤っているものは、 (オ) である。 (4点)

[① 情報セキュリティポリシー文書の体系は、一般に、基本方針、対策基準及び実施手順の3階層で構成され、基本方針をポリシー、対策基準をスタンダードと呼ぶこともある。
② 対策基準は、基本方針に準拠して何を実施しなければならないかを明確にした基準であり、実際に守るべき規定を具体的に記述し、適用範囲や対象者を明確にするものである。
③ 実施手順は、対策基準で定めた管理策を実施する際の詳細な手順を記述するものであり、操作マニュアル、業務手順書などが該当するが、何をどの程度詳細に作成するかは、組織の実状などに合わせて適切に判断する。
④ 情報セキュリティポリシー文書は、見直しを定期的に行い、必要に応じて変更する。また、変更した場合にはその変更内容の妥当性を確認する。
⑤ 具体的なセキュリティ対策の策定においては、全てのリスクに対して対策を策定することにより残留リスクを排除しなければならない。]

解説

(1) pingプログラムが送出するICMPエコー要求パケットと、ICMPエコー要求パケットを受け取ったホストがICMPエコー応答パケットを送信元ホストに返す仕組みを悪用した攻撃手法は、一般に、**スマーフ**攻撃といわれる。

　スマーフ攻撃では、攻撃者は、送信元IPアドレスに攻撃対象となるホストのIPアドレスを設定し、宛先IPアドレスには攻撃対象のホストが所属するネットワークのブロードキャストアドレスを設定して、pingを実行する。そして、pingが送出したICMPエコー要求パケットは、攻撃対象のホストが所属するネットワーク内にある全てのホストに送り届けられる。さらに、このICMPエコー要求パケットを受け取った各ホストは、宛先IPアドレスにICMPエコー要求パケットの送信元アドレスを設定したICMPエコー応答パケットを送信する。ICMPエコー要求パケットの送信元IPアドレスは偽装されているため、ICMPエコー応答パケットを受け取るのは実際にpingを実行しICMPエコー要求パケットを送信した攻撃者のホストではなく、攻撃対象のホストである。このようにして、攻撃対象が所属するネットワークに内にある全ホストからICMPエコー応答パケットが攻撃対象のホストに一斉に送られるため、攻撃対象のホストは一度に大量のパケットを処理しなければならず、過負荷になってサービス不能に陥ってしまう。

(2) 設問の記述は、**Bのみ正しい**。PKI（Public Key Infrastructure 公開鍵基盤）は、公開鍵暗号方式によりデジタル署名、認証、安全な鍵配送などを実現し、電子商取引や電子政府などのサービスを行うための基盤となるものである。

A　PKIにおいては、認証局（CA：Certificate Authority）は、信頼できる第三者の認証機関ともいわれており、<u>申請者の公開鍵</u>と申請者の情報に<u>認証局の秘密鍵</u>を用いて署名することによりデジタル証明書を作成する。したがって、記述は誤り。発行されたデジタル証明書は、利用者が入手できるようにリポジトリ（Repository）に公開する。

B　認証局は、発行したデジタル証明書の信頼性が失われたときは、そのデジタル証明書を失効させ、証明書失効リスト（CRL：Certificate Revocation List）に加える。証明書失効リストは、有効な公開鍵証明書と同様にリポジトリに公開されるので、利用者は、そこから情報を入手して、受け取った公開鍵証明書が有効か否かを確認できる。したがって、記述は正しい。デジタル証明書には有効期限があり、認証局が指定した更新手続期間内に更新を行わなければ証明書失効リストに加えられる。また、有効期間内のものであっても、秘密鍵の漏洩や申請者から失効の申し出などがあった場合には、失効して証明書失効リストに加えられる。

(3) バッファオーバフロー攻撃は、システムがあらかじめ想定しているサイズ以上のデータを送り込み、メモリ領域をあふれさせてシステムを破壊したり特別なプログラムを実行させたりする攻撃である。バッファとは、コンピュータプログラムが実行時に一時的にデータを格納するメモリ領域をいい、ローカル変数の値やサブルーチンからの戻り番地などを退避しておくためのスタック領域と、領域の確保および解放をソースコードで記述することにより動的に行うことができるヒープ領域に分けることができる。CやC＋＋などの言語で記述されたプログラムでは、**入力データのサイズ**をチェックしていないなどの脆弱性があった場合、ソースコードで指定して確保した領域よりも大きなサイズのデータをメモリに書き込めてしまうことから、想定以上の大量のデータが入力されると、ヒープ領域があふれ、スタック領域が上書きされるおそれがある。もし、攻撃者が用意した不正プログラムのアドレスでスタック領域が上書きされれば、それがサブルーチンからの戻り番地と認識され、不正プログラムに処理が渡されることになる。

(4) パーソナルコンピュータのOSやアプリケーションソフトウェアには、利用者が購入後直ちに使えるように、ユーザがログインする権利（アカウント）があらかじめ設定されていることがある。これを**デフォルト**アカウントという。多くの場合、ソフトウェアの製造・販売者は、どのロットを誰が購入して利用することになるかを事前には知り得ないことから、一般に、デフォルトアカウントの利用者IDやパスワードは、すべてのロットで同じ値となっている。このため、デフォルトアカウントのまま使い続けると、攻撃を受けた場合ごく簡単に侵入されてしまう。この対策として、使用開始前に、ユーザアカウントを別に作成して**デフォルト**アカウントを停止したり、利用者IDやパスワードを変更したりすることが望ましいとされる。

(5) 解答群の記述のうち、<u>誤っている</u>のは、「**具体的なセキュリティ対策の策定においては、全てのリスクに対して対策を策定することにより残留リスクを排除しなければならない。**」である。影響力が小さいものや、許容できる範囲内のもの、対策の実施にかかるコストに見合うだけの効果が得られないものについては、残留リスクを一部受容し、対策の策定や実施を見送る場合がある。したがって、⑤の記述は誤り。

答

(ア)	①
(イ)	②
(ウ)	④
(エ)	③
(オ)	⑤

次の各文章の 内に、それぞれの[ ]の解答群の中から最も適したものを選び、その番号を記せ。 （小計20点）

(1) ポートスキャンの一つであるTCP SYNスキャンは、 (ア) サーバのポートの状態を確認するので当該サーバにログとして痕跡が残りにくいことから、ステルススキャンともいわれ、攻撃者によってサーバの情報を収集するために悪用されることがある。 （4点）

[① 不要なサービスを停止してから　② スリーウェイハンドシェイクを行って
③ サーバのログファイルを解析して　④ TCPコネクションを確立しないで
⑤ 脆弱性検査を実施して]

(2) 公開鍵暗号及び共通鍵暗号について述べた次の二つの記述は、 (イ) 。 （4点）
A 公開鍵暗号であるRSA暗号は、素因数分解の困難さを安全性のよりどころにしている。
B 共通鍵暗号であるブロック暗号は、データをビット列とみなして、1ビットごとに暗号化・復号処理を行う。

[① Aのみ正しい　② Bのみ正しい　③ AもBも正しい　④ AもBも正しくない]

(3) パケットフィルタリングについて述べた次の記述のうち、<u>誤っているもの</u>は、 (ウ) である。 （4点）

[① IPパケットごとに、そのヘッダ部の情報に基づき通過の可否を制限することができる。
② IPパケットのヘッダ部に改ざんがあるかどうかを確認し、改ざんがあった場合には内部ネットワークへの通過を阻止することができる。
③ TCPヘッダをチェックし、特定の送信元及び宛先ポート番号のパケットだけを内部ネットワークに通過させることができる。
④ フィルタリングルールは、一般に、セキュリティポリシーなどに基づき設定される。]

(4) ネットワークに接続された情報システムがシステムの外部からの攻撃に対して安全かどうか、実際に攻撃手法を用いて当該情報システムに侵入を試みることにより安全性の検証を行うテスト手法は、一般に、 (エ) といわれる。 （4点）

[① リグレッションテスト　② サニタイジング　③ データマイニング
④ ペネトレーションテスト　⑤ パターンマッチング]

改題 **(5)** JIS Q 27001：2023に規定されている、情報セキュリティマネジメントシステム(ISMS)の要求事項を満たすための管理策について述べた次の二つの記述は、 (オ) 。 （4点）
A 情報セキュリティ方針及びトピック固有の方針は、これを定義し、管理層が承認し、発行し、関連する要員に伝達し、認識させ、あらかじめ定めた間隔で、及び重大な変化が発生した場合にレビューしなければならず、関連する利害関係者に対しては秘匿しなければならない。
B 組織は、供給者の情報セキュリティの活動及びサービス提供を定常的に監視し、レビューし、評価し、変更を管理しなければならない。

[① Aのみ正しい　② Bのみ正しい　③ AもBも正しい　④ AもBも正しくない]

（JISの改正に合わせて一部改題をしています。解説も改正後の規定内容に沿った記述となっています。）

解　説

(1) ポートスキャンとは、ネットワークを通じてサーバのポートに順次アクセスして応答を確認していき、その結果からサーバ内で動作しているアプリケーションやOSの種類、侵入口となり得る脆弱なポートの有無などを調べる行為をいう。これは、サーバとの通信がTCPやUDPといったトランスポート層プロトコルで行われていることを利用している。攻撃者が攻撃の準備(情報収集)として悪用することがセキュリティ上の問題となるが、攻撃目的以外にも、たとえばシステム管理者が利用可能なポートの有無などを確認するのに使う場合もある。

　ポートスキャン方法には、TCP接続スキャン、TCP SYNスキャン、TCP FINスキャン、TCPクリスマスツリースキャン、TCP NULLスキャンなどさまざまな種類がある。TCP接続スキャンは、標的サーバとスリーウェイハンドシェイクを行いコネクションを確立してポートの状態を確認する方法で、アプリケーションやOSの特定精度は高くなるが、アクセスの痕跡がサーバのログに残りやすいため検知は比較的容易である。また、TCP SYNスキャンなどその他のポートスキャン方法は、**TCPコネクションを確立しないで**ポートの状態を確認し、アクセスの痕跡が残りにくいため、ステルススキャンといわれることもある(ステルスには、密かに、こっそりと、などの意味がある)。

(2) 設問の記述は、**Aのみ正しい。**
　A　RSA暗号は公開鍵暗号の一種で、桁数の大きい素因数分解問題(2つの素数p、qの積$N = p \times q$があるとき、Nの値からpおよびqの値を求める問題)の困難さを利用したものである。したがって、記述は正しい。
　B　共通鍵暗号の主要なものに、ブロック暗号とストリーム暗号がある。ブロック暗号では、<u>ブロック(固定長のデータ)ごとに</u>多数回の転置(ブロック内で文字の場所を入れ替えること)や換字(文字を他の文字に置き換えること)を実行することによって、暗号化・復号処理を行う。これに対して、<u>ストリーム暗号</u>では、データをビット列とみなし、ビット単位またはバイト単位で暗号化・復号の処理を行う。したがって、記述は誤り。

(3) 解答群中の記述のうち、<u>誤っているのは</u>、「**IPパケットのヘッダ部に改ざんがあるかどうかを確認し、改ざんがあった場合には内部ネットワークへの通過を阻止することができる。**」である。
　①　パケットフィルタリングでは、IPパケットごとにそのヘッダ部の情報(IPアドレスなど)と通信方向を確認して、あらかじめ設定しておいた通過条件(フィルタリングルール)に合っていれば通過させ、合っていなければ阻止する。したがって、記述は正しい。
　②　パケットフィルタリングでは、IPパケットのヘッダ部の情報がフィルタリングルールに合っているかどうかを確認するが、改ざんがあったかどうかは確認できない。したがって、記述は誤り。
　③　パケットフィルタリングでは、トランスポートレイヤのヘッダ情報(ポート番号など)も読み取り、IPヘッダ情報と組み合わせて通過の可否を判断する場合もある。これにより、指定した特定のアプリケーションの情報だけを通過させることが可能になる。したがって、記述は正しい。
　④　パケットフィルタリングの制御内容は、通常、ネットワーク管理者がセキュリティポリシーなどに基づき設定する。したがって、記述は正しい。

(4) 情報システムについて、セキュリティが十分であるかどうかを検証するために、既知の攻撃手法を用いてその情報システムへの侵入を試み、セキュリティホール(脆弱性)を捜し出すテスト手法を、**ペネトレーションテスト**という。
　解答群中の他の選択肢について、簡単に説明する。リグレッションテストとは、プログラムの一部を修正または変更したことによって、他の部分に予想外の悪影響が及んでいないかどうかを確認するテストをいう。サニタイジングとは、スクリプトとして動作する元となる文字を同等に表示される文字列に変換し、入力データに含まれるHTMLタグなどを無効化する処理をいう。データマイニングとは、統計学的な解析手法を用いて、蓄積された大量のデータから有用な知識や情報を取り出す技術をいう。パターンマッチングは、既知のウイルスのパターンが登録されているウイルス定義ファイルと、検査の対象となるファイル、メモリなどを比較して、パターンが一致するか否かによりウイルスを検出する方式である。

(5) 設問の記述は、**Bのみ正しい。**JIS Q 27001:2023の附属書A(規定)情報セキュリティ管理策の表A.1—情報セキュリティ管理策では、ISMSの要求事項を満たすための管理策を規定している。
　A　同表の「5 組織的管理策—5.1 情報セキュリティのための方針群」により、情報セキュリティ方針およびトピック固有の方針は、これを定義し、管理層が承認し、発行し、関連する要員<u>および関連する利害関係者に伝達し</u>、認識させ、あらかじめ定めた間隔で、および重大な変化が発生した場合にレビューしなければならないとされている。したがって、記述は誤り。
　B　「5 組織的管理策—5.22 供給者のサービス提供の監視、レビュー及び変更管理」の管理策を正しく述べた文章である。

答	
(ア)	④
(イ)	①
(ウ)	②
(エ)	④
(オ)	②

JIS X 5150 汎用情報配線設備（第1部：一般要件／第2部：オフィス施設）

●最大チャネル長さ
・水平配線の最大チャネル長さは**100m**。
・水平配線、ビル幹線、構内幹線を合わせた最大チャネル長さは**2,000m**。

●水平配線設備の一般制限事項
・チャネルの物理長さは、**100m**を超えないこと。
・水平ケーブルの物理長さは、**90m**を超えないこと。パッチコード、機器コードおよびワークエリアコードの合計長さが10mを超える場合は、水平ケーブルの許容物理長さを減らすこと。

・分岐点（CP）は、フロア配線盤から少なくとも**15m以上**離れた位置に置くこと。
・複数利用者TO組立品を用いる場合、ワークエリアコードの長さは、**20m**を超えないことが望ましい。
・パッチコードまたはジャンパの長さは、5mを超えないことが望ましい。

●幹線配線（クラスD、E、E_A、F、F_A）の一般制限事項
・チャネルの物理長さは、**100m**を超えないこと。
・チャネル内で4つの接続点がある場合には、幹線ケーブルの物理長さは少なくとも15mにすることが望ましい。

平衡ケーブル配線工事

●配線設備の伝送性能クラスと部材のカテゴリ
　平衡配線設備の伝送性能は、表1のように**クラス**分けされている。また、ケーブル、コネクタ、パッチコード・ジャンパなどの平衡配線設備を構成する部材は伝送性能別に**カテゴリ**という名称の後に付く数字によって区分され、それぞれ対応するクラスの平衡配線性能をサポートする。
　部材はカテゴリ別に挿入損失、漏話減衰量、反射減衰量、伝搬遅延などの値が定められており、また、その他の仕様として、特性インピーダンスが**100Ω**に統一されている。
　1つのチャネルに異なるカテゴリの部材が混在する場合の配線性能は、**性能が最も低い部材**のカテゴリによって決

まる。

表1　平衡配線設備の伝送性能クラスと部材のカテゴリ

クラス	伝送性能（周波数）	部材のカテゴリ
D	100MHzまで	カテゴリ5
E	250MHzまで	カテゴリ6
E_A	500MHzまで	カテゴリ6_Aまたは8.1
F	600MHzまで	カテゴリ7
F_A	1,000MHzまで	カテゴリ7_Aまたは8.2

●ケーブル端の長さ
　ケーブル終端から接続器具までのケーブル要素の撚り戻し長さが可能な限り**短く**なるよう設計するのが望ましい。

光コネクタの挿入損失測定方法

　光ファイバのコネクタ接続における挿入損失の測定方法の代表的な規格には、JIS C 61300-3-4などがある。JIS C 61300-3-4では、供試品の端子の形態に対する基準測定方法として、カットバック法、挿入法（A）、挿入法（B）、挿入法（C）を規定している。各基準測定方法が対応する供試品の端子の形態は、以下のとおりである。

カットバック法：光ファイバ対光ファイバ（光受動部品）、

光ファイバ対プラグ

挿入法（A）：光ファイバ対光ファイバ（融着または現場取付形光コネクタ）

挿入法（B）：プラグ対プラグ（光受動部品）、プラグ対プラグ（光パッチコード）、片端プラグ（ピッグテール）

挿入法（C）：レセプタクル対レセプタクル（光受動部品）、レセプタクル対プラグ（光受動部品）

ビルディング内光配線システム（OITDA／TP 11／BW）

●幹線系光ケーブルの布設
　布設準備、ケーブルドラムの設置、耐火防護の穴あけ、連絡回線の作成、布設補助工具の設置、通線、光ケーブルけん引端の作製、より返し金物の取付け、けん引、ラックへの固定の手順で行う。
　けん引端の作製は、けん引張力が小さい場合、テンションメンバが鋼線の場合は鋼線を折り曲げ巻き付けてけん引端とし、テンションメンバがないかプラスチック製の場合はロープなどをケーブルに巻き付けてけん引端を作製する。また、けん引張力が大きい場合、中心にテンションメンバが入っている光ケーブルには現場取付けプーリングアイを取り付け、テンションメンバが入っていない光ケーブルにはケーブルグリップを取り付ける。

●配線盤の種類
　配線盤は、屋外光ケーブルとビル内光ケーブルおよびビ

ル内光ケーブルどうしの成端、接続、配線などへの使用を目的としたものである。用途、機能、接続形態、設置方法によって次のように分類される。

・**用途による分類**
　ビル内配線盤（BD）、フロア配線盤（FD）、通信アウトレット（TO）

・**機能による分類**
　相互接続、交差接続、成端

・**設置方法による分類**
　床置き（自立形）、壁面取付け、ラック内取付け、二重床内・装置内取付け

・**接続形態による分類**
　融着接続、メカニカル接続、コネクタ接続、ジャンパ接続、変換接続

平衡配線設備

●水平配線の設計に用いられる配線モデル

JIS X 5150-2：2021汎用情報配線設備－第2部：オフィス施設では、水平配線設備範囲をインタコネクト－TOモデル、クロスコネクト－TOモデル、インタコネクト－CP－TOモデル、クロスコネクト－CP－TOモデルの4つのモデルで表している。また、それぞれの水平配線設備モデルにおける水平ケーブルの最大長さI_hの算出方法も規定されている。

ここで、I_aはパッチコードまたはジャンパ、機器コードおよびワークエリアコードの長さの総和、Xは水平ケーブルの挿入損失に対するコードケーブルの挿入損失の比、I_cはCPケーブルの長さ、Yは水平ケーブルの挿入損失に対するCPケーブルの挿入損失の比である。

表2　水平配線設備モデルと水平リンク長さの式（JIS X 5150-2：2021より）

モデル		式	
		クラスEおよびクラスE$_A$	クラスFおよびクラスF$_A$
インタコネクト－TO		$I_h = 104 - I_a \times X$	$I_h = 105 - I_a \times X$
クロスコネクト－TO		$I_h = 103 - I_a \times X$	$I_h = 103 - I_a \times X$
インタコネクト－CP－TO		$I_h = 103 - I_a \times X - I_c \times Y$	$I_h = 103 - I_a \times X - I_c \times Y$
クロスコネクト－CP－TO		$I_h = 102 - I_a \times X - I_c \times Y$	$I_h = 102 - I_a \times X - I_c \times Y$

●幹線チャネル長公式

JIS X 5150-1：2021汎用情報配線設備－第1部：一般要件に規定されている平衡配線設備の範囲において、幹線ケーブルの最大長I_bは、コンポーネントの性能と配線システムとしての性能の組合せにより決まり、表3に掲げる式によって算出する。

ここで、I_aはパッチコードまたはジャンパ、および機器コードの長さの総和、Xは幹線ケーブルの挿入損失に対するコードケーブルの挿入損失の比である。

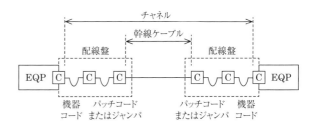

図1　幹線配線モデル

表3　幹線リンク長の式（JIS X 5150-1：2021より）

部材カテゴリ	クラス							
	A	B	C	D	E	E$_A$	F	F$_A$
5	2,000	$I_b = 250 - I_a \times X$	$I_b = 170 - I_a \times X$	$I_b = 105 - I_a \times X$	－	－	－	－
6	2,000	$I_b = 260 - I_a \times X$	$I_b = 185 - I_a \times X$	$I_b = 111 - I_a \times X$	$I_b = 102 - I_a \times X$	－	－	－
6$_A$または8.1	2,000	$I_b = 260 - I_a \times X$	$I_b = 189 - I_a \times X$	$I_b = 114 - I_a \times X$	$I_b = 105 - I_a \times X$	$I_b = 102 - I_a \times X$	－	－
7	2,000	$I_b = 260 - I_a \times X$	$I_b = 190 - I_a \times X$	$I_b = 115 - I_a \times X$	$I_b = 106 - I_a \times X$	$I_b = 104 - I_a \times X$	$I_b = 102 - I_a \times X$	－
7$_A$または8.2	2,000	$I_b = 260 - I_a \times X$	$I_b = 192 - I_a \times X$	$I_b = 117 - I_a \times X$	$I_b = 108 - I_a \times X$	$I_b = 107 - I_a \times X$	$I_b = 102 - I_a \times X$	$I_b = 107 - I_a \times X$

技術・理論

4　接続工事の技術（Ⅰ）

次の各文章の 内に、それぞれの[ ]の解答群の中から最も適したものを選び、その番号を記せ。 （小計20点）

(1) JIS C 6823：2010光ファイバ損失試験方法における光導通試験に用いられる光源などについて述べた次の二つの記述は、 （ア） 。 （4点）

A 光源は、伝送器内にあり、安定化直流電源で駆動され、大きな放射面をもつ。例えば、白色光源、発光ダイオード(LED)などから成る。伝送器での損失変動を削減するために励振用光ファイバに接続する場合は、コア径が被測定光ファイバのコア径より十分に小さなグレーデッドインデックス形を使用する。

B 光検出器は、光源と整合した受信器、例えば、PINホトダイオードなどを使用する。検出レベルを調整できる分圧器、しきい値検出器及び表示器を結合する。同等のデバイスを用いてもよい。損失変動を削減するため、検出器の受感面の寸法は小さくする。

[① Aのみ正しい ② Bのみ正しい ③ AもBも正しい ④ AもBも正しくない]

(2) IEEE802.3atとして標準化されたPoEのType1では、給電方式がオルタナティブBの場合、給電に使用するRJ－45のピン番号は （イ） である。 （4点）

[① 1、2、3、6 ② 1、2、4、5 ③ 3、4、5、6 ④ 4、5、6、7 ⑤ 4、5、7、8]

(3) OITDA／TP 11／BW：2019ビルディング内光配線システムでは、幹線系光ファイバケーブル施工時のけん引速度は、布設の安全性を考慮し、1分当たり （ウ） メートル以下を目安としている。 （4点）

[① 10 ② 20 ③ 30 ④ 40 ⑤ 50]

(4) IPv4、クラスBのIPアドレス体系でのLANシステムの設計において、プライベートIPアドレスとして利用できる範囲は （エ） である。 （4点）

[
① 10.0.0.0～10.255.255.255 ② 128.16.0.0～128.31.255.255
③ 128.168.0.0～128.168.255.255 ④ 172.16.0.0～172.31.255.255
⑤ 172.168.0.0～172.168.255.255
]

(5) JIS X 5150－2：2021では、図1に示す水平配線設備モデルにおいて、クロスコネクト－TOモデル、クラスFのチャネルの場合、パッチコード又はジャンパ、機器コード及びワークエリアコードの長さの総和が13メートルのとき、水平ケーブルの最大長さは （オ） メートルとなる。ただし、運用温度は20〔℃〕、コードの挿入損失〔dB／m〕は水平ケーブルの挿入損失〔dB／m〕に対して50パーセント増とする。 （4点）

[① 82.5 ② 83.0 ③ 83.5 ④ 84.0 ⑤ 84.5]

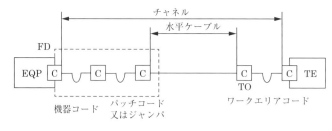

図1

解 説

(1) 設問の記述は、**A も B も正しくない**。JIS C 6823：2010 光ファイバ損失試験方法で規定されている光ファイバ損失試験は、光ファイバが導通している（光パワーを伝搬する能力がある）こと、あるいは有意の損失増加がないことを示すことを目的としたものである。「8 光導通試験方法―8.3 装置」では、光導通試験の装置（図2）の各部について定義している。

A　光源は、伝送器内にあり、安定化直流電源で駆動され、大きな放物面をもつ白色光源、発光ダイオード（LED）などから成る。伝送器での損失変動を削減するために励振用光ファイバに接続する場合は、コア径が被測定光ファイバのコア径より十分に大きなステップインデックス形を使用する。したがって、記述は誤り。

B　光検出器は、光源と整合した受信器（たとえば PIN ホトダイオードなど）を使用し、検出レベルを調整できる分圧器、しきい値検出器および表示器を結合する。また、同等のデバイスを用いてもよい。損失変動を削減するため、光検出器の受感面の寸法は大きくする。したがって、記述は誤り。

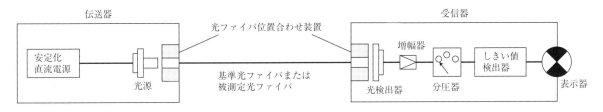

図2　光導通試験装置構成例

(2) PoE は、UTP ケーブルなどの平衡形ケーブルを介してネットワーク機器に動作電源を供給する技術である。その標準規格の1つである IEEE802.3at Type1 において PSE から PD に給電する方式には、10BASE－T や 100BASE－TX でいう信号対を使用して給電するオルタナティブ A と、予備（空き）対を使用して給電するオルタナティブ B がある。10BASE－T および 100BASE－TX の2対（4心）からなる信号対は RJ－45 コネクタ（8極8心コネクタ）の1、2、3、6番ピンに接続されるので、予備対は **4、5、7、8番**のピンであり、これがオルタナティブ B での給電に利用される。

(3) OITDA／TP 11／BW：2019 ビルディング内光配線システムの「6. 光ケーブルの布設及び配線盤設置―6.2　幹線系光ケーブル布設―6.2.1　実装形光ケーブル布設―1）けん引速度」において、光ケーブルのけん引速度は安全性を考慮し、**20〔m／min〕**以下を目安とすると規定されている。けん引速度が大きいと、ドラムの回転速度が大きくなるため作業の安全性を確保し難くなり、また、過度の衝撃や張力、摩擦などにより光ケーブルが損傷するおそれもある。

(4) IPv4 の IP アドレスは 32 ビットで構成され、一般に、この 32 ビットを 8 ビットずつ 4 つに区切り、それぞれを 0～255 の 10 進数で表したものをピリオド"."でつないで表記している。また、IPv4 の IP アドレス枯渇問題に対処するために、LAN 内のコンピュータに一定の IP アドレスをプライベート IP アドレスとして割り当てる方針が示され、クラスという概念が導入された。クラスは、ネットワークの規模や用途に合わせて A～E の 5 つが定義されている。

このうち、クラス B は、最上位 2 ビットの値が 10 で、続く 14 ビットをネットワーク ID、残り 16 ビットをホスト ID としたもので、そのアドレス範囲は 128.0.0.0～191.255.255.255 である。また、社内 LAN などの内部ネットワーク用のプライベート IP アドレスとして予約され任意に利用できるアドレス範囲は、**172.16.0.0～172.31.255.255** となっている。

(5) JIS X 5150－2：2021 汎用情報配線設備－第2部：オフィス施設の「8 基本配線構成―8.2 平衡配線設備―8.2.2 水平配線設備―8.2.2.2 範囲」において、チャネル内で使用するケーブルの長さは、その表3に示す式（「重点整理」の表3参照）によって決定しなければならないとされている。同表により、図1のクロスコネクト－TO モデル（1つのインタコネクトと1つの TO（通信アウトレット）だけを含むチャネルを示すインタコネクト－TO モデルにクロスコネクトとして追加の接続点を含んでいるもの）でクラス F チャネルおよびクラス F_A チャネルの場合、パッチコードまたはジャンパ、機器コードおよびワークエリアコードの長さの総和を I_a〔m〕、水平ケーブルの挿入損失〔dB／m〕に対するコードケーブルの挿入損失〔dB／m〕の比を X とすれば、水平ケーブルの最大長さ I_h〔m〕は、$I_h = 103 - I_a \times X$ の式で求められる。

ここで、機器コード、パッチコードまたはジャンパおよびワークエリアコードの長さの総和が 13〔m〕だから $I_a = 13$、コードケーブルの挿入損失が水平ケーブルの挿入損失に対して 50％増（1.5倍）だから $X = 1.5$ となり、さらに、運用温度が 20〔℃〕以下だから温度による長さの調整（減少）は不要なため、水平ケーブルの最大長さは、

$$I_h = 103 - I_a \times X = 103 - 13 \times 1.5 = 103 - 19.5 = \mathbf{83.5}〔m〕$$

となる。

技術・理論

4 接続工事の技術（I）

答	
㈠	④
㈣	⑤
㈦	②
㈣	④
㈤	③

次の各文章の 内に、それぞれの[ ]の解答群の中から最も適したものを選び、その番号を記せ。 (小計20点)

(1) JIS C 6841：1999光ファイバ心線融着接続方法に規定されている光ファイバ心線の接続方法について述べた次の記述のうち、誤っているものは、 （ア） である。 (4点)

> ① 融着接続の準備として、光ファイバのクラッド（プラスチッククラッド光ファイバの場合はコア）の表面に傷をつけないように、被覆材を完全に取り除き、次に光ファイバを光ファイバ軸に対し90度の角度で切断する。
>
> ② 融着接続では、電極間放電又はその他の方法によって、光ファイバの端面を溶かして接続する。
>
> ③ 融着接続部のスクリーニング試験では、光ファイバ心線に一定の荷重を、一定時間加えて曲げ試験を行う。荷重の値及び試験時間は、受渡当事者間の協定による。
>
> ④ スクリーニング試験を経た光ファイバ接続部に、光学的な劣化、並びに、外傷や、大きな残留応力などの機械的な劣化が生じない方法で補強を施す。

(2) ギガビットイーサネットのLAN配線工事などについて述べた次の二つの記述は、 （イ） 。 (4点)

A 1000BASE－TXのLAN配線工事では8心のカテゴリ6以上のUTPケーブルを用いる必要がある。

B 1000BASE－TのLAN配線工事では8心のカテゴリ7以上のUTPケーブルを使用し、データの送受信はUTPケーブルのペア2とペア3の4心だけを使用して行われる。

[① Aのみ正しい ② Bのみ正しい ③ AもBも正しい ④ AもBも正しくない]

(3) OITDA／TP 11／BW：2019ビルディング内光配線システムにおいて、配線盤の種類は、用途、機能、接続形態及び設置場所によって分類されている。機能による分類の一つである （ウ） 接続は、ケーブルとケーブル又はケーブルとコードなどをジャンパコードで自由に選択できる接続で、需要の変動、支障移転、移動などによる心線間の切替えに容易に対応できる。 (4点)

[① 変 換 ② カスケード ③ 交 差 ④ メカニカル ⑤ 相 互]

(4) UTPケーブルをRJ－45のモジュラジャックに結線するとき、配線規格T568Bでは、ピン番号2番には外被が （エ） 色の心線が接続される。 (4点)

[① 茶 ② 青 ③ 緑 ④ 白 ⑤ 橙（だいだい）]

(5) JIS X 5150－2：2021では、図1に示す水平配線設備モデルにおいて、インタコネクト－TOモデル、クラスEのチャネルの場合、機器コード及びワークエリアコードの長さの総和が15メートルのとき、水平ケーブルの最大長さは （オ） メートルとなる。ただし、運用温度は20〔℃〕、コードの挿入損失〔dB／m〕は水平ケーブルの挿入損失〔dB／m〕に対して50パーセント増とする。 (4点)

[① 80.0 ② 80.5 ③ 81.0 ④ 81.5 ⑤ 82.0]

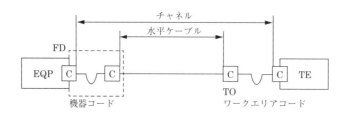

図1

解 説

(1) 解答群中の記述のうち、<u>誤っている</u>のは、「**融着接続部のスクリーニング試験では、光ファイバ心線に一定の荷重を、一定時間加えて曲げ試験を行う。荷重の値及び試験時間は、受渡当事者間の協定による。**」である。JIS C 6841：1999「光ファイバ心線融着接続方法」の「3. 接続方法―3.1 光ファイバ心線の接続方法」において、光ファイバ心線の接続融着は、次の @〜@ の手順で行うとされている。

@ 被覆材の除去　光ファイバのクラッド（プラスチッククラッド光ファイバの場合はコア）の表面にきずをつけないように、被覆材を完全に取り除く。

@ 光ファイバの切断　光ファイバを光ファイバ軸に対し 90°の角度で切断する。なお、光ファイバ端面は、鏡面状で、突起、欠けなどがないようにする。

@ 融着接続　電極間放電またはその他の方法によって、光ファイバの端面を溶かして接続する。なお、融着部には、気泡、異物などがないようにする。

@ 融着接続部のスクリーニング試験　光ファイバ心線に一定の荷重を、一定時間加えて<u>引張試験</u>を行う。荷重の値および試験時間は、受渡当事者間の協定による。

@ 補強　スクリーニング試験を経た光ファイバ接続部に、光学的な劣化、ならびに、外傷や、大きな残留応力などの機械的な劣化が生じない方法で補強を施す。ただし、プラスチッククラッドマルチモード光ファイバには、クラッドを形成するような適切なプラスチックを被覆した後補強を施す。

(2) 設問の記述は、**Aのみ正しい**。

A　1000BASE‐TXは、カテゴリ6以上のUTPケーブルの4対（8心）をすべて使用し、上り信号用に2対（4心）、下り信号用に2対（4心）を割り当ててデータを送受信するもので、撚り線1対当たりのスループットを500Mbit／sとすることにより、500×2＝1,000〔Mbit／s〕の全二重通信を可能にしている。したがって、記述は正しい。

B　1000BASE‐Tは、<u>カテゴリ5e以上のUTPケーブルのペア1からペア4までの4対（8心）</u>すべてを使用してデータを送受信するもので、100BASE‐TXの伝送効率を改善した伝送技術を基に、撚り線1対当たりのスループットを250Mbit／sとし、250×4＝1,000〔Mbit／s〕のスループットを実現している。したがって、記述は誤り。

(3) OITDA／TP 11／BW：2019ビルディング内光配線システムの附属書C（参考）配線盤の「C.1 概要」により、配線盤は、用途、機能、接続形態および設置場所によって分類される。そして、「C.2 配線盤の分類―C.2.2 機能による分類」では、配線盤を機能により相互接続、交差接続および成端を目的とするものの3つに分類している。

これらのうち、**交差接続**は、ケーブルとケーブルまたはケーブルとコードなどをジャンパコードで自由に選択できる接続で、需要の変動、支障移転、移動などによる心線間の切替えに容易に対応できるように、ケーブル間をジャンパコードで接続する。配線盤内でケーブルは光コネクタで終端されており、光コネクタアダプタとジャンパコードを介して自由に心線接続を選択変更できる。

(4) モジュラコネクタの配線規格は、ANSI／TIA（米国国家規格協会／米国通信工業会）によりT568AとT568Bの2つが定められており、それぞれの配列は、図2、図3のとおりである。UTPケーブルの心線の色は、緑（G：Green）、橙（O：Orange）、青（BL：Blue）、茶（B：Brown）の4色と、これらの各色に白（W：White）のストライプを入れた8種類があるが、図3より、T568Bでは、ピン番号2番には**橙色（O）**の心線が接続される。

なお、この配線規格は、T568Aが標準であり、T568Bは後日追加で認証されたものである。

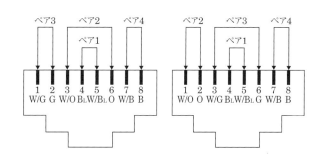

図2　T568Aのピン配列　　図3　T568Bのピン配列

(5) JIS X 5150‐2：2021汎用情報配線設備―第2部：オフィス施設の「8 基本配線構成―8.2 平衡配線設備―8.2.2 水平配線設備―8.2.2.2 範囲」において、チャネル内で使用するケーブルの長さは、その表3（「重点整理」の表2参照）に示す式によって決定しなければならないとされており、図1のインタコネクト‐TOモデル（1つのインタコネクトと1つのTO（通信アウトレット）だけを含むチャネル）でクラスEおよびクラスE_Aのチャネルの場合、水平ケーブルの最大長さ I_h〔m〕は、機器コードおよびワークエリアコードの長さの総和を I_a〔m〕、水平ケーブルの挿入損失〔dB／m〕に対するコードケーブルの挿入損失〔dB／m〕の比を X とすれば、$I_h＝104－I_a×X$ の式で求めることができる。

ここで、機器コードおよびワークエリアコードの長さの総和が15mだから $I_a＝15$、コードケーブルの挿入損失が水平ケーブルの挿入損失に対して50％増（1.5倍）だから $X＝1.5$ となり、運用温度が20〔℃〕だから温度による長さの調整（減少）は必要ないため、$I_h＝104－15×1.5＝104－22.5＝$**81.5**〔m〕である。

答	
㈦	③
㈥	①
㈢	③
㈤	⑤
㈧	④

次の各文章の　　　　　内に、それぞれの［　　　］の解答群の中から最も適したものを選び、その番号を記せ。　　　　　　　　　　　　　　　　　　　　　　　　　　　　　　　　　　　　　　（小計20点）

(1) JIS C 6823：2010光ファイバ損失試験方法における光導通試験に用いられる光源などについて述べた次の二つの記述は、　(ア)　。　　　　　　　　　　　　　　　　　　　　　　　　　　　（4点）

A　光源は、伝送器内にあり、安定化直流電源で駆動され、大きな放射面をもつ。例えば、白色光源、発光ダイオード（LED）などから成る。伝送器での損失変動を削減するために励振用光ファイバに接続する場合は、コア径が被測定光ファイバのコア径より十分に小さなグレーデッドインデックス形を使用する。

B　光検出器は、光源と整合した受信器、例えば、PINホトダイオードなどを使用する。検出レベルを調整できる分圧器、しきい値検出器及び表示器を結合する。同等のデバイスを用いてもよい。損失変動を削減するため、検出器の受感面の寸法は大きくする。

　　［①　Aのみ正しい　　②　Bのみ正しい　　③　AもBも正しい　　④　AもBも正しくない］

(2) OITDA／TP 03／BW：2020プラスチック光ファイバ（POF）建物内光配線システムでは、POFはフッ素樹脂系とアクリル樹脂系の2種類に大別されている。それぞれの特徴などについて述べた次の二つの記述は、　(イ)　。

なお、OITDA／TP 03／BW：2020は、光産業技術振興協会（OITDA）が技術資料として策定、公表しているものである。　　　　　　　　　　　　　　　　　　　　　　　　　　　　　　　　　　（4点）

A　フッ素樹脂系POFは、アクリル樹脂系POFと比較して伝送損失が小さい。

B　アクリル樹脂系POFは、石英系光ファイバと比較して口径が小さく、端面処理などの取扱いが容易であることなどから、住戸内の配線に適用される。

　　［①　Aのみ正しい　　②　Bのみ正しい　　③　AもBも正しい　　④　AもBも正しくない］

(3) 1000BASE－TのLAN配線工事では、8心のカテゴリ5e以上のUTPケーブルの使用が推奨されており、データの送受信にはUTPケーブルの　(ウ)　が利用されている。　　　　　　　　　　（4点）

　　［①　ペア1と2の4心だけ　　②　ペア2と3の4心だけ　　③　ペア3と4の4心だけ
　　④　ペア1と4の4心だけ　　⑤　ペア1から4の8心全て］

(4) 平衡ケーブルを用いたLAN配線のフィールドテストなどについて述べた次の記述のうち、正しいものは、　(エ)　である。　　　　　　　　　　　　　　　　　　　　　　　　　　　　　　（4点）

　　①　挿入損失は、対の遠端を短絡させ、対の近端にケーブルテスタを接続して測定した直流ループ抵抗により求められる。

　　②　電力和近端漏話減衰量は、任意の2対間において、1対を送信回線として、残りの1対を受信回線とし、送信回線の送信レベルを基準として、受信回線に漏れてくる近端側の受信レベルを測定することにより求められる。

　　③　伝搬遅延時間差は、任意の1対において、信号の周波数の違いによる伝搬遅延時間を測定することにより求められる。

　　④　反射減衰量は、入力信号の送信レベルを基準として、反射した信号レベルを測定することにより求められる。

　　⑤　ワイヤマップ試験は、高抵抗の接続を検出するために行う。

(5) JIS X 5150-2：2021では、図1に示す水平配線設備モデルにおいて、クロスコネクト – TOモデル、クラスEのチャネルの場合、パッチコード又はジャンパ、機器コード及びワークエリアコードの長さの総和が13メートルのとき、水平ケーブルの最大長さは □ （オ） □ メートルとなる。ただし、運用温度は20〔℃〕、コードの挿入損失〔dB／m〕は水平ケーブルの挿入損失〔dB／m〕に対して50パーセント増とする。

(4点)

［① 81.5 ② 82.5 ③ 83.5 ④ 84.5 ⑤ 85.5］

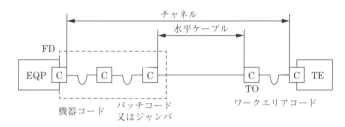

図1

技術・理論

4

接続工事の技術（Ⅰ）

(1) 設問の記述は、**Bのみ正しい。** JIS C 6823：2010光ファイバ損失試験方法で規定されている光ファイバ損失試験は、光ファイバが導通している（光パワーを伝搬する能力がある）こと、あるいは有意の損失増加がないことを示すことを目的としたものである。「8.光導通試験方法—8.3装置」では、光導通試験の装置（図2）の各部について定義している。

　A　光源は、伝送器内にあり、安定化直流電源で駆動され、大きな放物面をもつ白色光源、発光ダイオード（LED）などから成る。伝送器での損失変動を削減するために励振用光ファイバに接続する場合は、コア径が被測定光ファイバのコア径より十分に大きなステップインデックス形を使用する。したがって、記述は誤り。

　B　光検出器は、光源と整合した受信器（たとえばPINホトダイオードなど）を使用し、検出レベルを調整できる分圧器、しきい値検出器および表示器を結合する。また、同等のデバイスを用いてもよい。損失変動を削減するため、光検出器の受感面の寸法は大きくする。したがって、記述は正しい。

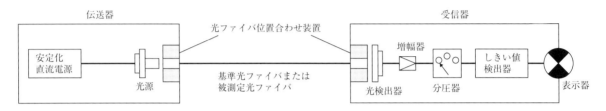

図2　光導通試験装置構成例

(2) 設問の記述は、**Aのみ正しい。** 光アクセスネットワーク設備には、一般に心線が石英ガラスで製造された石英系光ファイバが使用される。石英系光ファイバは、伝送損失が小さい利点があるが、加工性が低く、高価である。一方、プラスチック系光ファイバ（POF）は長距離伝送には適さないが、加工性が良く、柔軟性に富み、かつ価格が安いことから、利用者の構内など短距離で使用されることが多い。OITDA／TP 03／BW：2020プラスチック光ファイバ（POF）建物内光配線システムでは、POFはアクリル樹脂系とフッ素樹脂系の2種類に大別されている。

　A　アクリル樹脂系POFは伝送距離は50m程度と短いが1Gbpsの伝送速度が得られるため、住戸内においてONU設置箇所から各部屋の配線に使用される。また、フッ素樹脂系POFは、アクリル樹脂系POFに比べて伝送損失が小さいため50m以上の伝送が可能で、10Gbpsまでの伝送帯域に対応できることから、ビル内幹線にも適用可能である。したがって、記述は正しい。

　B　アクリル樹脂系POFは、石英系光ファイバに比べて口径が大きく、伝送距離は短いが、端面処理に高い精度が要求されないなど取扱いが容易で、現在普及しているカテゴリ5eおよびカテゴリ6のUTPケーブルと同程度の伝送損失特性をもち、ケーブルが細く電力線との同時配線が可能であるなど、施工上の制約が少ないことから、UTPケーブルを使用した設備の置き換えとして住戸用の配線に使用される。したがって、記述は誤り。

(3) 1000BASE−Tは、カテゴリ5e以上のUTPケーブルの**ペア1から4の4対（8心）全て**を使用してデータを送受信する、IEEE802.3abで規定されたイーサネットLANの規格である。100BASE−TXの伝送効率を改善した伝送技術を基に、撚り線1対当たりのスループットを250〔Mbit／s〕とし、250×4＝1,000〔Mbit／s〕のスループットを実現している。そして、撚り線の対ごとにハイブリッド回路が設けられ、それぞれを上り信号と下り信号の伝送に共用することで全二重通信を可能にしている。

(4) 解答群の記述のうち、正しいのは、「**反射減衰量は、入力信号の送信レベルを基準として、反射した信号レベルを測定することにより求められる。**」である。

　① 挿入損失（*IL*）では、ケーブルの一方の端から信号を入力し、他方の端から出力される信号を計測して求める。したがって、記述は誤り。

　② 電力和近端漏話減衰量（*PS NEXT*）とは、ケーブルを構成するすべての対を用いて信号を伝送したときに、ある1対に他のすべての対から加わる近端漏話電力を合計したものである。したがって、記述は誤り。

　③ 伝搬遅延時間差とは、ケーブルを構成する対のうち、伝搬遅延時間（ケーブルの一端から入力された信号が他端に伝わるのに要する時間）が最も大きい対と最も小さい対の伝搬遅延時間の差をいう。したがって、記述は誤り。

　⑤ ワイヤマップ試験は、ケーブル両端のピンどうしが正しい組合せで接続されているかどうかを確認するための試験で、断線を検出することはできるが、高抵抗の接続は検出することができない。したがって、記述は誤り。

(5) JIS X 5150 - 2：2021汎用情報配線設備 - 第2部：オフィス施設の「8 基本配線構成—8.2 平衡配線設備—8.2.2 水平配線設備—8.2.2.2 範囲」において、チャネル内で使用するケーブルの長さは、その表3に示す式（下記の表1参照）によって決定しなければならないとされている。同表により、図1のクロスコネクト - TOモデル（1つのインタコネクトと1つのTO（通信アウトレット）だけを含むチャネルを示すインタコネクト - TOモデルにクロスコネクトとして追加の接続点を含んでいるもの）でクラスEチャネルおよびクラスE_Aチャネルの場合、パッチコードまたはジャンパ、機器コードおよびワークエリアコードの長さの総和をI_a〔m〕、水平ケーブルの挿入損失〔dB／m〕に対するコードケーブルの挿入損失〔dB／m〕の比をXとすれば、水平ケーブルの最大長さI_h〔m〕は、$I_h = 103 - I_a \times X$の式で求められる。

ここで、機器コード、パッチコードまたはジャンパおよびワークエリアコードの長さの総和が13〔m〕だから$I_a = 13$、コードケーブルの挿入損失が水平ケーブルの挿入損失に対して50％増（1.5倍）だから$X = 1.5$となり、さらに、運用温度が20〔℃〕以下だから温度による長さの調整（減少）は不要なため、水平ケーブルの最大長さは、

$$I_h = 103 - I_a \times X = 103 - 13 \times 1.5 = 103 - 19.5 = \mathbf{83.5}〔m〕$$

となる。

表1 水平リンク長さの式（JIS X 5150 - 2：2021 より抜粋）

モデル	式	
	クラスEおよびE_Aチャネル	クラスFおよびF_Aチャネル
インタコネクト - TO	$I_h = 104 - I_a \times X$	$I_h = 105 - I_a \times X$
クロスコネクト - TO	$I_h = 103 - I_a \times X$	$I_h = 103 - I_a \times X$
インタコネクト - CP - TO	$I_h = 103 - I_a \times X - I_c \times Y$	$I_h = 103 - I_a \times X - I_c \times Y$
クロスコネクト - CP - TO	$I_h = 102 - I_a \times X - I_c \times Y$	$I_h = 102 - I_a \times X - I_c \times Y$

【記号説明】I_h：水平ケーブルの最大長さ、I_a：パッチコードまたはジャンパ、機器コードおよびワークエリアコードの長さの総和〔m〕、I_c：CPケーブルの長さ〔m〕、X：水平ケーブルの挿入損失〔dB／m〕に対するコードケーブルの挿入損失〔dB／m〕の比、Y：水平ケーブルの挿入損失〔dB／m〕に対するCPケーブルの挿入損失〔dB／m〕の比
20℃を超える運用温度では、I_hの値は次のとおり減じる。
a）スクリーン付平衡ケーブルでは、20℃〜60℃で1℃当たり0.2％減じる。
b）非スクリーン平衡ケーブルでは、20℃〜40℃で1℃当たり0.4％減じる。
c）非スクリーン平衡ケーブルでは、40℃〜60℃で1℃当たり0.6％減じる。
これらはデフォルト値であり、ケーブルの実際の特性が不明な場合に用いることが望ましい。

技術・理論

4
接続工事の技術（Ⅰ）

答

㈠	②
㈣	①
㈦	⑤
㈣	④
㈱	③

次の各文章の ☐☐☐☐ 内に、それぞれの〔　　〕の解答群の中から最も適したものを選び、その番号を記せ。 (小計20点)

改題 **(1)** 光ファイバの接続に光コネクタを使用したときの挿入損失を測定する試験方法は、光コネクタの構成別にJISで規定されており、片端プラグ(ピッグテール)のときの基準試験方法は、 (ア) である。(4点)

〔① 挿入法(B)　② カットバック法　③ 置換え法
④ マンドレル巻き法　⑤ ワイヤメッシュ法〕
(JIS C 5961の廃止に伴い一部改題をしています。)

(2) JIS C 0303：2000構内電気設備の配線用図記号に規定されている、電話・情報設備のうちの複合アウトレットの図記号は、 (イ) である。 (4点)

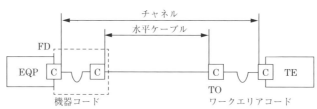

(3) JIS C 6823：2010光ファイバ損失試験方法におけるOTDR法について述べた次の二つの記述は、 (ウ) 。 (4点)

A　OTDR法は、光ファイバの単一方向の測定であり、光ファイバの異なる箇所から光ファイバの先端まで後方散乱光パワーを測定する方法である。

B　OTDR法での測定は、光ファイバ内の伝搬速度及び光ファイバの後方散乱作用に影響され、光ファイバ損失を正確に測定できないことがあるが、被測定光ファイバの両端からの後方散乱光を測定し、この二つのOTDR波形を平均化することによって、光ファイバの損失試験に用いることができる。

〔① Aのみ正しい　② Bのみ正しい　③ AもBも正しい　④ AもBも正しくない〕

(4) UTPケーブルをRJ－45のモジュラジャックに結線するとき、配線規格T568Bでは、ピン番号4番には外被が (エ) 色の心線が接続される。 (4点)

〔① 橙(だいだい)　② 青　③ 緑　④ 白　⑤ 茶〕

(5) JIS X 5150－2：2021では、図1に示す水平配線設備モデルにおいて、インタコネクト－TOモデル、クラスEのチャネルの場合、機器コード及びワークエリアコードの長さの総和が10メートルのとき、水平ケーブルの最大長さは (オ) メートルとなる。ただし、運用温度は20〔℃〕、コードの挿入損失〔dB／m〕は水平ケーブルの挿入損失〔dB／m〕に対して50パーセント増とする。 (4点)

〔① 87.0　② 87.5　③ 88.0　④ 88.5　⑤ 89.0〕

図1

解　説

(1) 光ファイバの接続に光コネクタを使用したときの挿入損失を測定する方法は、JIS C 61300 − 3 − 4：2017などで表1のように規定されており、片端プラグ（ピッグテール）のときの基準測定方法は**挿入法（B）**となっている。

表1　供試品の端子の形態に対する測定方法（JIS C 61300 − 3 − 4より抜粋）

供試品の端子の形態	基準測定方法
光ファイバ対光ファイバ（光受動部品）	カットバック
光ファイバ対光ファイバ（融着または現場取付形光コネクタ）	挿入（A）
光ファイバ対プラグ	カットバック
プラグ対プラグ（光受動部品）	挿入（B）
プラグ対プラグ（光パッチコード）	挿入（B）
片端プラグ（ピッグテール）	挿入（B）
レセプタクル対レセプタクル（光受動部品）	挿入（C）
レセプタクル対プラグ（光受動部品）	挿入（C）

(2) JIS C 0303：2000構内電気設備の配線用図記号の「5 通信・情報―5.1 電話・情報設備」で規定されている、電話・情報設備のうちの複合アウトレットの図記号は、◎である。

　なお、①は情報用アウトレットの図記号である。また、②は端子盤の図記号で、これに対数（実装／容量）を傍記して用いる。③は通信用アウトレット（電話用アウトレット）の図記号である。④は局線表示盤の図記号（必要に応じて窓数を傍記して使用）である。

(3) 設問の記述は、**AもBも正しい**。JIS C 6823：2010光ファイバ損失試験方法では、各種の光ファイバおよびケーブルの損失、光導通、光損失変動、マイクロベンド損失、曲げ損失などの実用的試験方法について規定している。

　記述Aおよび記述Bは、同規格の附属書C（損失試験：方法C―OTDR法）の「C.1 概要」の記述の内容と一致しているので、いずれも正しい。

(4) モジュラコネクタの配線規格は、ANSI／TIA（米国国家規格協会／米国通信工業会）によりT568AとT568Bの2つが定められており、それぞれのピン配列は、図2、図3のとおりである。UTPケーブルの心線の色は、緑（G：Green）、橙（O：Orange）、青（BL：Blue）、茶（B：Brown）の4色と、これらの各色に白（W：White）のストライプを入れた8種類があるが、図3より、T568Bでは、ピン番号4番には**青色（BL）**の心線が接続される。

　なお、この配線規格は、T568Aが標準であり、T568Bは後日追加で認証されたものである。それぞれ、A配線、B配線と略称で呼ばれることもある。カテゴリ5eでは両者の性能差は出ないが、カテゴリ6では製造方法によっては差が出る場合もある。

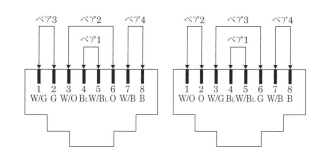

図2　T568Aのピン配列　　図3　T568Bのピン配列

(5) JIS X 5150 − 2：2021汎用情報配線設備―第2部：オフィス施設の「8 基本配線構成―8.2 平衡配線設備―8.2.2 水平配線設備―8.2.2.2 範囲」において、チャネル内で使用するケーブルの長さは、その表3に示す式によって決定しなければならないとされている。同表により、図1のインタコネクト − TOモデル（1つのインタコネクトと1つのTO（通信アウトレット）だけを含むチャネル）でクラスEおよびクラスE_Aチャネルの場合、水平ケーブルの最大長さをI_h〔m〕、機器コードおよびワークエリアコードの長さの総和をI_a〔m〕、水平ケーブルの挿入損失〔dB／m〕に対するコードケーブルの挿入損失〔dB／m〕の比をXとすれば、水平ケーブルの最大長さは、$I_h = 104 − I_a \times X$の式で求めることができる。

　ここで、機器コードおよびワークエリアコードの長さの総和が10〔m〕だから$I_a = 10$、コードケーブルの挿入損失が水平ケーブルの挿入損失に対して50％増（1.5倍）だから$X = 1.5$となり、運用温度が20〔℃〕で温度による長さの調整（減少）は必要ないため、水平ケーブルの最大長さは、

$$I_h = 104 − I_a \times X = 104 − 10 \times 1.5 = 104 − 15.0 = 89.0 〔m〕$$

である。

答	
㈠	①
㈣	⑤
㈢	③
㈡	②
㈤	⑤

技術・理論

4

接続工事の技術（Ⅰ）

次の各文章の 内に、それぞれの[ ]の解答群の中から最も適したものを選び、その番号を記せ。 （小計20点）

(1) JIS C 6823：2010光ファイバ損失試験方法における光導通試験に用いられる装置について述べた次の二つの記述は、 （ア） 。 （4点）

A 光源は、伝送器内にあり、安定化直流電源で駆動され、大きな放射面をもつ。例えば、白色光源、発光ダイオード（LED）などから成る。伝送器での損失変動を削減するために励振用光ファイバに接続する場合は、コア径が被測定光ファイバのコア径より十分に大きなステップインデックス形を使用する。

B 光検出器は、光源と整合した受信器、例えば、PINホトダイオードなどを使用する。検出レベルを調整できる分圧器、しきい値検出器及び表示器を結合する。同等のデバイスを用いてもよい。損失変動を削減するため、検出器の受感面の寸法は大きくする。

[① Aのみ正しい ② Bのみ正しい ③ AもBも正しい ④ AもBも正しくない]

(2) OITDA／TP 11／BW：2019ビルディング内光配線システムにおいて、光ケーブル配線設備のフリーアクセスフロアのパネル及び支柱一体形は、パネルの四隅に支柱を取り付け、パネル及び支柱一体構成を構造床に敷き並べる工法であり、不陸対応性は、 （イ） の調整によって±10ミリメートル程度を吸収するとされている。

なお、OITDA／TP 11／BW：2019は、JIS TS C 0017の有効期限切れに伴い同規格を受け継いで光産業技術振興協会（OITDA）が技術資料として策定、公表しているものである。 （4点）

[① 支柱のねじ要素 ② 支柱の下床レベル ③ 下床の調整穴
④ パネル寸法 ⑤ パネル材質差]

(3) IEEE802.3at Type1に準拠したPoEでは、カテゴリ5のLANケーブルを使用して給電する場合、給電方式がオルタナティブAのとき、給電に使用するRJ－45のピン番号は （ウ） である。 （4点）

[① 1、2、3、4 ② 1、2、3、6 ③ 3、4、5、6 ④ 4、5、6、7 ⑤ 4、5、7、8]

(4) IPv4、クラスBのIPアドレス体系でのLANシステムの設計において、プライベートIPアドレスとして利用できる範囲は （エ） である。 （4点）

[① 10.0.0.0～10.255.255.255 ② 128.0.0.0～128.255.255.255
③ 172.16.0.0～172.31.255.255 ④ 192.168.0.0～192.168.255.255
⑤ 233.255.255.0～233.255.255.255]

改題 **(5)** JIS X 5150－2：2021では、図1に示す水平配線設備モデルにおいて、クロスコネクト－TOモデル、クラスEのチャネルの場合、パッチコード又はジャンパ、機器コード及びワークエリアコードの長さの総和が15メートルのとき、水平ケーブルの最大長さは （オ） メートルとなる。ただし、運用温度は20〔℃〕、コードの挿入損失〔dB／m〕は水平ケーブルの挿入損失〔dB／m〕に対して50パーセント増とする。 （4点）

[① 79.5 ② 80.5 ③ 81.5 ④ 82.5 ⑤ 83.5]

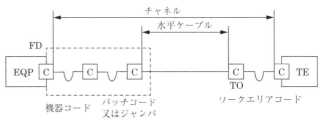

図1

（JISの改正に合わせて一部改題をしています。解説も
改正後の規定内容に沿った記述となっています。）

解 説

(1) 設問の記述は、**AもBも正しい**。JIS C 6823：2010光ファイバ損失試験方法で規定されている光ファイバ損失試験は、光ファイバが導通している（光パワーを伝搬する能力がある）こと、あるいは有意の損失増加がないことを示すことを目的としたものである。「8.光導通試験方法―8.3装置」では、光導通試験の装置の各部について定義している。

　A　光源は、伝送器内にあり、安定化直流電源で駆動され、大きな放物面をもつ白色光源、発光ダイオード（LED）などから成る。伝送器での損失変動を削減するために励振用光ファイバに接続する場合は、コア径が被測定光ファイバのコア径より十分に大きなステップインデックス形を使用する。したがって、記述は正しい。

　B　光検出器は、光源と整合した受信器（たとえばPINホトダイオードなど）を使用し、検出レベルを調整できる分圧器、しきい値検出器および表示器を結合する。また、同等のデバイスを用いてもよい。損失変動を削減するため、光検出器の受感面の寸法は大きくする。したがって、記述は正しい。

(2) OITDA／TP 11／BW：2019ビルディング内光配線システムの附属書A（参考）光ケーブル配線設備の「A.5 フリーアクセスフロア（簡易二重床を含む）」では、フリーアクセスフロアは、居住空間を構成する床パネルおよびこれを床スラブ上に支持するための支柱で構成されるとした場合、表1のように分類できる。したがって、パネルおよび支柱一体形のフリーアクセスフロアにおける不陸対応性は、**支柱のねじ要素**の調整によって±10mm程度を吸収する。

表1　フリーアクセスフロアの分類と各方式の特徴（OITDA／TP 11／BW：2019より抜粋）

分　類	パネルおよび支柱分離形	パネルおよび支柱一体形	置敷き形
工　法	床スラブと接合する支柱に、着脱可能なパネルを載置する工法	パネルの四隅に支柱を取り付けた工法。パネルと支柱とは分離できない。	パネルおよび支柱一体構成。パネルと支柱とは分離できない。
敷　設	床スラブに接着剤または鋲によって支柱を接合し、パネルの脱落防止機能をもつ支柱頂部の台座にパネルを布設する。	パネルおよび支柱一体構成を構造床に敷き並べる。	パネルおよび支柱一体構成体を床スラブ上に敷き並べる。
不陸（床スラブ施工誤差）対応性	支柱の床レベル調整ナットによって±10mm程度を吸収する。	支柱のねじ要素の調整によって±10mm程度を吸収する。	パネル寸法を小さくすることによってパネル間の段差の発生を防止する。床スラブ自体の施工誤差は吸収できない。
配線空間	床高さの選択範囲が広く最も大きい。	比較的大きい。	小さい。

(3) IEEE802.3at Type1（IEEE802.3af）で標準化されたPoEは、UTPケーブルなどの平衡形ケーブルを介してネットワーク機器に動作電力を供給する技術である。PoEの規格は、現在IEEE802.3bt：2018により標準化され、15W程度までの電力供給に対応するType1と、30W程度までの電力供給を可能にしたType2、60Wまでの電力供給ができるType3、90Wまでの電力供給を実現したType4の4つの規格がある。Type1において、PSEからPDに給電する方式には、10BASE－Tや100BASE－TXでいう信号対を使用して給電するオルタナティブAと、予備（空き）対を使用して給電するオルタナティブBがある。10BASE－Tおよび100BASE－TXの2対（4心）からなる信号対はRJ－45コネクタ（8極8心コネクタ）の**1、2、3、6番ピン**に接続され、これがオルタナティブAでの給電に利用される。

(4) IPv4のIPアドレスは32ビットで構成され、一般に、この32ビットを8ビットずつ4つに区切り、それぞれを0〜255の10進数で表したものをピリオド"."でつないで表記している。また、アドレス空間を効率的に使用するため、クラスという概念が導入され、ネットワークの規模や用途に合わせてA〜Eの5つのクラスが定義されている。

　このうち、クラスBは、最上位2ビットの値が10で、続く14ビットをネットワークID、残り16ビットをホストIDとしたもので、アドレス範囲は128.0.0.0〜191.255.255.255である。また、社内LANなどの内部ネットワーク用のプライベートIPアドレスとして予約され任意に利用できるアドレス範囲は、**172.16.0.0〜172.31.255.255**となっている。

(5) JIS X 5150－2：2021の「8 基本配線構成―8.2 平衡配線設備―8.2.2 水平配線設備―8.2.2.2 範囲」において、チャネル内で使用するケーブルの長さは、その表3 水平リンク長さの式（「重点整理」の表2参照）に示されている式によって決定しなければならないとされている。同表により、図1のクロスコネクト－TOモデル（1つのインタコネクトと1つのTO（通信アウトレット）だけを含むチャネルを示すインタコネクト－TOモデルにクロスコネクトとして追加の接続点を含んでいるもの）でクラスEおよびクラスE_Aのチャネルの場合、水平ケーブルの最大長さをI_h〔m〕、パッチコードまたはジャンパ、機器コードおよびワークエリアコードの長さの総和をI_a〔m〕、水平ケーブルの挿入損失に対するコードケーブルの挿入損失の比をXとすれば、水平ケーブルの最大長さは、$I_h = 103 - I_a \times X$の式で求められる。

　ここで、パッチコードまたはジャンパ、機器コードおよびワークエリアコードの長さの総和が15〔m〕だから$I_a = 15$、コードケーブルの挿入損失が水平ケーブルの挿入損失に対して50％増（1.5倍）だから$X = 1.5$となり、さらに、運用温度が20〔℃〕以下だから温度による長さの調整（減少）は不要なため、水平ケーブルの最大長さは、

$$I_h = 103 - I_a \times X = 103 - 15 \times 1.5 = 103 - 22.5 = 80.5 〔m〕$$

となる。

答	
㈎	③
㈑	①
㈒	②
㈓	③
㈔	②

技術・理論

4

接続工事の技術（I）

平衡配線施工と試験

●UTPケーブルなどの成端
・接続器具とケーブルの接続
　金属スリット間に電線を押し込むことにより、絶縁被覆を取り除いて接続する圧接接続方式にすることが望ましい。
・コネクタ成端の誤りにより発生するトラブル
　コネクタによる成端時の結線の配列違いには、リバースペア、クロスペア、スプリットペアなどがあり、漏話特性が劣化したり、PoE機能が使えないなどの原因となることがある。

　対の撚り戻しにおいては、長く撚りを戻すと、ツイストペアケーブルの基本性能である電磁誘導を打ち消しあう機能が低下し、漏話特性の劣化や、特性インピーダンスの変化による反射減衰量の規格値外れなどの原因となる。
・余長処理の誤りにより発生するトラブル
　機器、パッチパネルが高密度で収容されるラック内などでは、小さな径のループや過剰なループ回数の余長処理を行うと、ケーブル間の同色対どうしにおいてエイリアンクロストークが発生するおそれがある。

●3dB／4dBルール
　平衡配線におけるデータ信号の伝送特性としては、挿入損失の値が3.0dBを下回る、または4.0dB未満となる周波数範囲であれば、データの送受信を行ううえで十分なSN比を確保できるとされており、JIS規格では3dB／4dBルールといわれる判定方法が適用される。このとき、より短い配線長の方が、より広い周波数範囲が適用される。
・3dBルール
　挿入損失が3.0dBを下回る周波数における反射減衰量の値は参考とし、その周波数範囲の部分では反射減衰量に関する特性についての試験結果が規格値を満たしていなくても合格とみなすことができる。ANSI/TIA規格でも同様である。
・4dBルール
　挿入損失が4.0dB未満となる周波数における近端漏話減衰量は参考とし、その周波数範囲の部分では近端漏話減衰量についての試験結果が規格値を満たしていなくても合格とみなすことができる。なお、ANSI/TIA規格においては、近端漏話減衰量の合格判定は規格値どおりに行う。

光配線施工と試験

●光ファイバの分類
　通信用の光ファイバは、誘導体の主成分として二酸化けい素を使用した石英系光ファイバ（SOF）と、樹脂を使用したプラスチック系光ファイバ（POF）に大別できる。

　プラスチック系光ファイバは、さらに、アクリル系POFとフッ素樹脂系POFに大別される。アクリル系POFは、石英系光ファイバよりも口径が大きいため、伝送距離は短いが端面処理が容易であることから、住戸内の配線に適している。また、フッ素樹脂系POFは、アクリル系POFよりも口径が小さいため光源との結合や端面処理が難しくなるが、伝送損失が小さいことから、ビル内幹線に適している。
●光ファイバケーブルの成端
　ピグテール光ファイバを用いた成端方法では、現場で融着接続機やメカニカルスプライス工具を用いてピグテール光ファイバコードを接続することにより成端を行う。また、現場コネクタ組立てによる成端方法では、現場組立て可能な光コネクタを用いて成端を行うが、このとき、特殊な工具は不要である。
●光ファイバケーブルの布設
　金属ダクトなどに収容する場合、金属ダクトに収める電線の断面積の総和を原則としてダクト内部断面積の20％以下としなければならない。ただし、電光サイン装置、出退表示灯その他これらに類する装置または制御回路などの配線のみを収容する場合は50％まで許容される。
●光ケーブル敷設後の性能試験
・光ファイバ損失試験
　JIS C 6823：2010により、光パワーメータを用いるカットバック法および挿入損失法、光パルス試験器を用いるOTDR法、シングルモード光ファイバのみに適用される損失波長モデルの4種類が挙げられている。

　カットバック法は、入射条件を変えずに光ファイバの2つの地点でのパワーを測定する方法である。

　挿入損失法は、カットバック法よりも精度は落ちるが、被測定光ファイバおよび両端に固定される端子に対して非破壊で測定できる方法である。測定原理はカットバック法と同じであるため光ファイバ長手方向での損失の解析には使用できないが、入射条件を変化させながら連続的な損失変動を測定することができる。

　OTDR法は、光ファイバの単一方向の測定であり、光ファイバの異なる箇所から光ファイバの先端まで後方散乱光パワーを測定する方法である。

　損失波長モデルは、3〜5程度の波長で測定した値をもとに計算し、損失波長特性全体の損失係数を予測する方法である。
・光導通試験
　光ファイバが導通していること、あるいは有意の損失増加がないことを示すことを目的とした試験である。光導通試験の装置は、光源、光検出器、光ファイバ位置合わせ装置、基準光ファイバ、増幅器、分圧器、しきい値検出器、表示器からなる。

　光源は、伝送器内にあり、安定化直流電源で駆動され、大きな放物面をもつ白色光源、発光ダイオードなどからなり、伝送器での損失変動を削減するために励振用光ファイバに接続する場合は、コア径が被測定光ファイバのコア径より十分大きなステップインデックス形を使用する。

　光検出器は、PINホトダイオードのような光源と整合した受信器を使用し、検出レベルを調整できる分圧器、しきい値検出器、表示器を統合する。損失変動を削減するため、受感面の寸法を大きくする。

施工管理

●施工速度とコスト・品質

施工計画を立案する際には、適切な施工速度を策定するめやすとして、採算速度と経済速度を考慮する必要がある。採算速度とは、常に損益分岐点の施工出来高を上回る出来高をあげる施工速度をいう。また、経済速度とは、工事原価が最小となる経済的な施工速度をいう。一般に、施工速度を速めるほど、時間当たりの直接費が高くなるが、工期が短くなる分間接費は減少する。総費用（直接費と間接費の合計）が最小となるように工期を決定する。

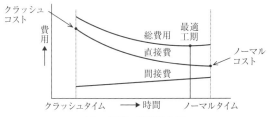

図1　工期・建設費曲線

品質は、施工速度を速めるほど悪くなり、良くしようとすると施工速度が遅くなる。また、品質を高めようとするほど原価が高くなり、原価を低く抑えようとすると品質が低下する。

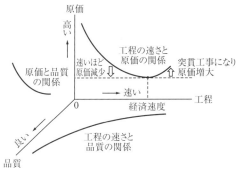

図2　工程、原価、品質の関係

●PDCAサイクル

Plan（計画）→Do（実施）→Check（評価）→Act（改善）の手順を継続的に繰り返すことによって品質を高めていく方法である。JIS規格に、問題解決および課題達成のプロセスにおいてPDCAサイクルを回す手順が規定されている。

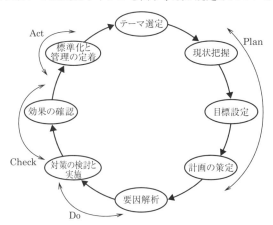

図3　PDCAサイクルを回す手順

●継続的改善のための技法

継続的な改善の実施に当たって、正確な状態を把握するためデータを収集し、解析する必要があり、次のような技法が利用される。

・チェックシート

計数データを収集する際に、分類項目のどこに集中しているかを見やすくした図表で、①データ分類項目の決定→②記録ヒストグラム用紙形式の決定→③定められた期間におけるデータ収集→④データ用紙へのマーキング→⑤必要事項の記入、の手順で作成する。

・パレート図

項目別に層別して、出現頻度の大きさの順に並べるとともに、累積和を示した図で、改善すべき事項（問題）の全体に及ぼす影響の確認などに使用する。

・ヒストグラム

データの存在する範囲をいくつかの区間に分け、各区間を底辺とし、その区間に属するデータの出現度数に比例する面積を持つ柱（長方形）を並べたもので、平均値、メジアン、モードなどの中心傾向、出現頻度の幅、範囲、および形状を把握するためなどに用いられる。

・散布図

2つの特性を横軸と縦軸とし、観測値を打点して作るグラフであり、2つの特性の相関関係を見るために使用する。

・連関図

複雑な原因の絡み合う問題について、その因果関係を論理的につないだ図であり、問題の因果関係を解明し、解決の糸口を見いだすことに使用する。

●工程管理図表

・アローダイアグラム

全体作業の中で各作業がどのような相互関係にあるかを、結合点や矢線などによって表すとともに、作業内容、手順、日程などを表示する。一般に、①結合点を書き、矢印を引き、結合点番号（イベント番号）を記入→②最早結合点日程の計算→③余裕時間の計算→④クリティカルパスの表示、の手順で作成される。

・バーチャート

縦軸に工事を構成する作業を列記し、各作業の日数を横軸にとって、各作業の工期を開始日から完了日まで横棒で記入した図表である。一般に、各作業の所要日数や作業の順序がわかりやすい。

・ガントチャート

縦軸に工事を構成する作業を列記し、横軸に作業の完了時点を100%として達成度をとったもので、各作業の進行度合いはよくわかるが、工期に影響を及ぼす作業がどれであるかは明確でない。

・曲線式工程表

斜線式工程表、グラフ式工程表、バナナ曲線などがあり、各作業の計画工程と実施工程の差異を視覚的に対比できる。バナナ曲線は、時間の経過と出来高工程の上下変域を示す工程管理曲線であり、実施工程曲線が上方許容限界曲線を超えているときまたは下方許容限界曲線を下回っているときは、計画が不適切であることを示している。

技術・理論

5

接続工事の技術（Ⅱ）及び施工管理

次の各文章の 内に、それぞれの[ ]の解答群の中から最も適したものを選び、その番号を記せ。 (小計20点)

(1) 図1は、ツイストペアケーブルを使用したイーサネット環境においてルータとパーソナルコンピュータが対向している例を示したものである。 内の(A)及び(B)に入るそれぞれの機器の通信モードの組合せを示す表1において、CSMA／CD手順による待機や再送が発生するおそれのない組合せとして正しいものは、イ～ニのうち、 (ア) である。 (4点)

　[① イ　② ロ　③ ハ　④ ニ]

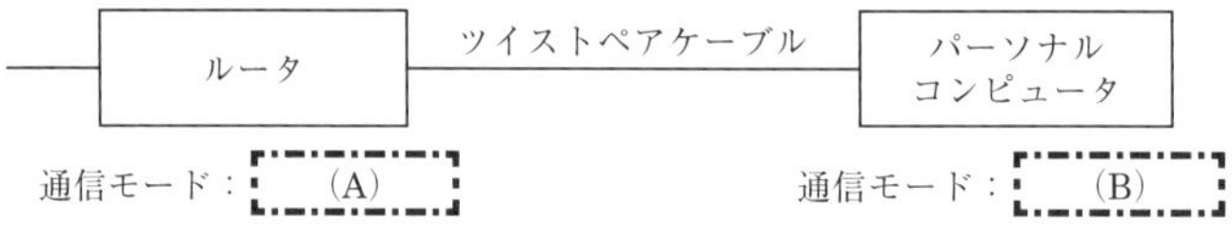

```
─────┌──────────┐────ツイストペアケーブル────┌──────────┐
     │  ルータ   │                          │ パーソナル │
     └──────────┘                          │コンピュータ│
                                           └──────────┘
  通信モード： (A)            通信モード： (B)
```

図1

表1

	(A)	(B)
イ	全二重	オートネゴシエーション
ロ	全二重	全二重
ハ	半二重	オートネゴシエーション
ニ	半二重	半二重

(2) 光コネクタのうち、12心、24心などの多心光ファイバを一つのコネクタでプッシュプル操作により容易に脱着することができるものは、 (イ) コネクタといわれ、データセンタなどにおける高密度配線に適している。 (4点)

　[① FC　② FA　③ FAS　④ MU　⑤ MPO]

(3) 集合住宅における光ファイバ配線において、MDFから各戸までのメタリック電話線などが収容されている既設配管内の空間を利用して光ケーブルを敷設するときに使用する光ケーブルとして適しているものは、 (ウ) インドア光ケーブルといわれ、押し込み工法により敷設が容易とされている。 (4点)

　[① 集　合　② フラット型　③ 透　明　④ 細径低摩擦　⑤ 隙間配線]

(4) 職場における安全活動などについて述べた次の記述のうち、<u>誤っているもの</u>は、 (エ) である。

(4点)

① 指差し呼称は、作業者の錯覚、誤判断、誤操作などを防止し、作業の正確性を高める効果が期待できるものであり、指差しのみの場合や呼称のみの場合と比較して、誤りの発生率を更に低減できるとされている。

② ツールボックスミーティング（TBM）は、作業開始前に職場の小単位のグループが短時間で仕事の範囲、段取り、各人ごとの作業の安全のポイントなどについて打合せを行う活動とされている。

③ ヒヤリハット活動は、いかなる原因で生じたヒヤリハットであっても当事者を責めない取り決めをし、当事者から報告されたヒヤリハットの事例を取り上げ、その危険要因を把握・解消することにより、事故の未然防止を図る活動とされている。

④ ほう・れん・そう運動は、職場の小単位で現場の作業、設備及び環境を見ながら、あるいはイラストを使用しながら、作業の中に潜む危険要因の摘出と対策について話し合いを行う活動とされている。

⑤ 安全点検及び職場巡視（パトロール）では、実施者の主観により指摘、評価及び指導内容が大きく違わないようにするため、チェックリストを作成し、活用することが望ましいとされている。

(5) 図2に示すアローダイアグラムにおいて、クリティカルパスの所要日数に影響を及ぼさないことを条件とした場合、作業Eの作業遅れは、最大 (オ) 日許容できる。 (4点)

［① 1　② 2　③ 3　④ 4　⑤ 5］

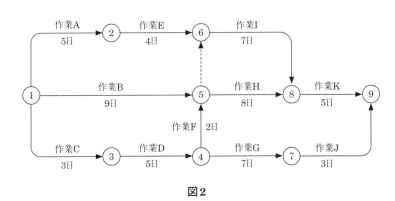

図2

(1) 10BASE2や10BASE5などの初期のイーサネット環境では、同軸ケーブルを複数の端末で共有していた。このため、各端末はケーブルを流れる信号を監視し、他の端末が信号を送出していないときに信号を送出する方式をとっていた。しかし、複数の端末が同時に信号を送出した場合に、信号が衝突してデータが壊れてしまうので、CSMA／CDといわれる方式で信号の衝突を検知し、一定のルールに基づいて計算された送信タイミングでデータを再送するようにしていた。

　これに対して、最近は、ツイストペアケーブルによるスター型のネットワーク構成をとり、対向する機器間で全二重通信を行うのが一般的になっている。全二重通信では、通信相手が信号を送出中でも信号を送出することができ、信号の衝突は起こらない。しかし、10BASE－Tなどの低速のイーサネット環境では、ツイストペアケーブルを用いたスター型のネットワークでありながら、半二重通信を採用していたため、これらの旧来のシステムとの互換性をとる必要から、高速のイーサネット環境でも半二重通信を行う動作モードが用意されている。

　ネットワーク機器には、伝送速度や通信モード（全二重か半二重か）の設定が、製造時に固定的に設定されていたり、ユーティリティを用いて手動設定するものもあるが、現在は機器どうしをケーブルで接続するだけで自動的に設定を行うオートネゴシエーション機能を備えたものが一般的になっている。しかし、オートネゴシエーション機能は、接続された機器どうしがメッセージを交換して通信に最適な設定となるよう調整する機能なので、利用するには対向する双方の機器が対応していなければならない。どちらか一方でもオートネゴシエーション機能に対応していなければ、ネゴシエーションは動作せず、この場合、オートネゴシエーション機能をもつ機器は半二重モードで通信を行うことになっているので、信号の衝突が起こりうる。

　以上から、送受信パケットの衝突に起因して発生する再送処理による双方向通信の効率低下が生ずるおそれのない組合せとなるのは、□の(A)と(B)がどちらも全二重のときである。

(2) プッシュプル締結方式により工具を使用せずに多数（12心、24心など）の光ファイバ心線を一括して着脱できる多心光コネクタは、一般に**MPO**（Multi-fiber Push-On）コネクタといわれ、データセンタ内の通信装置間を接続する大容量・高密度配線への適用が進んでいる。MPOコネクタの規格はJISで標準化されており、構造、形状および寸法がJIS C 5982：2020F13形多心光ファイバコネクタ（MPOコネクタ）で、嵌合標準がJIS C 5964-7-1：2020光ファイバコネクタかん合標準—第7-1部：MPOコネクタ類（F13形）—1列およびJIS C 5964-7-2：2020光ファイバコネクタかん合標準—第7-2部：MPOコネクタ類（F13形）—2列で定められている。また、2021年にはIEEEマイルストーンに認定された。

(3) 集合住宅において各戸に光ファイバを引き込むFTTH（Fiber To The Home）を構築するには、MDF（Main Distributing Frame 主配線盤）から各戸に光ファイバを配線する必要がある。光ファイバ布設用の配管があればそれを利用すればよいが、一般に既存の建物ではそれが用意されていないことが多く、また、新たに配管を設備する工事を行うのは容易ではない。このため、一般的には既設の電話用の電線管を利用して光ファイバを布設する方法が採られている。しかし、従来のインドア光ケーブルは電線管内での摩擦が大きいため、通線時に大きな負荷がかかってしまい、布設できる条数はせいぜい数条程度である。

　このように、従来の光ケーブルではFTTHの実現が難しいケースが多いことから、新たに**細径低摩擦**インドア光ケーブルが開発された。この光ケーブルは、従来品と比較して、断面積が2分の1程度という細径で、外被は動摩擦係数が7分の1程度の低摩擦かつ摩耗量が100分の1以下の高い耐摩耗性という優れた性質をもつため、電線管内に既に布設されている電話線の隙間に多くの条数を通線することができる。また、曲げ剛性も従来品の2倍ほどあるため、従来の通線ロッドを使って引き込む工法だけでなく、電線管に直接押し込む押し込み工法にも対応でき、布設が容易になっている。

(4) 解答群の記述のうち、<u>誤っている</u>のは、「**ほう・れん・そう運動は、職場の小単位で現場の作業、設備及び環境を見ながら、あるいはイラストを使用しながら、作業の中に潜む危険要因の摘出と対策について話し合いを行う活動とされている。**」である。
　① 指差呼称は、作業者の錯覚、誤判断、誤操作などを防止し、作業の正確性を高めるために行うもので、対象物の名称および現在の状態をきちんと指さしながらはっきり声に出して言う方法がとられる。したがって、記述は正しい。
　② ツールボックスミーティング（TBM）は、1日の作業開始前に職場の小単位のグループが短時間で仕事の範囲、段取り、各人ごとの作業の安全のポイントなどについて打合せを行うものである。したがって、記述は正しい。
　③ ヒヤリハット活動は、現場の作業者にヒヤリハット事例（作業者が、事故には至らなかったものの、危うく事故になるところだったと感じた体験）を報告してもらい、情報を全員で共有したり、作業環境や作業手順などを改善するといった対策をとることで、重大事故の発生を未然に防ぐためのものである。ヒヤリハット活動を定着させ、有効に運用していくためには、いかなる原因で生じたヒヤリハットであっても、当事者を責めないようにしなければな

らない。したがって、記述は正しい。

④ 職場の小単位で現場の作業、設備および環境をみながら、あるいはイラストを使用しながら、作業の中に潜む危険要因の摘出と対策について話し合いをする活動は、<u>危険予知（KY）活動</u>といわれる。したがって、記述は誤り。なお、ほう・れん・そう運動とは、組織を強化していくために、報告・連絡・相談を徹底し、人間関係の良好な働きやすい職場環境を構築していく活動をいう。

⑤ 安全点検とは、職場環境における事故や災害の防止を目的として、機械設備や工具、仮設資材などが不安全な状態になっていないか、作業者が不安全な行動をとっていないかなどを確認することをいう。また、職場巡視（安全パトロール）とは、作業方法や設備などに顕在的・潜在的な危険要因がないかどうか、朝礼などで確認・指示されたことが実施されているかなどについて職場での実態を調査することをいう。対象が同じでも、感じ方や考え方、視点などは人によって異なり、誰が実施するかで偏りが生じることがあるため、チェックリストを作成し、これにより客観的な基準に基づく点検・巡視を行うのが望ましいとされる。したがって、記述は正しい。

(5) アローダイアグラムは、工事全体を個々の独立した作業に分解し、これらの作業を実施順序に従って矢線で表すことにより、工事全体の中で各作業がどのような相互関係にあるかを明確にし、作業の流れを視覚的に理解できるようにした図で、作業の工程管理に使われる。矢線（アクティビティ）で作業を、丸印（ノード）で作業と作業の結合点（開始／完了ポイント）を表す。なお、破線で表示した矢線（ダミー）は所要日数が0で作業相互間の関係のみを示したもので、この始点のノードまでの作業の完了を待って、終点のノード以降の作業を開始することを表す。

本問は、作業Eの完了が遅れても全工程に遅延が生じないような遅れの限度、すなわち作業Eのトータルフロートを求める問題である。

まず、図2のアローダイアグラムのクリティカルパスを求める。クリティカルパスは、アローダイアグラムで示される作業の流れのうち、作業日数の合計が最も長いものをいい、これが作業工程全体の最短作業時間（日数）となる。図2の工程では、①→②→⑥→⑧→⑨、①→⑤→⑥→⑧→⑨、①→⑤→⑧→⑨、①→③→④→⑤→⑥→⑧→⑨、①→③→④→⑤→⑧→⑨、①→③→④→⑦→⑨の6通りの作業経路があり、それぞれの所要日数を比較すると、

①→(A)→②→(E)→⑥→(I)→⑧→(K)→⑨ ： 5＋4＋7＋5＝21〔日〕

①→(B)→⑤→(ダミー)→⑥→(I)→⑧→(K)→⑨ ： 9＋0＋7＋5＝21〔日〕

①→(B)→⑤→(H)→⑧→(K)→⑨ ： 9＋8＋5＝22〔日〕

①→(C)→③→(D)→④→(F)→⑤→(ダミー)→⑥→(I)→⑧→(K)→⑨ ： 3＋5＋2＋0＋7＋5＝22〔日〕

①→(C)→③→(D)→④→(F)→⑤→(H)→⑧→(K)→⑨ ： 3＋5＋2＋8＋5＝23〔日〕

①→(C)→③→(D)→④→(G)→⑦→(J)→⑨ ： 3＋5＋7＋3＝18〔日〕

であり、これらのうち所要時間（日数）が最も大きい経路①→③→④→⑤→⑧→⑨がクリティカルパスである。

次に、作業Eの終点である結合点（イベント）番号6番の結合点における最遅結合点時刻（日数）を求める。最遅結合点時刻（日数）とは、遅くてもこれまでには作業が完了していなければならない時刻（日数）をいい、ある結合点における最遅結合点時刻（日数）は、その結合点以降の作業の所要日数をクリティカルパスの所要時間（日数）から引けば求められる。図2において、6番の結合点以降の工程は、⑥→(I)→⑧→(K)→⑨のみで、その所要時間（日数）は、

作業Iの所要時間（日数）＋作業Kの所要時間（日数）＝7＋5＝12〔日〕

である。これをクリティカルパスの所要時間（日数）から引くと、6番の結合点における最遅結合点時刻（日数）は、

クリティカルパスの所要時間（日数）－6番の結合点以降の所要時間（日数）＝23－12＝11〔日〕

となる。

さらに、作業Eの始点である2番の結合点における最早結合点時刻（日数）を求める。最早結合点時刻（日数）とは、全工程の開始からその結合点に先行する作業が終了する（その結合点以降の作業を開始するのに必要な条件が出揃う）までに要する最短の時間（日数）をいう。図2において、2番の結合点に至る作業経路は①→（作業A）→②のみなので、2番の結合点における最早結合点時刻（日数）は、作業Aの所要時間（日数）5日である。

よって、作業Eのトータルフロートは、

6番の結合点における最遅結合点時刻（日数）

－2番の結合点における最早結合点時刻（日数）－作業Eの所要時間（日数）

＝11－5－4＝2〔日〕

となり、作業Eの作業遅れは、最大**2**日許容することができる。

答	
(ア)	**②**
(イ)	**⑤**
(ウ)	**④**
(エ)	**④**
(オ)	**②**

次の各文章の [＿＿＿] 内に、それぞれの［ ］の解答群の中から最も適したものを選び、その番号を記せ。ただし、[＿＿＿] 内の同じ記号は、同じ解答を示す。　　　　（小計20点）

(1) 光アクセス回線の配線において、ユーザ宅の屋外壁面に設置され、ドロップ光ファイバケーブルとインドア光ファイバケーブルとの接続部を収容し保護する部材は、一般に、[(ア)] といわれる。　　　（4点）

　　① 光ローゼット　　　② 光アイソレータ　　③ 光キャビネット
　　④ 光アウトレット　　⑤ 光クロージャ

(2) イーサネットスイッチが複数接続されたネットワークの経路において、ループが形成されると、フレームが無限に循環しネットワークが過負荷状態となる。このループの発生を防止するため、IEEE802.1Dにより標準化されたプロトコルとして [(イ)] がある。　　　（4点）

　　［① HTTP　② PPP　③ SMTP　④ STP　⑤ UDP］

(3) JIS X 5151：2018光情報配線試験のOTDR法に規定されているOTDRの測定能力を決める基本パラメータのうち、光ファイバから発生する後方散乱光が雑音レベルに到達するまでの範囲を示すものは [(ウ)] であり、光ファイバに対してレーザのパルスパワーの増加により、[(ウ)] を増加させることができる。　　　（4点）

　　① ゴースト　　　　② ダイナミックレンジ　　③ レーザのパルス幅
　　④ 平均化時間　　　⑤ 減衰量デッドゾーン

(4) 工事実施に必要な施工計画書について述べた次の二つの記述は、[(エ)]。　　　（4点）
　A　施工計画書は、工事目的物を完成するために必要な手順、工法などを記載したものであり、記載項目として、工事概要、計画工程表、施工方法、環境対策などがある。
　B　施工計画書は、工事の発注者の現場代理人が工事着手前に作成し、工事の受注者の監督員などに提示するものである。

　　［① Aのみ正しい　② Bのみ正しい　③ AもBも正しい　④ AもBも正しくない］

(5) 図1に示すアローダイアグラムにおいて、作業Bを3日、作業Iを2日、それぞれ短縮できるとき、クリティカルパスの所要日数は、[(オ)] 日短縮できる。　　　（4点）

　　［① 1　② 2　③ 3　④ 4　⑤ 5］

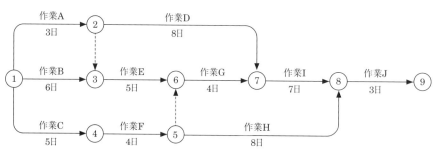

図1

解説

(1) 一般財団法人光産業技術振興協会が公表している技術資料OITDA／TP 01／BW：2016FTTH対応戸建住宅用光配線システムの規定により、住宅の外壁に設置し、外壁に引き留めた通信事業者の光ドロップケーブルと住宅内に配線する光インドアケーブルとを接続するための箱は、**光キャビネット**というとされている。

(2) イーサネットがハブ等の誤接続などによって物理的にループ構成になった場合、そこにブロードキャストフレームが投入されると、MACフレームには寿命(転送回数の制限)がないため、そのフレームの転送が無限に繰り返されてネットワーク内を回り続けることになる。この現象をブロードキャストストームといい、ほんのわずかの間に帯域がすべて占有されてそのネットワークは通信不能に陥ってしまう。この対策として、LANスイッチにIEEE802.1Dで標準化された**STP**(Spanning Tree Protocol)の機能を持たせる方法がある。STPでは、LANスイッチ間でBPDUといわれる制御フレームを定期的にやり取りして情報を交換し、その情報をもとに各LANスイッチがポートを自動的にブロックする。その結果、ネットワークは論理的にはループのない最適なツリー構造となり、MACフレームがループ内を回り続けることが防止される。

(3) JIS X 5151：2018光情報配線試験は、JIS X 5150やISO／IECで規定されている構内配線規格または要件・助言に従って設計された光ファイバ配線に対する検査および試験手順を詳しく述べた規格で、ISO／IEC 14763-3：2014をもとに作成されている。その附属書C(参考)OTDR法(Optical time domain reflectometry)では、OTDRの測定能力を決めるパラメータとして、ダイナミックレンジ、平均化時間、レーザのパルス幅の3つが示されている。このうち、**ダイナミックレンジ**は、光ファイバから発生する後方散乱光が雑音レベル(ノイズフロア SN 比は1〔dB〕)に到達するまでの範囲を示したものとされ、**ダイナミックレンジ**が増加する場合として、レーザのパルスパワーの増加、有効パルス幅の増加、雑音レベルの低下が示されている。

(4) 設問の記述は、**Aのみ正しい**。

A　施工計画書の記載項目としては、工事概要、計画工程表、現場組織表、指定機械、主要船舶・機械、主要資材、施工方法(主要機械、仮設備計画、工事用地等を含む)、施工管理計画、安全管理、緊急時の体制および対応、交通管理、環境対策、現場作業環境の整備、再生資源の利用の促進と建設副産物の適正処理方法などがある。したがって、記述は正しい。

B　工事の実施において、受注者またはその現場代理人(請負契約を適切に履行するために工事現場に常駐し、受注者の代理をする者)は、施工計画書を工事の着手前に作成し、発注者の監督員などに提出する必要がある。受注者は、この施工計画書の記載内容を遵守し、施工にあたらなければならない。したがって、記述は誤り。

(5) まず、図1のアローダイアグラムのクリティカルパスを求める。クリティカルパスは、アローダイアグラムで示される作業の流れのうち、作業日数の合計が最も長いものをいい、これが作業工程全体の最短作業時間(日数)となる。図1の工程では、①→②→⑦→⑧→⑨、①→②→③→⑥→⑦→⑧→⑨、①→③→⑥→⑦→⑧→⑨、①→④→⑤→⑥→⑦→⑧→⑨、①→④→⑤→⑧→⑨の5通りの作業経路があり、それぞれの所要日数を比較すると、

    ①→(A)→②→(D)→⑦→(I)→⑧→(J)→⑨　　　　　　　　　　　：3＋8＋7＋3＝21〔日〕
    ①→(A)→②→(ダミー)→③→(E)→⑥→(G)→⑦→(I)→⑧→(J)→⑨：3＋0＋5＋4＋7＋3＝22〔日〕
    ①→(B)→③→(E)→⑥→(G)→⑦→(I)→⑧→(J)→⑨　　　　　　：6＋5＋4＋7＋3＝25〔日〕
    ①→(C)→④→(F)→⑤→(ダミー)→⑥→(G)→⑦→(I)→⑧→(J)→⑨：5＋4＋0＋4＋7＋3＝23〔日〕
    ①→(C)→④→(F)→⑤→(H)→⑧→(J)→⑨　　　　　　　　　　：5＋4＋8＋3＝20〔日〕

である。これらのうち所要時間(日数)が最も大きい経路①→③→⑥→⑦→⑧→⑨がクリティカルパスであり、全体の作業日数は25日となる。

ここで、作業Bを3日、作業Iを2日それぞれ短縮すると、作業Bまたは作業Iを含む4つの作業経路①→②→⑦→⑧→⑨、①→②→③→⑥→⑦→⑧→⑨、①→③→⑥→⑦→⑧→⑨、①→④→⑤→⑥→⑦→⑧→⑨の所要日数は、

    ①→(A)→②→(D)→⑦→(I)→⑧→(J)→⑨　　　　　　　　　　：3＋8＋5＋3＝19〔日〕
    ①→(A)→②→(ダミー)→③→(E)→⑥→(G)→⑦→(I)→⑧→(J)→⑨：3＋0＋5＋4＋5＋3＝20〔日〕
    ①→(B)→③→(E)→⑥→(G)→⑦→(I)→⑧→(J)→⑨　　　　　　：3＋5＋4＋5＋3＝20〔日〕
    ①→(C)→④→(F)→⑤→(ダミー)→⑥→(G)→⑦→(I)→⑧→(J)→⑨：5＋4＋0＋4＋5＋3＝21〔日〕

のように変化する。また、作業経路①→④→⑤→⑧→⑨は作業Bも作業Iも含まないため所要日数は21日のままである。したがって、5つの作業経路のうち最も所要日数が多い①→④→⑤→⑥→⑦→⑧→⑨と①→④→⑤→⑧→⑨の経路が新たなクリティカルパスとなり、その所要日数は21日である。よって、作業Bを3日、作業Iを2日それぞれ短縮すると、全体工期は21日となり、当初の25日よりも4日短縮されることになる。

答	
(ｱ)	③
(ｲ)	④
(ｳ)	②
(ｴ)	①
(ｵ)	④

次の各文章の 内に、それぞれの〔 〕の解答群の中から最も適したものを選び、その番号を記せ。 (小計20点)

(1) 現場取付け可能なSC型の単心接続用の光コネクタのうち、光コネクタキャビネットなどで使用され、ドロップ光ファイバケーブルやインドア光ファイバケーブルに直接取り付ける光コネクタは、 (ア) コネクタといわれる。 (4点)

〔① MT ② MU ③ MPO ④ FC ⑤ 外被把持型ターミネーション〕

(2) JIS X 5150−1：2021の平衡配線設備の伝送性能において、挿入損失が3.0〔dB〕未満の周波数における (イ) の値は、参考とすると規定されている。 (4点)

〔① 伝搬遅延時間差 ② 反射減衰量 ③ 不平衡減衰量
④ 近端漏話減衰量 ⑤ 遠端漏話減衰量〕

(3) 光ファイバの融着接続後、心線接続部に気泡が入った不具合を発見した場合、一般に、 (ウ) を行い接続のやり直しを行う。 (4点)

〔① 熱収縮スリーブの加熱時間の変更 ② 光ファイバ心線のスクリーニング
③ 光ファイバカッタのメンテナンス ④ 光ファイバストリッパの交換
⑤ 光ファイバフォルダの交換〕

(4) 施工計画、施工管理などについて述べた次の記述のうち、誤っているものは、 (エ) である。 (4点)

〔① 施工計画は、一般に、事前調査を実施した後、基本計画、詳細計画、管理計画の手順で策定される。
② 施工計画書は、工事目的物を完成するために必要な手順、工法などを記載したものであり、工事着手前に作成される。
③ 受注者は、工事の施工計画書の内容に重要な変更が必要になった場合には、その都度当該工事に着手する前に変更に関する事項について、変更施工計画書を発注者に提出しなければならない。
④ 発注者から提示された仕様書、設計図面などの設計図書間に不整合がある場合、受注者は、当該設計図書を修正して工事を実施し、工事終了後、速やかに実施状況を発注者に報告しなければならない。
⑤ 施工管理の一環として実施される品質管理及び原価管理において、品質と原価は必ずしも独立したものではなく、相互に関連性がある。〕

(5) 図1に示すアローダイアグラムについて述べた次の二つの記述は、 (オ) 。 (4点)
A 結合点(イベント)番号5における最遅結合点時刻(日数)は9日である。
B 作業Dのフリーフロートは1日である。

〔① Aのみ正しい ② Bのみ正しい ③ AもBも正しい ④ AもBも正しくない〕

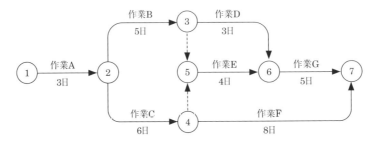

図1

解 説

(1) FTTHの設備構成として普及しているPDS方式では、ユーザ宅に設置されるONUは、光ファイバおよび光スプリッタを介して設備センタに設置されているOLTに接続される。利用者宅には、一般に、ドロップ光ファイバ(引込線)が引き込まれ、ドロップ光ファイバとユーザ宅内のインドア光ファイバ(屋内配線)を接続する場合は、再接続はできないがクランプスプリングなどを用いて簡便な接続作業が可能であるメカニカルスプライスや、メカニカルスプライスの技術を応用し特殊な機械装置や接着剤などが不要で、現場においてドロップ光ファイバやインドア光ファイバに直接取り付ける作業を簡便に行えるようにしたFAコネクタやFASコネクタなどの**外被把持型ターミネーション**コネクタが利用される。

(2) JIS X 5150 − 1：2021汎用情報配線設備 − 第1部：一般要件の「6 チャネルの性能要件―6.3 平衡配線設備の伝送性能」により、挿入損失(IL)が3.0〔dB〕未満の周波数における**反射減衰量(RL)の値は参考とする**、挿入損失が4.0〔dB〕未満となる周波数における対間近端漏話($NEXT$)および電力和近端漏話($PS\ NEXT$)の値は参考とする、などと規定されている。

(3) 光ファイバの融着接続法は、光ファイバの接続端面をアーク放電、レーザ光等により熱で溶融して接続する方法である。融着接続法では、予加熱時に光ファイバ端面が整形されるので、接続部における曲がりや気泡の発生割合が軽減されるが、光ファイバの切断に使用する光ファイバカッタに一部欠損などの不具合があると、光ファイバをセットする際に光ファイバの側面を傷つけ、切断の際に曲げ応力により切断面に不良が生じたことが原因で、接続部に気泡が生じる場合がある。気泡があると、接続損失が増加したり、破断の原因となったりするので、このようなときは、**光ファイバカッタのメンテナンスを行い**、接続をやり直す必要がある。

(4) 解答群の記述のうち、誤っているのは、「**発注者から提示された仕様書、設計図面などの設計図書間に不整合がある場合、受注者は、当該設計図書を修正して工事を実施し、工事終了後、速やかに実施状況を発注者に報告しなければならない。**」である。発注者から提示された仕様書、設計図面などの設計図書間に不整合があるために設計図書の変更が必要になった場合、受注者は、発注者と協議を行い、発注者の書面による指示に基づいて工事を実施しなければならない。

(5) 設問の記述は、**Aのみ正しい**。

A 最遅結合点時刻(日数)とは、遅くともここまでには完了していなければならない時刻をいう。ある結合点における最遅結合点時刻(日数)は、その結合点以降の作業の所要日数のうち最も多い日数をクリティカルパスの所要日数から引けば求められる。クリティカルパスとは、アローダイアグラムで示される作業工程のいくつかの流れ(作業経路)のうち、作業日数の合計が最も多いものをいう。図1の工程では、①→②→③→⑥→⑦、①→②→③→⑤→⑥→⑦、①→②→④→⑤→⑥→⑦、①→②→④→⑦の4通りの作業経路があり、それぞれの所要日数を比較すると、

　　①→(作業A)→②→(作業B)→③→(作業D)→⑥→(作業G)→⑦ 　　　　　：3＋5＋3＋5＝16〔日〕

　　①→(作業A)→②→(作業B)→③→(ダミー)→⑤→(作業E)→⑥→(作業G)→⑦：3＋5＋0＋4＋5＝17〔日〕

　　①→(作業A)→②→(作業C)→④→(ダミー)→⑤→(作業E)→⑥→(作業G)→⑦：3＋6＋0＋4＋5＝18〔日〕

　　①→(作業A)→②→(作業C)→④→(作業F)→⑦ 　　　　　　　　　　　　：3＋6＋8＝17〔日〕

であり、これらのうち最も多い18日がクリティカルパスの所要日数である。また、結合点(イベント)番号5に続く作業経路は、⑤→⑥→⑦の1通りのみであり、その所要日数は、作業Eの所要日数4日と作業Gの所要日数5日を合計した9日である。この9日をクリティカルパスの所要日数18日から引くと、結合点(イベント)番号5における最遅結合点時刻(日数)は18 − 9 ＝ 9〔日〕となることがわかる。したがって、記述は正しい。

B フリーフロート(自由余裕)とは、作業の完了が遅れてもその作業に続く作業の開始に影響を与えないような遅れの程度を表示したもので、ある作業のフリーフロートは、その作業の終点における最早結合点時刻(日数)からその作業の始点における最早結合点時刻(日数)とその作業の所要日数を引けば求められる。最早結合点時刻(日数)とは、全行程の開始からその結合点(イベント)に先行する作業が終了する(その結合点に続く作業の開始に必要な条件が出揃う)までにかかる最短の時間(日数)をいう。

　　ここで、まず、作業Dの終点である結合点(イベント)番号6における最早結合点時刻(日数)を求める。結合点(イベント)番号6に至る作業経路は、①→②→③→⑥、①→②→③→⑤→⑥、①→②→④→⑤→⑥の3通りがあり、それぞれの所要日数を比較すると、

　　　①→(作業A)→②→(作業B)→③→(作業D)→⑥ 　　　　　：3＋5＋3＝11〔日〕

　　　①→(作業A)→②→(作業B)→③→(ダミー)→⑤→(作業E)→⑥：3＋5＋0＋4＝12〔日〕

　　　①→(作業A)→②→(作業C)→④→(ダミー)→⑤→(作業E)→⑥：3＋6＋0＋4＝13〔日〕

であり、これらのうち最も多い13日が結合点(イベント)番号6における最早結合点時刻(日数)である。次に、作業Dの始点である結合点(イベント)番号3における最早結合点時刻(日数)であるが、結合点(イベント)番号3に至る経路は①→②→③の1通りしかなく、その所要日数は作業Aの所要日数3日と作業Bの所要日数5日を合計した8日である。結合点(イベント)番号6における最早結合点時刻(日数)13日から、結合点(イベント)番号3における最早結合点時刻(日数)8日と作業Dの所要日数3日を引くと、作業Dのフリーフロートは、13 − 8 − 3 ＝ 2〔日〕となることがわかる。したがって、記述は誤り。

答	
㈦	⑤
㈲	②
㈻	③
㈢	④
㈺	①

次の各文章の 内に、それぞれの[   ]の解答群の中から最も適したものを選び、その番号を記せ。 (小計20点)

(1) 図1は、JIS C 6823：2010光ファイバ損失試験方法におけるOTDR法による不連続点での測定波形の例を示したものである。この測定波形のⒶからⒸまでの区間は、 (ア) のOTDRでの測定波形を表示している。ただし、OTDR法による測定で必要なスプライス又はコネクタは、低挿入損失かつ低反射であり、OTDR接続コネクタでの初期反射を防ぐための反射制御器としてダミー光ファイバを使用している。また、測定に用いる光ファイバには、マイクロベンディングロスがないものとする。 (4点)

① 被測定光ファイバの入力端から被測定光ファイバの融着接続点まで
② 被測定光ファイバの入力端から被測定光ファイバの終端まで
③ 被測定光ファイバの融着接続点から被測定光ファイバの終端まで
④ ダミー光ファイバの入力端から被測定光ファイバの入力端まで
⑤ ダミー光ファイバの出力端から被測定光ファイバの入力端まで

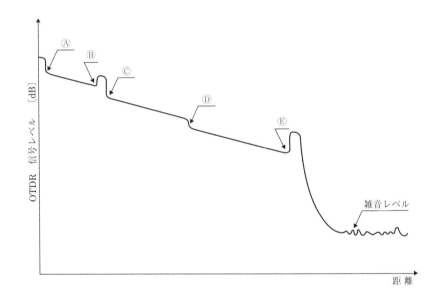

図1

(2) 現場取付け可能な単心接続用の光コネクタであって、コネクタプラグとコネクタソケットの2種類があり、架空光ファイバケーブルの光ファイバ心線とドロップ光ファイバケーブルに取り付け、架空用クロージャ内での心線接続に用いられる光コネクタは、 (イ) コネクタといわれる。 (4点)

① DS (Optical fiber connector for Digital System equipment)
② FAS (Field Assembly Small-sized)
③ MPO (Multifiber Push-On)
④ MU (Miniature Universal-coupling)
⑤ ST (Straight Tip)

(3) 集合住宅における光ファイバ配線において、MDFから各戸までのメタリック電話線などが収容されている既設配管内の空間を利用して光ケーブルを敷設するときに使用する光ケーブルとして適しているものは、 (ウ) インドア光ケーブルであり、押し込み工法により敷設が容易とされている。 (4点)

[① フラット型　② 透 明　③ 細径低摩擦　④ 隙間配線　⑤ 集 合]

(4) 施工計画、施工管理などについて述べた次の記述のうち、<u>誤っている</u>ものは、 (エ) である。（4点）

- ① 工事の受注者は、工事着手前に施工計画書を工事の発注者に提出しなければならない。
- ② 施工計画書には、工事概要、計画工程表、施工方法、安全管理などが記載されなければならない。
- ③ 施工管理において、当初に計画した工程と実際に進行している工程とを比較検討し、進捗に差異が生じているとき、その原因を調査し、取り除くことにより工事が計画どおりの工程で進行するように管理し、調整を図ることは、出来形管理といわれる。
- ④ 工事の施工における工程と品質の関係では、一人当たりの1日の作業時間を大幅に延長して突貫工事で施工速度を速くすると、品質は悪くなるおそれがある。
- ⑤ 工事費は、直接費と間接費に分けられ、現場管理費、共通仮設費などが含まれる間接費は、工期が長くなると、一般に、増加する。

(5) 図2に示すアローダイアグラムについて述べた次の記述のうち、正しいものは、 (オ) である。

（4点）

- ① 作業Aが1日遅れると、クリティカルパスの所要日数は1日延びる。
- ② 作業Bが1日遅れると、クリティカルパスの所要日数は1日延びる。
- ③ 作業Gを1日短縮すると、クリティカルパスの所要日数は1日短縮できる。
- ④ 作業Fを1日短縮すると、クリティカルパスの所要日数は1日短縮できる。
- ⑤ 二つのダミー作業を無くすと、クリティカルパスの所要日数は1日短縮できる。

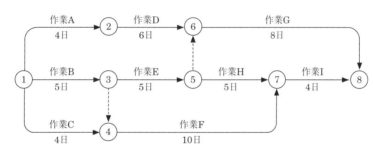

図2

技術・理論

5 接続工事の技術（Ⅱ）及び施工管理

(1) JIS C 6823：2010光ファイバ損失試験方法では、光ファイバケーブルの損失試験方法として、光パワーメータを用いるカットバック法および挿入損失法、光パルス試験器を用いるOTDR法、シングルモード光ファイバのみに適用され光ファイバの損失波長係数を3～5程度の少数の波長で測定した損失と特性行列から求める損失波長モデルの4種類を規定している。

OTDR法は、光ファイバの単方向測定であり、光ファイバ中の異なる箇所から光ファイバの先端まで後方散乱(光ファイバに光パルスを入射して伝搬させるとコア内の微小な屈折率のゆらぎによって生ずるレイリー散乱光の一部が入射端に戻ってくる現象)する光パワーを測定する。後方散乱光は距離に比例した時間を経過した後に入射端に戻ってくるので、OTDR法により、光ファイバの距離、損失値および破断点の位置を特定することが可能になる。このとき、入力点付近には測定不能な領域(デッドゾーン)が生じるため、OTDR装置と被測定光ファイバの間にダミー光ファイバ(ランチコード)を挿入し、コネクタで接続する。

OTDR装置により表示される測定波形は、一般に、横軸に入力端からの距離、縦軸にOTDR信号レベル〔dB〕が表示され、均一な光ファイバ心線の部分では右下がりの直線状になり、融着接続点や曲げにより損失が生じている部分では右下がりの段差状になる。そして、近端(入力端)および遠端(終端)ならびに光コネクタで接続された箇所は、山型のフレネル反射(光ファイバの接続点や破断点で屈折率の変化があるために生じる反射)が観測される。

したがって、図1において、Ⓐの箇所はOTDR装置からダミー光ファイバへの入力端である。また、Ⓑから©の区間はダミー光ファイバと被測定光ファイバのコネクタ接続点を表しており、Ⓑの箇所はダミー光ファイバの出力端、©の箇所は被測定光ファイバの入力端である。さらに、Ⓓの箇所は被測定光ファイバの融着接続点、Ⓔの箇所は被測定光ファイバの終端である。よって、図1の測定波形のⒶから©の区間は**ダミー光ファイバの入力端から被測定光ファイバの入力端まで**を表示していることになる。

(2) 利用者宅への光ファイバ引込みおよび屋内光ファイバ配線において、現場での組立て作業や余長収納作業が容易な外被把持型現場組立光コネクタを使用することが多くなっている。外被把持型現場組立光コネクタは、プラグとソケットからなり、これらはアダプタを用いることなく直接接続することができる。プラグおよびソケットには、それぞれ研磨された光ファイバやメカニカルスプライスなどが内蔵されている。メカニカルスプライスは、光ファイバを融着することなく機械的構造で固定接続するため、専用の工具が不要である。外被把持型現場組立光コネクタには、一般に、架空クロージャ内での接続に使用される**FAS(Field Assembly Small-sized)**コネクタ、ドロップ光ファイバケーブルとインドア光ファイバケーブルの接続や屋内配線におけるインドア光ファイバケーブルの心線接続に使用されるFA(Field Assembly)コネクタなどがある。

(3) 集合住宅において各戸に光ファイバを引き込むFTTH(Fiber To The Home)を構築するには、MDF(Main Distributing Frame 主配線盤)から各戸に光ファイバを配線する必要がある。光ファイバ布設用の配管があればそれを利用すればよいが、一般に既存の建物ではそれが用意されていないことが多く、また、新たに配管を設備する工事を行うのは容易ではない。このため、一般的には既設の電話用の電線管を利用して光ファイバを布設する方法が採られている。しかし、従来のインドア光ケーブルは電線管内での摩擦が大きいため、通線時に大きな負荷がかかってしまい、布設できる条数はせいぜい数条程度である。

このように、従来の光ケーブルではFTTHの実現が難しいケースが多いことから、新たに**細径低摩擦**インドア光ケーブルが開発された。この光ケーブルは、従来品と比較して、断面積が2分の1程度という細径で、外被は動摩擦係数が7分の1程度の低摩擦かつ摩耗量が100分の1以下の高い耐摩耗性という優れた性質をもつため、電線管内に既に布設されている電話線の隙間に多くの条数を通線することができる。また、曲げ剛性も従来品の2倍ほどあるため、従来の通線ロッドを使って引き込む工法だけでなく、電線管に直接押し込む押し込み工法にも対応でき、布設が容易になっている。

(4) 解答群の記述のうち、誤っているのは、「**施工管理において、当初に計画した工程と実際に進行している工程とを比較検討し、進捗に差異が生じているとき、その原因を調査し、取り除くことにより工事が計画どおりの工程で進行するように管理し、調整を図ることは、出来形管理といわれる。**」である。

① 施工計画書は、工事図面とともに(ⅰ)契約、(ⅱ)作業量(工数・人件費)の見積り、(ⅲ)作業の手順・段取り、(ⅳ)全体計画の策定、(ⅴ)計画と実績の差異の検証、(ⅵ)PERT図などの前段階として、作業順序と待ち時間の確認、(ⅶ)発注者、設計者、監督員への施工計画の説明・調整、(ⅷ)現場担当者および作業員への作業内容・作業方法の周知などを目的として作成される重要な図書の一つである。工事の受注者またはその現場代理人(請負契約を適切に履行するために工事現場に常駐し、受注者の代理をする者)はこれを工事着手前に作成し、発注者の監督員などに提出する必要がある。したがって、記述は正しい。

② 施工計画書の記載項目としては、工事概要、計画工程表、現場組織表、指定機械、主要船舶・機械、主要資材、

施工方法（主要機械、仮設備計画、工事用地等を含む）、施工管理計画、安全管理、緊急時の体制および対応、交通管理、環境対策、現場作業環境の整備、再生資源の利用の促進と建設副産物の適正処理方法などがある。したがって、記述は正しい。

③　記述の内容は工程管理について説明したものなので、誤り。出来形管理とは、工事の目的物が設計図書どおりに施工されているかどうかを検討し、設計図書どおりでなければその原因を究明し、改善を図ることをいう。

④　突貫工事とは、施工速度を速めて通常よりもはるかに短い工期で仕上げる工事をいう。十分な工期をとらずに時間に追われながら作業を進めていくため、無理や無駄を生じ、事故も起きやすくなる。その結果、品質悪化やコスト高につながる。したがって、記述は正しい。

⑤　工事にかかる費用には、直接費と間接費がある。直接費は、材料費、機械経費、労務費など工事のために直接消費される費用をいい、一般に、施工速度を速くするほど増加する。また、間接費は、共通仮設費、現場管理費、減価償却費、事務経費などの費用をいい、一般に、工期を長くするほど増加する。したがって、記述は正しい。直接費と間接費を合計したものを総費用といい、施工計画では総費用が最小になるように最適な工期を決定する。

（5）　アローダイアグラムは、プロジェクトの日程計画や作業の工程管理に使われる図である。矢印（アクティビティ）で作業を、丸印（ノード）で作業と作業の結合点（開始／完了ポイント）を表す。なお、破線矢印（ダミー）は所要日数が0で作業相互間の関係のみを示したもので、この始点のノードまでの作業の完了を待って、終点のノード以降の作業を開始することを表す。

まず、図2のアローダイアグラムのクリティカルパスを求める。クリティカルパスは、アローダイアグラムで示される作業工程の流れのうち、作業日数の合計が最も長いものをいい、これが作業工程全体の最短作業日数となる。図2の工程では、①→②→⑥→⑧、①→③→⑤→⑥→⑧、①→③→⑤→⑦→⑧、①→③→④→⑦→⑧、①→④→⑦→⑧の5通りの作業経路があり、それぞれの所要日数を比較すると、

$$①→（作業A）→②→（作業D）→⑥→（作業G）→⑧ \qquad :4+6+8=18〔日〕$$
$$①→（作業B）→③→（作業E）→⑤→（ダミー）→⑥→（作業G）→⑧：5+5+0+8=18〔日〕$$
$$①→（作業B）→③→（作業E）→⑤→（作業H）→⑦→（作業Ⅰ）→⑧：5+5+5+4=19〔日〕$$
$$①→（作業B）→③→（ダミー）→④→（作業F）→⑦→（作業Ⅰ）→⑧：5+0+10+4=19〔日〕$$
$$①→（作業C）→④→（作業F）→⑦→（作業Ⅰ）→⑧ \qquad :4+10+4=18〔日〕$$

となる。これらのうち所要日数が最も大きい作業経路①→③→⑤→⑦→⑧と①→③→④→⑦→⑧がクリティカルパスであり、全体の作業日数は19日となる。この結果から、解答群の①〜⑤について順次検討していく。

①　作業Aは①→②→⑥→⑧の作業経路上のみにあり、1日遅れた場合には①→②→⑥→⑧の作業経路の所要日数は1日増えて19日になるが、これは①→③→⑤→⑦→⑧および①→③→④→⑦→⑧の作業経路の所要日数と同じであり、①→②→⑥→⑧の作業経路が新たにクリティカルパスに加わるだけで、クリティカルパスの所要日数は変わらない。したがって、記述は誤り。

②　作業Bは①→③→⑤→⑥→⑧、①→③→⑤→⑦→⑧、①→③→④→⑦→⑧の作業経路上にあり、1日遅れた場合には、各作業経路の所要日数は、

$$①→（作業B）→③→（作業E）→⑤→（ダミー）→⑥→（作業G）→⑧：6+5+0+8=18〔日〕$$
$$①→（作業B）→③→（作業E）→⑤→（作業H）→⑦→（作業Ⅰ）→⑧：6+5+5+4=20〔日〕$$
$$①→（作業B）→③→（ダミー）→④→（作業F）→⑦→（作業Ⅰ）→⑧：6+0+10+4=20〔日〕$$

となる。したがって、クリティカルパスの所要日数は1日延びて20日になるので、記述は正しい。

③　作業Gはクリティカルパス上にはないので、1日短縮してもクリティカルパスの所要日数を短縮することはできない。したがって、記述は誤り。

④　作業Fはクリティカルパス①→③→④→⑦→⑧上にあるが、作業Fを1日短縮して①→③→④→⑦→⑧の作業経路の所要日数を18日にしても、もう1つのクリティカルパス①→③→⑤→⑦→⑧は19日のままなので、記述は誤り。

⑤　2つのダミー作業をなくした場合、作業経路は①→②→⑥→⑧、①→③→⑤→⑦→⑧、①→④→⑦→⑧の3通りとなるが、①→③→⑤→⑦→⑧の作業経路の所要日数19日はそのままなので、クリティカルパスの所要日数を短縮することにはならない。したがって、記述は誤り。

以上から、解答群の記述のうち、正しいのは、「**作業Bが1日遅れると、クリティカルパスの所要日数は1日延びる。**」である。

技術・理論

5 接続工事の技術（Ⅱ）及び施工管理

答	
(ア)	④
(イ)	②
(ウ)	③
(エ)	③
(オ)	②

次の各文章の　　　　内に、それぞれの[　　]の解答群の中から最も適したものを選び、その番号を記せ。 (小計20点)

(1) 光コネクタのうち、12心、24心などの多心光ファイバを一つのコネクタでプッシュプル操作により容易に脱着することができるものは、　(ア)　コネクタといわれ、データセンタなどにおける高密度配線に適している。 (4点)

[① FA　② FAS　③ FC　④ MPO　⑤ MU]

(2) JIS C 6823：2010光ファイバ損失試験方法における挿入損失法について述べた次の二つの記述は、　(イ)　。 (4点)

A　挿入損失法は、測定原理から光ファイバ長手方向での損失の解析に使用することができ、入射条件を変化させながら連続的な損失変動を測定することが可能である。

B　挿入損失法は、カットバック法よりも精度は落ちるが、被測定光ファイバ及び両端に固定される端子に対して非破壊で測定することができる利点がある。

[① Aのみ正しい　② Bのみ正しい　③ AもBも正しい　④ AもBも正しくない]

(3) イーサネットスイッチが複数接続されたネットワークの経路において、ループが形成されると、フレームが無限に循環しネットワークが過負荷状態となる。このループの発生を防止するため、IEEE802.1Dにより標準化されたプロトコルとして　(ウ)　がある。 (4点)

[① STP　② SMTP　③ UDP　④ PPP　⑤ HTTP]

(4) JIS Q 9024：2003マネジメントシステムのパフォーマンス改善―継続的改善の手順及び技法の指針に規定されている、数値データを使用して継続的改善を実施するために利用される技法について述べた次の二つの記述は、　(エ)　。 (4点)

A　計測値の存在する範囲を幾つかの区間に分けた場合、各区間を底辺とし、その区間に属する測定値の度数に比例する面積を持つ長方形を並べた図は、管理図といわれる。

B　項目別に層別して、出現頻度の大きさの順に並べるとともに、累積和を示した図は、パレート図といわれる。

[① Aのみ正しい　② Bのみ正しい　③ AもBも正しい　④ AもBも正しくない]

(5) 工程管理などに用いられるアローダイアグラムについて述べた次の記述のうち、誤っているものは、　(オ)　である。 (4点)

[① アクティビティ(作業)は、実線の矢線で表され、矢線の長さはその作業の所要日数とは無関係である。
② ダミー(擬似作業)は、破線の矢線で表され、作業の相互関係を結びつけるのに用いられ、その所要日数はゼロである。
③ ある作業がトータルフロートを使い切るとその経路上の後続の作業のトータルフロートに影響を及ぼす場合がある。
④ クリティカルパス上の各作業のフリーフロートはゼロであるが、トータルフロートはゼロとは限らない。
⑤ 任意の作業のフリーフロートは、その作業のトータルフロートと比較して小さい又は等しい。]

解 説

(1) プッシュプル締結方式により工具を使用せずに多数(12心、24心など)の光ファイバ心線を一括して着脱できる多心光コネクタは、一般に**MPO**(Multi-fiber Push-On)コネクタといわれ、データセンタ内の通信装置間を接続する大容量・高密度配線への適用が進んでいる。MPOコネクタの規格はJISで標準化されており、構造、形状および寸法がJIS C 5982：2020F13形多心光ファイバコネクタ(MPOコネクタ)で、嵌合標準がJIS C 5964-7-1：2020光ファイバコネクタかん合標準―第7-1部：MPOコネクタ類(F13形)―1列およびJIS C 5964-7-2：2020光ファイバコネクタかん合標準―第7-2部：MPOコネクタ類(F13形)―2列で定められている。

(2) 設問の記述は、**Bのみ正しい**。JIS C 6823：2010光ファイバ損失試験方法では、各種の光ファイバおよびケーブルの損失、光導通、光損失変動、マイクロベンド損失、曲げ損失などの実用的試験方法について規定している。

A 同規格の附属書B(損失試験：方法B―挿入損失法)の規定により、光ファイバ損失試験方法のうち挿入損失法は原理的にはカットバック法と同様(光ファイバの2か所で光パワーを測定する方法)であるため、光ファイバ長手方向での損失の解析(融着接続部での損失、コネクタや入出力端での反射、欠陥箇所での損失や反射などの解析)に使用することはできない。したがって、記述は誤り。ただし、事前に入力基準レベル$P_1(\lambda)$を測定しておけば温度や外力など環境条件の変化に対し連続的な損失変動を測定することができるとされる。

B 同規格の附属書Bの規定により、挿入損失法はカットバック法よりも精度は落ちるが、被測定光ファイバおよび両端に固定される端子に対して非破壊でできる利点があるため、現場での使用に特に適しているとされ、主に両端にコネクタが取り付けられている光ファイバケーブルの試験に用いられる。したがって、記述は正しい。

(3) イーサネットがハブ等の誤接続などによって物理的にループ構成になった場合、そこにブロードキャストフレームが投入されると、MACフレームには寿命(転送回数の制限)がないため、そのフレームの転送が無限に繰り返されてネットワーク内を回り続けることになる。この現象をブロードキャストストームといい、ほんのわずかの間に帯域がすべて占有されてそのネットワークは通信不能に陥ってしまう。この対策として、LANスイッチにIEEE802.1Dで標準化された**STP**(スパニングツリープロトコル)の機能を持たせる方法がある。STPでは、LANスイッチ間でBPDUといわれる制御フレームを定期的にやり取りして情報を交換し、その情報をもとに各LANスイッチがポートを自動的にブロックする。その結果、ネットワークは論理的にはループのない最適なツリー構造となり、MACフレームがループ内を回り続けることが防止される。

(4) 設問の記述は、**Bのみ正しい**。JIS Q 9024：2003マネジメントシステムのパフォーマンス改善―継続的改善の手順及び技法の指針「7.継続的改善のための技法―7.1 数値データに関する技法」に関する問題である。

A 「7.1.5 ヒストグラム」の規定により、計測値の存在する範囲を幾つかの区間に分けた場合、各区間を底辺とし、その区間に属する測定値の度数に比例する面積をもつ長方形を並べた図は、ヒストグラムといわれる。したがって、記述は誤り。なお、管理図は、「7.1.7 管理図」に規定があり、連続した観測値または群にある統計量の値を、通常は時間順またはサンプル番号順に打点した図をいい、上側管理限界線および下側管理限界線、あるいはどちらか一方の限界線をもつとされる。

B 「7.1.2 パレート図」の規定内容と一定しているので、記述は正しい。

(5) 解答群中の記述のうち、誤っているのは、「**クリティカルパス上の各作業のフリーフロートはゼロであるが、トータルフロートはゼロとは限らない。**」である。

① アローダイアグラムでは、アクティビティ (作業)は実線の矢線で表されるが、その長さと所要日数は無関係である。もし、矢線の長さで所要日数を表すとすれば、作図も読み取りも困難になってしまう。このため、所要日数は、矢線の脇に記入して表す。したがって、記述は正しい。

② ダミー (疑似作業)は、補助的に用いる仮想作業であり、破線の矢印で表す。これは作業間の依存関係のみを表し、実際の作業ではないので、所要日数は0である。したがって、記述は正しい。

③ トータルフロート(全余裕)は、その作業の完了が遅れても全工程に遅延が生じないような遅れの限度を示したものである。作業の完了が遅れてトータルフロートを使い切るとその経路上の後続の作業のトータルフロートに影響を及ぼす場合がある。したがって、記述は正しい。

④ クリティカルパスは作業時間に余裕のない経路であり、経路上のフロートは必ず0である。したがって、記述は誤り。

⑤ フリーフロートはその作業の終点における最早結合点時刻からその作業の始点における最早結合点時刻とその作業の所要日数を引いたものであり、トータルフロートはその作業の終点における最遅結合点時刻からその作業の始点における最早結合点時刻とその作業の所要日数を引いたものである。作業の終点における最早結合点時刻は同じ作業の終点における最遅結合点時刻より早いか同じなので、任意の作業のフリーフロートは、その作業のトータルフロートと比較して小さいまたは等しいといえる。したがって、記述は正しい。

端末設備の接続に関する
法規

1 …… 電気通信事業法

2 …… 工担者規則、認定等規則、
有線電気通信法

3 …… 端末設備等規則（Ⅰ）

4 …… 端末設備等規則（Ⅱ）

5 …… 有線電気通信設備令、
不正アクセス禁止法、電子署名法

基礎

技術・理論

法規

端末設備の接続に関する法規

出題分析と対策の指針

第1級デジタル通信における「法規科目」は、第1問から第5問まであり、各問は配点が20点で、解答数は5つ、解答1つの配点が4点となる。

対策としては、条文を何度も読み返すようにするとよい。

●出題分析表

次の表は、第1級デジタル通信の試験における3年分の出題実績を示したものである。問題の傾向をみるうえで参考になるので是非活用していただきたい。

表 「端末設備の接続に関する法規」科目の出題分析

出題項目		出題実績 23秋	23春	22秋	22春	21秋	21春	学習のポイント
第1問	基礎的電気通信役務の提供(法7条)				○		○	公平かつ安定的な提供
	重要通信の確保(法8条)、緊急に行うことを要する通信(規55条)	○	○	○	○	○	○	人命に係る事態、治安の維持、選挙の執行又は結果、気象・水象・地象・地動の観測の報告・警報など
	電気通信事業の登録(法9条)						○	総務大臣の登録、電気通信回線設備
	業務の改善命令(法29条)	○		○		○		通信の秘密の確保、不当な差別的取扱い、適切に配慮、修理その他の措置
	技術基準適合命令(法43条)	○	○		○			修理若しくは改造、使用を制限
	管理規程(法44条)		○	○	○		○	事業の開始前、確実かつ安定的な提供
	端末設備の接続の技術基準(法52条)	○		○		○		同一の構内又は同一の建物内、損傷又はその機能に障害、他の利用者に迷惑、責任の分界が明確
	端末機器技術基準適合認定(法53条)				○	○		総務省で定める技術基準に適合
	表示が付されていないものとみなす場合(法55条)		○		○			他の利用者の通信への妨害の発生を防止
	端末設備の接続の検査(法69条)	○			○	○		電気通信事業者の検査、その身分を示す証明書
	自営電気通信設備の接続(法70条)		○		○	○	○	経営上困難
	工事担任者資格者証(法72条)		○		○			端末設備若しくは自営電気通信設備の接続、返納を命ぜられた日から1年
	利用者からの端末設備の接続請求を拒める場合(規31条)	○		○		○		電波を使用するもの、利用者による接続が著しく不適当なもの
第2問	工事担任者を要しない工事(担3条)					○	○	専用設備、船舶又は航空機、適合表示端末機器等、総務大臣が告示する方式
	資格者証の種類及び工事の範囲(担4条)	○	○	○	○	○		第1級アナログ通信、第2級アナログ通信、第1級デジタル通信、第2級デジタル通信、総合通信
	資格者証の交付(担38条)		○			○	○	知識及び技術の向上
	資格者証の再交付(担40条)	○	○	○	○		○	資格者証、写真1枚、変更の事実を証明する書類
	資格者証の返納(担41条)	○			○		○	10日以内
	表示(認10条)	○	○	○	○	○	○	技術基準適合認定番号の最初の文字、電磁的方法
	目的(有1条)	○	○	○			○	設置及び使用を規律、秩序を確立
	定義(有2条)	○				○		有線電気通信、有線電気通信設備
	有線電気通信設備の届出(有3条)			○				設備の設置の場所、工事の開始の日の2週間前
	本邦外にわたる有線電気通信設備(有4条)	○				○		事業に供する設備として設置、特定の事由がある場合において総務大臣の許可
	技術基準(有5条)	○				○	○	他人の設置する有線電気通信設備に妨害、人体に危害を及ぼし、又は物件に損傷
	設備の検査等(有6条)	○		○	○			設備に関する報告、帳簿書類、身分を示す証明書
	設備の改善等の措置(有7条)							技術基準に適合しない、使用の停止又は改造、修理
	非常事態における通信の確保(有8条)		○	○		○		電力の供給の確保

表 「端末設備の接続に関する法規」科目の出題分析(続き)

出題項目		出題実績						学習のポイント
		23秋	23春	22秋	22春	21秋	21春	
第3問・第4問	定義(端2条)	○	○	○	○	○	○	
	責任の分界(端3条)		○	○	○	○	○	分界点、分界点における接続の方式
	漏えいする通信の識別禁止(端4条)	○		○		○	○	事業用電気通信設備から漏えい、意図的に識別
	鳴音の発生防止(端5条)	○		○		○	○	事業用電気通信設備との間、発振状態
	絶縁抵抗等(端6条)	○	○		○			接地抵抗、絶縁耐力、金属製の台及び筐体
	過大音響衝撃の発生防止(端7条)				○	○	○	通話中に受話器から、過大な音響衝撃
	配線設備等(端8条)	○	○	○	○	○	○	絶縁抵抗、評価雑音電力、強電流電線との関係
	端末設備内において電波を使用する端末設備(端9条)	○			○	○	○	識別符号、空き状態の判定、一の筐体
	アナログ電話端末(端10～16条)	○	○	○	○		○	選択信号の条件、緊急通報機能
	移動電話端末(端17～32条)	○	○		○		○	基本的機能、発信の機能、送信タイミング
	インターネットプロトコル電話端末(端32条の2～9)	○	○		○	○		基本的機能、発信の機能
	インターネットプロトコル移動電話端末(端32条の10～25)	○		○	○			発信の機能
	専用通信回線設備等端末(端34条の8～10)	○	○	○		○	○	電気的条件、光学的条件、漏話減衰量、インターネットプロトコルを使用する専用通信回線設備等端末
第5問	定義(有令1条)	○	○	○		○	○	
	使用可能な電線の種類(有令2条の2、有規1条の2)							絶縁電線又はケーブル、人体に危害、物件に損傷
	通信回線の平衡度(有令3条)							通信回線の平衡度
	線路の電圧及び通信回線の電力(有令4条)							線路の電圧、通信回線の電力、音声周波、高周波
	架空電線の支持物(有令5～7条の2、有規4条)	○		○	○	○	○	安全係数、挟み、間を通る、足場金具、架空強電流電線の使用電圧が特別高圧
	架空電線の高さ(有令8条)	○			○		○	道路上、鉄道又は軌道を横断、河川を横断
	架空電線と他人の設置した架空電線等との関係(有令9～12条)	○		○		○		離隔距離、水平距離、同一の支持物への架設
	強電流電線に重畳される通信回線(有令13条)				○			安全に分離、開閉できる、異常電圧、保安装置
	屋内電線(有令18条)、屋内電線と屋内強電流電線との交差又は接近(有規18条)		○				○	離隔距離、絶縁性のある隔壁、絶縁管、耐火性のある堅ろうな隔壁、耐火性のある堅ろうな管
	有線電気通信設備の保安(有令19条)		○					絶縁機能、避雷機能その他の保安機能
	目的(ア1条)	○						援助措置等、犯罪の防止、秩序の維持
	定義(ア2条)			○	○	○	○	アクセス管理者、不正アクセス行為
	アクセス管理者による防御措置(ア8条)		○		○			アクセス管理者、有効性を検証、機能の高度化
	目的(署1条)			○				情報の電磁的方式による流通及び情報処理の促進
	定義(署2条)	○			○	○		電子署名、電磁的記録、認証業務、特定認証業務
	電磁的記録の真正な成立の推定(署3条)		○				○	本人、電子署名

(凡例)各項目の括弧内の「法」は電気通信事業法、「規」は電気通信事業法施行規則、「担」は工事担任者規則、「認」は端末機器の技術基準適合認定等に関する規則、「有」は有線電気通信法、「端」は端末設備等規則、「有令」は有線電気通信設備令、「有規」は有線電気通信設備令施行規則、「ア」は不正アクセス行為の禁止等に関する法律、「署」は電子署名及び認証業務に関する法律をそれぞれ表しています。
また、「出題実績」欄の○印は、当該項目がいつ出題されたかを示しています。
23秋:2023年秋(11月)試験に出題　　　23春:2023年春(5月)試験に出題
22秋:2022年秋(11月)試験に出題　　　22春:2022年春(5月)試験に出題
21秋:2021年秋(11月)試験に出題　　　21春:2021年春(5月)試験に出題

法規

総則、電気通信事業

●電気通信事業法の目的（第1条）

電気通信事業の運営を適正かつ合理的なものとするとともに、その公正な競争を促進することにより、電気通信役務の円滑な提供を確保するとともにその利用者等の利益を保護し、もって電気通信の健全な発達及び国民の利便の確保を図り、公共の福祉を増進すること。

●用語の定義（第2条、施行規則第2条）

電気通信	有線、無線その他の電磁的方式により、符号、音響、又は影像を送り、伝え、又は受けること
電気通信設備	電気通信を行うための機械、器具、線路その他の電気的設備
電気通信役務	電気通信設備を用いて他人の通信を媒介し、その他電気通信設備を他人の通信の用に供すること
電気通信事業	電気通信役務を他人の需要に応ずるために提供する事業（放送法第118条第1項に規定する放送局設備供給役務に係る事業を除く。）
電気通信事業者	電気通信事業を営むことについて第9条の登録を受けた者及び第16条第1項（同条第2項の規定により読み替えて適用する場合を含む。）の規定による届出をした者
電気通信業務	電気通信事業者の行う電気通信役務の提供の業務
利用者	次の①又は②に掲げる者をいう。①電気通信事業者又は第164条第1項第三号に掲げる電気通信事業（以下「第三号事業」という。）を営む者との間に電気通信役務の提供を受ける契約を締結する者その他これに準ずる者として総務省令で定める者②電気通信事業者又は第三号事業を営む者から電気通信役務（これらの者が営む電気通信事業に係るものに限る。）の提供を受ける者（①に掲げる者を除く。）
音声伝送役務	おおむね4kHz帯域の音声その他の音響を伝送交換する機能を有する電気通信設備を他人の通信の用に供する電気通信役務であってデータ伝送役務以外のもの
データ伝送役務	専ら符号又は影像を伝送交換するための電気通信設備を他人の通信の用に供する電気通信役務
専用役務	特定の者に電気通信設備を専用させる電気通信役務

●通信の秘密の保護（第4条）

電気通信事業者の取扱中に係る通信の秘密は、侵してはならない。また、電気通信事業に従事する者は、在職中電気通信事業者の取扱中に係る通信に関して知り得た他人の秘密を守らなければならない。その職を退いた後においても、同様とする。

●利用の公平（第6条）

電気通信事業者は、電気通信役務の提供について不当な差別的取扱いをしてはならない。

●基礎的電気通信役務の提供（第7条）

基礎的電気通信役務を提供する電気通信事業者は、その適切、公平かつ安定的な提供に努めなければならない。

●重要通信の確保（第8条）

電気通信事業者は、天災、事変その他の非常事態が発生し、又は発生するおそれがあるときは、災害の予防若しくは救援、交通、通信若しくは電力の供給の確保又は秩序の維持のために必要な事項を内容とする通信を優先的に取り扱わなければならない。公共の利益のため緊急に行うことを要するその他の通信であって総務省令で定めるものについても同様とする。

●電気通信事業の登録（第9条）

電気通信事業を営もうとする者は、総務大臣の登録を受けなければならない。

ただし、その者が設置する電気通信回線設備の規模及び設置区域の範囲が総務省令で定める基準を超えない等の場合は、総務大臣への届出（第16条）を行う。

●業務の改善命令（第29条）

総務大臣は、通信の秘密の確保に支障があるとき、特定の者に対し不当な差別的取扱いを行っているとき、重要通信に関する事項について適切に配慮していないとき、料金の算出方法や工事費用の負担の方法が適正かつ明確でないため利用者の利益を阻害しているとき、提供条件が電気通信回線設備の使用の態様を不当に制限するものであるとき等の場合は、電気通信事業者に対し、業務の方法の改善その他の措置をとるべきことを命ずることができる。

電気通信設備

●技術基準適合命令（第43条）

総務大臣は、電気通信事業法第41条〔電気通信設備の維持〕第1項に規定する電気通信設備が総務省令で定める技術基準に適合していないと認めるときは、当該電気通信設備を設置する電気通信事業者に対し、その技術基準に適合するように当該設備を修理し、若しくは改造することを命じ、又はその使用を制限することができる。

●端末設備の接続の請求（第52条第1項、施行規則第31条）

電気通信事業者は、利用者から端末設備の接続の請求を受けたときは、その請求を拒むことができない。ただし、その接続が総務省令で定める技術基準に適合しない場合や、利用者から、端末設備であって電波を使用するもの（別に告示で定めるものを除く。）及び公衆電話機その他利用者による接続が著しく不適当なものの接続の請求を受けた場合は拒否できる。

●端末設備の接続の技術基準（第52条第2項）

端末設備の接続の技術基準は、これにより次の事項が確保されるものとして定められなければならない。

①電気通信回線設備を損傷し、又はその機能に障害を与えないようにすること。

②電気通信回線設備を利用する他の利用者に迷惑を及ぼさないようにすること。

③電気通信事業者の設置する電気通信回線設備と利用者の接続する端末設備との責任の分界が明確であるようにすること。

●端末設備の定義

電気通信回線設備の一端に接続される電気通信設備であって、一の部分の設置の場所が他の部分の設置の場所と同一の構内又は同一の建物内であるものをいう。一方、電気通信回線設備を設置する電気通信事業者以外の者が設置

する電気通信設備であって端末設備以外のものは、自営電気通信設備に該当する。

●技術基準と技術的条件
・端末設備の接続の技術基準……総務省令で定める
・端末設備の接続に関する技術的条件……当該電気通信回線設備を設置する電気通信事業者又は当該電気通信事業者とその電気通信設備を接続する他の電気通信事業者であって総務省令で定めるものが総務大臣の認可を受けて定める

●端末機器技術基準適合認定（第53条）
　登録認定機関は、その登録に係る技術基準適合認定を受けようとする者から求めがあった場合、総務省令で定めるところにより審査を行い、当該求めに係る端末機器（総務省令で定める種類の端末設備の機器をいう。）が端末設備の接続の技術基準に適合していると認めるときに限り、技術基準適合認定を行う。登録認定機関は技術基準適合認定をしたときは、総務省令で定めるところにより当該端末機器に技術基準適合認定をした旨の表示を付さなければならない。

●表示が付されていないものとみなす場合（第55条）
　登録認定機関による技術基準適合認定を受けた端末機器であって、電気通信事業法の規定により表示が付されているものが総務省令で定める技術基準に適合していない場合において、総務大臣が電気通信回線設備を利用する他の利用者の通信への妨害の発生を防止するため特に必要があると認めるときは、当該端末機器は、同法の規定による表示が付されていないものとみなす。

　総務大臣は、端末機器について表示が付されていないものとみなされたときは、その旨を公示しなければならない。

●端末設備の接続の検査（第69条）
　利用者は、電気通信事業者の電気通信回線設備に端末設備を接続したときは、その使用の開始前に当該電気通信事業者の検査を受け、その接続が総務省令で定める技術基準に適合していると認められた後でなければ、これを使用してはならない。ただし、適合表示端末機器を接続する場合その他総務省令で定める場合は、この限りでない。

　また、接続後に端末設備に異常がある場合その他電気通信役務の円滑な提供に支障がある場合において必要と認めるときは、電気通信回線設備を設置する電気通信事業者は、利用者に対して検査を受けるべきことを求めることができる。

　なお、これらの検査に従事する者は、端末設備の設置の場所に立ち入るときは、その身分を示す証明書を携帯し、関係人に提示しなければならない。

●検査を受ける必要がない場合等（施行規則第32条）
①利用者が端末設備の使用を開始するに当たって電気通信事業者の検査を受ける必要のない場合
・端末設備を同一の構内において移動するとき。
・通話の用に供しない端末設備又は網制御に関する機能を有しない端末設備を増設し、取り替え、又は改造するとき。
・防衛省が、電気通信事業者の検査に係る端末設備の接続について、端末設備の接続の技術基準に適合するかどうかを判断するために必要な資料を提出したとき。
・電気通信事業者が、その端末設備の接続につき検査を省略しても端末設備の接続の技術基準に適合しないお

それがないと認められる場合であって、検査を省略することが適当であるとしてその旨を定め公示したものを接続するとき。
・電気通信事業者が、総務大臣の認可を受けて定める技術的条件に適合していることについて、登録認定機関又は承認認定機関が認定をした端末機器を接続したとき。
・専らその全部又は一部を電気通信事業を営む者が提供する電気通信役務を利用して行う放送の受信のために使用される端末設備であるとき。
・本邦に入国する者が、自ら持ち込む端末設備（総務大臣が別に告示する技術基準に適合しているものに限る。）であって、当該者の入国の日から同日以後90日を経過する日までの間に限り使用するものを接続するとき。
・電波法の規定による届出に係る無線設備である端末設備（総務大臣が別に告示する技術基準に適合しているものに限る。）であって、当該届出の日から同日以後180日を経過する日までの間に限り使用するものを接続するとき。
②利用者が電気通信事業者から接続の検査を受けるべきことを求められたとき、その請求を拒める場合
・電気通信事業者が、利用者の営業時間外及び日没から日出までの間において検査を受けるべきことを求めるとき。
・防衛省が、電気通信事業者の検査に係る端末設備の接続について、端末設備の接続の技術基準に適合するかどうかを判断するために必要な資料を提出したとき。

●自営電気通信設備の接続（第70条）
　自営電気通信設備の接続の請求及び検査に関しては、基本的に端末設備の場合と扱いは同じであるが、自営電気通信設備のみ、それを接続することにより電気通信事業者が電気通信回線設備を保持することが経営上困難となることについて総務大臣の認定を受けたときは接続を拒否できる。

●工事担任者による工事の実施及び監督（第71条）
　利用者は、端末設備又は自営電気通信設備を接続するときは、工事担任者資格者証の交付を受けている者（「工事担任者」という。）に、当該工事担任者資格者証の種類に応じ、これに係る工事を行わせ、又は実地に監督させなければならない。ただし、総務省令で定める場合は、この限りでない。

　工事担任者は、その工事の実施又は監督の職務を誠実に行わなければならない。

●工事担任者資格者証（第72条）
①交付を受けることができる者
・工事担任者試験に合格した者
・総務大臣が認定した養成課程を修了した者
・総務大臣が、試験合格者等と同等以上の知識及び技能を有すると認定した者
②交付を受けられないことがある者
・資格者証の返納を命ぜられ、1年を経過しない者
・電気通信事業法の規定により罰金以上の刑に処せられ、その執行が終わってから2年を経過しない者
③返納
　総務大臣は、工事担任者が電気通信事業法又は同法に基づく命令の規定に違反したときは、資格者証の返納を命ずることができる。

法規

1

電気通信事業法

次の各文章の　　　　内に、それぞれの[　　]の解答群の中から、「電気通信事業法」又は「電気通信事業法施行規則」に規定する内容に照らして最も適したものを選び、その番号を記せ。　　(小計20点)

(1) 電気通信事業法に規定する「端末設備の接続の技術基準」又は「端末設備の接続の検査」について述べた次の文章のうち、誤っているものは、　(ア)　である。ただし、技術基準には、電気通信回線設備を設置する電気通信事業者又は当該電気通信事業者とその電気通信設備を接続する他の電気通信事業者であって総務省令で定めるものが総務大臣の認可を受けて定める技術的条件を含む。　　(4点)

　① 電気通信事業者は、利用者から端末設備をその電気通信回線設備(その損壊又は故障等による利用者の利益に及ぼす影響が軽微なものとして総務省令で定めるものを除く。)に接続すべき旨の請求を受けたときは、その接続が総務省令で定める技術基準に適合しない場合その他総務省令で定める場合を除き、その請求を拒むことができない。

　② 利用者は、適合表示端末機器を接続する場合その他総務省令で定める場合を除き、電気通信事業者の電気通信回線設備に端末設備を接続したときは、当該電気通信事業者の検査を受け、その接続が電気通信事業法の規定に基づく総務省令で定める技術基準に適合していると認められた後でなければ、これを使用してはならない。

　③ 端末設備の接続の技術基準は、電気通信事業者の設置する電気通信回線設備と利用者の接続する端末設備の設置の場所が明確であるようにすることが確保されるものとして定められなければならない。

　④ 電気通信回線設備を設置する電気通信事業者は、端末設備に異常がある場合その他電気通信役務の円滑な提供に支障がある場合において必要と認めるときは、利用者に対し、その端末設備の接続が電気通信事業法の規定に基づく総務省令で定める技術基準に適合するかどうかの検査を受けるべきことを求めることができる。

(2) 総務大臣は、事故により電気通信役務の提供に支障が生じている場合に電気通信事業者がその支障を除去するために必要な修理その他の措置を速やかに行わないと認めるときは、当該電気通信事業者に対し、利用者の利益又は公共の利益を確保するために必要な限度において、　(イ)　ことを命ずることができる。　(4点)

　① 電気通信設備の工事、維持及び運用に関する管理規程を変更すべき
　② その理由又は原因について、速やかに報告すべき
　③ 業務の方法の改善その他の措置をとるべき
　④ 事業の一部を休止又は停止し、総務大臣に届け出るべき

(3) 総務大臣は、電気通信回線設備を設置する電気通信事業者がその電気通信事業の用に供する電気通信設備が総務省令で定める技術基準に適合していないと認めるときは、当該電気通信設備を設置する電気通信事業者に対し、その技術基準に適合するように当該設備を修理し、若しくは　(ウ)　することを命じ、又はその使用を制限することができる。　(4点)

　[① 休　止　② 調　整　③ 撤　去　④ 更　改　⑤ 改　造]

(4) 電気通信事業法施行規則において、電気通信事業者が利用者からの端末設備の接続請求を拒める場合は、利用者から、端末設備であって　(エ)　を使用するもの(別に告示で定めるものを除く。)及び公衆電話機その他利用者による接続が著しく不適当なものの接続の請求を受けた場合と規定されている。　(4点)

　[① 電　波　② 赤外線　③ 直流電圧　④ 強電流電気　⑤ 帯域外信号]

(5) 電気通信事業法施行規則に規定する緊急に行うことを要する通信について述べた次の二つの文章は、　(オ)　。　(4点)

　A 気象、水象、地象若しくは地動による被害の予防又は復旧の方法に関する事項であって、緊急に通報することを要する事項を内容とする通信で、気象機関相互間において行われるものは規定に該当する通信である。

　B 水道、ガス等の国民の日常生活に必要不可欠な役務の提供その他生活基盤を維持するため緊急を要する事項を内容とする通信であって、これらの通信を行う者相互間において行われるものは規定に該当する通信である。

　[① Aのみ正しい　② Bのみ正しい　③ AもBも正しい　④ AもBも正しくない]

解　説

(1) 電気通信事業法第52条〔端末設備の接続の技術基準〕及び第69条〔端末設備の接続の検査〕に関する問題である。

　①、②、④：①は第52条第1項、②は第69条第1項、④は第69条第2項に規定する内容と一致しているので、いずれも文章は正しい。

　③：第52条第2項第三号の規定により、端末設備の接続の技術基準は、電気通信事業者の設置する電気通信回線設備と利用者の接続する端末設備<u>との責任の分界</u>が明確であるようにすることが確保されるものとして定められなければならないとされているので、文章は誤り。

　よって、解答群の文章のうち、<u>誤っているもの</u>は、「**端末設備の接続の技術基準は、電気通信事業者の設置する電気通信回線設備と利用者の接続する端末設備の設置の場所が明確であるようにすることが確保されるものとして定められなければならない。**」である。

(2) 電気通信事業法第29条〔業務の改善命令〕第1項第八号の規定により、総務大臣は、事故により電気通信役務の提供に支障が生じている場合に電気通信事業者がその支障を除去するために必要な修理その他の措置を速やかに行わないと認めるときは、当該電気通信事業者に対し、利用者の利益又は公共の利益を確保するために必要な限度において、**業務の方法の改善その他の措置をとるべき**ことを命ずることができるとされている。

(3) 電気通信事業法第43条〔技術基準適合命令〕第1項の規定により、総務大臣は、第41条〔電気通信設備の維持〕第1項に規定する電気通信設備が同項の総務省令で定める技術基準に適合していないと認めるときは、当該電気通信設備を設置する電気通信事業者に対し、その技術基準に適合するように当該設備を修理し、若しくは**改造**することを命じ、又はその使用を制限することができるとされている。

(4) 電気通信事業法第52条〔端末設備の接続の技術基準〕第1項の規定により、電気通信事業者は、利用者から端末設備をその電気通信回線設備（その損壊又は故障等による利用者の利益に及ぼす影響が軽微なものとして総務省令で定めるものを除く。）に接続すべき旨の請求を受けたときは、その接続が総務省令で定める技術基準に適合しない場合その他総務省令で定める場合を除き、その請求を拒むことができないとされている。また、電気通信事業法施行規則第31条〔利用者からの端末設備の接続請求を拒める場合〕の規定により、電気通信事業法第52条第1項の総務省令で定める場合とは、利用者から、端末設備であって**電波**を使用するもの（別に告示で定めるものを除く。）及び公衆電話機その他利用者による接続が著しく不適当なものの接続の請求を受けた場合とするとされている。

(5) 電気通信事業法第8条〔重要通信の確保〕第1項の規定により、電気通信事業者は、天災、事変その他の非常事態が発生し、又は発生するおそれがあるときは、災害の予防若しくは救援、交通、通信若しくは電力の供給の確保又は秩序の維持のために必要な事項を内容とする通信を優先的に取り扱わなければならない。公共の利益のため緊急に行うことを要するその他の通信であって総務省令で定めるものについても、同様とするとされている。

　この総務省令で定める通信とは、電気通信事業法施行規則第55条〔緊急に行うことを要する通信〕の規定により、次の表1の左欄に掲げる事項を内容とする通信であって、同表の右欄に掲げる機関等において行われるものとするとされている。設問のAの文章は、表1の「五」の規定により誤りである。一方、Bの文章は、「六」に規定する内容と一致しているので正しい。よって、設問の文章は、**Bのみ正しい**。

表1　緊急に行うことを要する通信

通信の内容	機関等
一．火災、集団的疫病、交通機関の重大な事故その他人命の安全に係る事態が発生し、又は発生するおそれがある場合において、その予防、救援、復旧等に関し、緊急を要する事項	(1)　予防、救援、復旧等に直接関係がある機関相互間 (2)　左記の事態が発生し、又は発生するおそれがあることを知った者と(1)の機関との間
二．治安の維持のため緊急を要する事項	(1)　警察機関相互間 (2)　海上保安機関相互間 (3)　警察機関と海上保安機関との間 (4)　犯罪が発生し、又は発生するおそれがあることを知った者と警察機関又は海上保安機関との間
三．国会議員又は地方公共団体の長若しくはその議会の議員の選挙の執行又はその結果に関し、緊急を要する事項	選挙管理機関相互間
四．天災、事変その他の災害に際し、災害状況の報道を内容とするもの	新聞社等の機関相互間
五．気象、水象、地象若しくは地動の観測の報告又は警報に関する事項であって、緊急に通報することを要する事項	気象機関相互間
六．水道、ガス等の国民の日常生活に必要不可欠な役務の提供その他生活基盤を維持するため緊急を要する事項	左記の通信を行う者相互間

法規

1
電気通信事業法

答

(ア)	③
(イ)	③
(ウ)	⑤
(エ)	①
(オ)	②

次の各文章の 内に、それぞれの[ ]の解答群の中から、「電気通信事業法」又は「電気通信事業法施行規則」に規定する内容に照らして最も適したものを選び、その番号を記せ。 （小計20点）

(1) 電気通信事業法に規定する「工事担任者資格者証」について述べた次の文章のうち、誤っているものは、 (ア) である。 （4点）

　① 総務大臣は、電気通信事業法の規定により工事担任者資格者証の返納を命ぜられ、その日から1年を経過しない者に対しては、工事担任者資格者証の交付を行わないことができる。

　② 総務大臣は、電気通信事業法の規定により罰金以上の刑に処せられ、その執行を終わり、又はその執行を受けることがなくなった日から2年を経過しない者に対しては、工事担任者資格者証の交付を行わないことができる。

　③ 工事担任者資格者証の種類及び工事担任者が行い、又は監督することができる端末設備若しくはその付属設備の接続に係る工事の範囲は、総務省令で定める。

　④ 総務大臣は、工事担任者資格者証の交付を受けようとする者の養成課程で、総務大臣が総務省令で定める基準に適合するものであることの認定をしたものを修了した者に対し、工事担任者資格者証を交付する。

(2) 電気通信事業法に規定する「管理規程」及び「技術基準適合命令」について述べた次の二つの文章は、 (イ) 。 （4点）

A　電気通信事業者は、総務省令で定めるところにより、事業用電気通信設備の管理規程を定め、電気通信事業の開始後速やかに、総務大臣に届け出なければならない。

B　総務大臣は、電気通信事業法に規定する電気通信設備が総務省令で定める技術基準に適合していないと認めるときは、当該電気通信設備を設置する電気通信事業者に対し、その技術基準に適合するように当該設備を修理し、若しくは改造することを命じ、又はその使用を制限することができる。

　　[① Aのみ正しい　② Bのみ正しい　③ AもBも正しい　④ AもBも正しくない]

(3) 電気通信事業法の「自営電気通信設備の接続」において、電気通信事業者は、自営電気通信設備をその電気通信回線設備に接続すべき旨の請求を受けたとき、その自営電気通信設備を接続することにより当該電気通信事業者の電気通信回線設備の (ウ) が経営上困難となることについて当該電気通信事業者が総務大臣の認定を受けたときは、その請求を拒むことができると規定されている。 （4点）

　　[① 管 理　② 提 供　③ 調 整　④ 運 用　⑤ 保 持]

(4) 端末機器の技術基準適合認定番号の表示が付されていないものとみなす場合について述べた次の二つの文章は、 (エ) 。 （4点）

A　登録認定機関による技術基準適合認定を受けた端末機器であって電気通信事業法の規定により表示が付されているものが総務省令で定める技術基準に適合していない場合において、総務大臣が電気通信回線設備を利用する他の利用者の通信への妨害の発生を防止するため特に必要があると認めるときは、当該端末機器は、同法の規定による表示が付されていないものとみなす。

B　登録認定機関は、電気通信事業法の規定により端末機器について表示が付されていないものとみなされたときは、その旨を公示しなければならない。

　　[① Aのみ正しい　② Bのみ正しい　③ AもBも正しい　④ AもBも正しくない]

(5) 電気通信事業法の規定に基づき、公共の利益のため緊急に行うことを要する通信として総務省令で定めるものに、火災、集団的疫病、 (オ) その他人命の安全に係る事態が発生し、又は発生するおそれがある場合において、その予防、救援、復旧等に関し、緊急を要する事項を内容とする通信であって、予防、救援、復旧等に直接関係がある機関相互間において行われるものがある。 （4点）

　　[① 公共放送の長時間の停止　② 生活基盤の崩壊　③ 交通機関の重大な事故]
　　[④ 電子計算機への攻撃　　　⑤ 電気通信回線設備の大規模な故障]

解説

(1) 電気通信事業法第72条〔工事担任者資格者証〕に関する問題である。

①、②：同条第2項で準用する第46条〔電気通信主任技術者資格者証〕第4項の規定により、総務大臣は、次の各号のいずれかに該当する者に対しては、工事担任者資格者証の交付を行わないことができるとされている。①の文章は「一」、②の文章は「二」に規定する内容と一致しているので、いずれも正しい。

一　電気通信事業法又は同法に基づく命令の規定に違反して、工事担任者資格者証の返納を命ぜられ、その日から1年を経過しない者

二　電気通信事業法の規定により罰金以上の刑に処せられ、その執行を終わり、又はその執行を受けることがなくなった日から2年を経過しない者

③：同条第1項の規定により、工事担任者資格者証の種類及び工事担任者が行い、又は監督することができる端末設備若しくは自営電気通信設備の接続に係る工事の範囲は、総務省令で定めるとされているので、文章は誤り。

④：同条第2項で準用する第46条第3項第二号に規定する内容と一致しているので、文章は正しい。

よって、解答群の文章のうち、誤っているものは、「**工事担任者資格者証の種類及び工事担任者が行い、又は監督することができる端末設備若しくはその付属設備の接続に係る工事の範囲は、総務省令で定める。**」である。

(2) 電気通信事業法第43条〔技術基準適合命令〕及び第44条〔管理規程〕に関する問題である。

A　第44条第1項の規定により、電気通信事業者は、総務省令で定めるところにより、第41条〔電気通信設備の維持〕第1項から第5項まで（第4項を除く。）又は第41条の2のいずれかに規定する電気通信設備（以下「事業用電気通信設備」という。）の管理規程を定め、電気通信事業の開始前に、総務大臣に届け出なければならないとされているので、文章は誤り。

B　第43条第1項に規定する内容と一致しているので、文章は正しい。

よって、設問の文章は、**Bのみ正しい**。

(3) 電気通信事業法第70条〔自営電気通信設備の接続〕第1項の規定により、電気通信事業者は、電気通信回線設備を設置する電気通信事業者以外の者からその電気通信設備（端末設備以外のものに限る。以下「自営電気通信設備」という。）をその電気通信回線設備に接続すべき旨の請求を受けたときは、次に掲げる場合を除き、その請求を拒むことができないとされている。つまり、以下の「一」又は「二」の場合は請求を拒むことができる。

一　その自営電気通信設備の接続が、総務省令で定める技術基準（当該電気通信事業者又は当該電気通信事業者とその電気通信設備を接続する他の電気通信事業者であって総務省令で定めるものが総務大臣の認可を受けて定める技術的条件を含む。）に適合しないとき。

二　その自営電気通信設備を接続することにより当該電気通信事業者の電気通信回線設備の**保持**が経営上困難となることについて当該電気通信事業者が総務大臣の認定を受けたとき。

(4) 電気通信事業法第55条〔表示が付されていないものとみなす場合〕に関する問題である。

A　同条第1項に規定する内容と一致しているので、文章は正しい。

B　同条第2項の規定により、総務大臣は、同条第1項の規定により端末機器について表示が付されていないものとみなされたときは、その旨を公示しなければならないとされているので、文章は誤り。

よって、設問の文章は、**Aのみ正しい**。

(5) 電気通信事業法第8条〔重要通信の確保〕第1項の規定により、電気通信事業者は、天災、事変その他の非常事態が発生し、又は発生するおそれがあるときは、災害の予防若しくは救援、交通、通信若しくは電力の供給の確保又は秩序の維持のために必要な事項を内容とする通信を優先的に取り扱わなければならない。公共の利益のため緊急に行うことを要するその他の通信であって総務省令で定めるものについても、同様とするとされている。

この総務省令（電気通信事業法施行規則第55条〔緊急に行うことを要する通信〕）で定めるものに、火災、集団的疫病、**交通機関の重大な事故**その他人命の安全に係る事態が発生し、又は発生するおそれがある場合において、その予防、救援、復旧等に関し、緊急を要する事項を内容とする通信であって、予防、救援、復旧等に直接関係がある機関相互間において行われるものがある。

法規

1

電気通信事業法

答

㈠	③
㈡	②
㈢	⑤
㈣	①
㈤	③

次の各文章の　　　　内に、それぞれの[　　]の解答群の中から、「電気通信事業法」又は「電気通信事業法施行規則」に規定する内容に照らして最も適したものを選び、その番号を記せ。　　　（小計20点）

(1)　電気通信事業法に規定する「重要通信の確保」又は「端末設備の接続の技術基準」について述べた次の文章のうち、誤っているものは、　(ア)　である。　　　　　　　　　　　　　　　　　　　　　　（4点）

　　① 重要通信を優先的に取り扱わなければならない場合において、電気通信事業者は、必要があるときは、総務省令で定める基準に従い、電気通信業務の一部を停止することができる。

　　② 電気通信事業者は、重要通信の円滑な実施を他の電気通信事業者と相互に連携を図りつつ確保するため、他の電気通信事業者と電気通信設備を相互に接続する場合には、総務省令で定めるところにより、相互接続に係る技術的条件及び料金について取り決めることその他の必要な措置を講じなければならない。

　　③ 電気通信事業者は、利用者から端末設備をその電気通信回線設備に接続すべき旨の請求を受けたときは、その接続が総務省令で定める技術基準に適合しない場合その他総務省令で定める場合を除き、その請求を拒むことができない。

　　④ 端末設備の接続の技術基準は、電気通信回線設備を利用する他の利用者に迷惑を及ぼさないようにすることが確保されるものとして定められなければならない。

(2)　電気通信事業法に基づき、公共の利益のため緊急に行うことを要するその他の通信として総務省令で定めるものに該当する通信について述べた次の二つの文章は、　(イ)　。　　　　　　　　（4点）

　A　天災、事変その他の災害に際し、災害状況の報道を内容とする通信であって、新聞社等の機関相互間において行われるものは該当する通信である。

　B　国会議員又は地方公共団体の長若しくはその議会の議員の選挙の執行又はその結果に関し、緊急を要する事項を内容とする通信であって、選挙管理機関相互間において行われるものは該当する通信である。

　　［① Aのみ正しい　　② Bのみ正しい　　③ AもBも正しい　　④ AもBも正しくない］

(3)　電気通信事業法の「業務の改善命令」において、総務大臣は、電気通信事業者が重要通信に関する事項について　(ウ)　していないと認めるときは、当該電気通信事業者に対し、利用者の利益又は公共の利益を確保するために必要な限度において、業務の方法の改善その他の措置をとるべきことを命ずることができると規定されている。　　　　　　　　　　　　　　　　　　　　　　　　　　　　　　　　　　　　　　　（4点）

　　［① 安全を確保　　② 技術基準に適合　　③ 約款を遵守　　④ 情報を開示　　⑤ 適切に配慮］

(4)　電気通信事業者は、総務省令で定めるところにより、事業用電気通信設備の管理規程を定め、電気通信事業の開始前に、総務大臣に届け出なければならない。管理規程は、電気通信役務の　(エ)　な提供を確保するために電気通信事業者が遵守すべき事項に関し、総務省令で定めるところにより、必要な内容を定めたものでなければならない。　　　　　　　　　　　　　　　　　　　　　　　　　　　（4点）

　　［① 適正かつ継続的　　② 適切かつ合理的　　③ 健全かつ効率的
　　　④ 公正かつ発展的　　⑤ 確実かつ安定的］

(5)　電気通信事業法に基づき総務省令で定める、電気通信事業者が利用者からの端末設備の接続請求を拒める場合は、利用者から、端末設備であって電波を使用するもの（別に告示で定めるものを除く。）及び公衆電話機その他　(オ)　が著しく不適当なものの接続の請求を受けた場合である。　　　　　　　　（4点）

　　［① 有線による接続　　② 分界点の設置の場所　　③ 端末設備の制御機能
　　　④ 利用者による接続　　⑤ 電気通信事業者の管理］

解　説

(1) 電気通信事業法第8条〔重要通信の確保〕及び第52条〔端末設備の接続の技術基準〕に関する問題である。

①：第8条第2項に規定する内容と一致しているので、文章は正しい。

②：第8条第3項の規定により、電気通信事業者は、重要通信の円滑な実施を他の電気通信事業者と相互に連携を図りつつ確保するため、他の電気通信事業者と電気通信設備を相互に接続する場合には、総務省令で定めるところにより、重要通信の優先的な取扱いについて取り決めることその他の必要な措置を講じなければならないとされている。したがって、文章は誤り。第8条は、電気通信事業者の義務として、非常時に重要通信（災害に関する報道など）を優先的に取り扱うよう規定している。

③：第52条第1項に規定する内容と一致しているので、文章は正しい。

④：第52条第2項の規定により、端末設備の接続の技術基準は、これにより次の事項が確保されるものとして定められなければならないとされている。設問の文章は、「二」に規定する内容と一致しているので正しい。

　一　電気通信回線設備を損傷し、又はその機能に障害を与えないようにすること。

　二　電気通信回線設備を利用する他の利用者に迷惑を及ぼさないようにすること。

　三　電気通信事業者の設置する電気通信回線設備と利用者の接続する端末設備との責任の分界が明確であるようにすること。

　よって、解答群の文章のうち、誤っているものは、「**電気通信事業者は、重要通信の円滑な実施を他の電気通信事業者と相互に連携を図りつつ確保するため、他の電気通信事業者と電気通信設備を相互に接続する場合には、総務省令で定めるところにより、相互接続に係る技術的条件及び料金について取り決めることその他の必要な措置を講じなければならない。**」である。

(2) 電気通信事業法第8条〔重要通信の確保〕第1項の規定により、電気通信事業者は、天災、事変その他の非常事態が発生し、又は発生するおそれがあるときは、災害の予防若しくは救援、交通、通信若しくは電力の供給の確保又は秩序の維持のために必要な事項を内容とする通信を優先的に取り扱わなければならない。公共の利益のため緊急に行うことを要するその他の通信であって総務省令で定めるものについても、同様とするとされている。

　この総務省令で定める通信とは、電気通信事業法施行規則第55条〔緊急に行うことを要する通信〕で規定されている通信を指す。

A　同条の表の「四」に規定する内容と一致しているので、文章は正しい。

B　同条の表の「三」に規定する内容と一致しているので、文章は正しい。

　よって、設問の文章は、**AもBも正しい。**

(3) 電気通信事業法第29条〔業務の改善命令〕第1項第三号の規定により、総務大臣は、電気通信事業者が重要通信に関する事項について**適切に配慮**していないと認めるときは、当該電気通信事業者に対し、利用者の利益又は公共の利益を確保するために必要な限度において、業務の方法の改善その他の措置をとるべきことを命ずることができるとされている。

(4) 電気通信事業法第44条〔管理規程〕第1項の規定により、電気通信事業者は、総務省令で定めるところにより、第41条〔電気通信設備の維持〕第1項から第5項まで（第4項を除く。）又は第41条の2のいずれかに規定する電気通信設備（以下「事業用電気通信設備」という。）の管理規程を定め、電気通信事業の開始前に、総務大臣に届け出なければならないとされている。また、同条第2項の規定により、管理規程は、電気通信役務の**確実かつ安定的**な提供を確保するために電気通信事業者が遵守すべき次に掲げる事項に関し、総務省令で定めるところにより、必要な内容を定めたものでなければならないとされている。

　一　電気通信役務の確実かつ安定的な提供を確保するための事業用電気通信設備の管理の方針に関する事項

　二　電気通信役務の確実かつ安定的な提供を確保するための事業用電気通信設備の管理の体制に関する事項

　三　電気通信役務の確実かつ安定的な提供を確保するための事業用電気通信設備の管理の方法に関する事項

　四　第44条の3〔電気通信設備統括管理者〕第1項に規定する電気通信設備統括管理者の選任に関する事項

(5) 電気通信事業法第52条〔端末設備の接続の技術基準〕第1項の規定により、電気通信事業者は、利用者から端末設備をその電気通信回線設備（その損壊又は故障等による利用者の利益に及ぼす影響が軽微なものとして総務省令で定めるものを除く。）に接続すべき旨の請求を受けたときは、その接続が総務省令で定める技術基準に適合しない場合その他総務省令で定める場合を除き、その請求を拒むことができないとされている。また、電気通信事業法施行規則第31条〔利用者からの端末設備の接続請求を拒める場合〕の規定により、電気通信事業法第52条第1項の総務省令で定める場合とは、利用者から、端末設備であって電波を使用するもの（別に告示で定めるものを除く。）及び公衆電話機その他**利用者による接続**が著しく不適当なものの接続の請求を受けた場合とするとされている。

答	
(ア)	②
(イ)	③
(ウ)	⑤
(エ)	⑤
(オ)	④

次の各文章の 内に、それぞれの[ ]の解答群の中から、「電気通信事業法」又は「電気通信事業法施行規則」に規定する内容に照らして最も適したものを選び、その番号を記せ。 (小計20点)

(1) 電気通信事業法に規定する「工事担任者資格者証」について述べた次の文章のうち、正しいものは、 (ア) である。 (4点)

> ① 工事担任者資格者証の種類及び工事担任者が行い、又は監督することができる端末設備若しくは交換設備の接続に係る工事の範囲は、総務省令で定める。
> ② 総務大臣は、電気通信事業法の規定により罰金以上の刑に処せられ、その執行を終わり、又はその執行を受けることがなくなった日から3年を経過しない者に対しては、工事担任者資格者証の交付を行わないことができる。
> ③ 総務大臣は、工事担任者資格者証の交付を受けようとする者の養成課程で、総務大臣が総務省令で定める基準に適合するものであることの認定をしたものを修了した者に対し、工事担任者資格者証を交付する。
> ④ 総務大臣は、電気通信事業法の規定により工事担任者資格者証の返納を命ぜられ、その日から2年を経過しない者に対しては、工事担任者資格者証の交付を行わないことができる。

(2) 電気通信事業法に規定する「自営電気通信設備の接続」及び「技術基準適合命令」について述べた次の二つの文章は、 (イ) 。 (4点)

A 電気通信事業者は、電気通信回線設備を設置する電気通信事業者以外の者からその自営電気通信設備をその電気通信回線設備に接続すべき旨の請求を受けたとき、その自営電気通信設備を接続することにより当該電気通信事業者の電気通信回線設備の保持が経営上困難となることについて当該電気通信事業者が総務大臣の認定を受けたときは、その請求を拒むことができる。

B 総務大臣は、電気通信事業法に規定する電気通信設備が総務省令で定める技術基準に適合していないと認めるときは、当該電気通信設備を設置する電気通信事業者に対し、その技術基準に適合するように当該設備を修理し、若しくは改造することを命じ、又はその使用を制限することができる。

> [① Aのみ正しい ② Bのみ正しい ③ AもBも正しい ④ AもBも正しくない]

(3) 電気通信事業法に規定する「基礎的電気通信役務の提供」及び「管理規程」について述べた次の二つの文章は、 (ウ) 。 (4点)

A 基礎的電気通信役務を提供する電気通信事業者は、その適切、公平かつ安定的な提供に努めなければならない。

B 電気通信事業者は、総務省令で定めるところにより、事業用電気通信設備の管理規程を定め、電気通信事業の開始前に、総務大臣の許可を受けなければならない。

> [① Aのみ正しい ② Bのみ正しい ③ AもBも正しい ④ AもBも正しくない]

(4) 登録認定機関による技術基準適合認定を受けた端末機器であって電気通信事業法の規定により表示が付されているものが総務省令で定める技術基準に適合していない場合において、総務大臣が電気通信回線設備を利用する他の利用者の通信への妨害の発生を防止するため特に必要があると認めるときは、当該端末機器は、同法の規定による (エ) ものとみなす。 (4点)

> [① 報告をしなければならない ② 記録を作成し保存する ③ 修理を行うべき
> ④ 必要な措置を命じられた ⑤ 表示が付されていない]

(5) 電気通信事業法に基づき、 (オ) のため緊急に行うことを要するその他の通信として総務省令で定める通信には、火災、集団的疫病、交通機関の重大な事故その他人命の安全に係る事態が発生し、又は発生するおそれがある場合において、その予防、救援、復旧等に関し、緊急を要する事項を内容とする通信であって、予防、救援、復旧等に直接関係がある機関相互間において行われるものがある。 (4点)

> [① 安全の確保 ② 公共の利益 ③ 治安の維持 ④ 危険の排除 ⑤ 秩序の回復]

解　説

(1) 電気通信事業法第72条〔工事担任者資格者証〕に関する問題である。

①：同条第1項の規定により、工事担任者資格者証の種類及び工事担任者が行い、又は監督することができる端末設備若しくは<u>自営電気通信設備</u>の接続に係る工事の範囲は、総務省令で定めるとされているので、文章は誤り。

②、④：同条第2項で準用する第46条〔電気通信主任技術者資格者証〕第4項の規定により、総務大臣は、次の各号のいずれかに該当する者に対しては、工事担任者資格者証の交付を行わないことができるとされている。②の文章は「二」、④の文章は「一」の規定により、いずれも誤りである。

　一　電気通信事業法又は同法に基づく命令の規定に違反して、工事担任者資格者証の返納を命ぜられ、その日から<u>1年</u>を経過しない者

　二　電気通信事業法の規定により罰金以上の刑に処せられ、その執行を終わり、又はその執行を受けることがなくなった日から<u>2年</u>を経過しない者

③：同条第2項で準用する第46条第3項第二号に規定する内容と一致しているので、文章は正しい。

よって、解答群の文章のうち、正しいものは、「**総務大臣は、工事担任者資格者証の交付を受けようとする者の養成課程で、総務大臣が総務省令で定める基準に適合するものであることの認定をしたものを修了した者に対し、工事担任者資格者証を交付する。**」である。

(2) 電気通信事業法第43条〔技術基準適合命令〕及び第70条〔自営電気通信設備の接続〕に関する問題である。

A　第70条第1項の規定により、電気通信事業者は、電気通信回線設備を設置する電気通信事業者以外の者からその電気通信設備（端末設備以外のものに限る。以下「自営電気通信設備」という。）をその電気通信回線設備に接続すべき旨の請求を受けたときは、次に掲げる場合を除き、その請求を拒むことができないとされている。つまり、以下の「一」又は「二」の場合は請求を拒むことができる。設問の文章は、「二」に規定する内容と一致しているので正しい。

　一　その自営電気通信設備の接続が、総務省令で定める技術基準（当該電気通信事業者又は当該電気通信事業者とその電気通信設備を接続する他の電気通信事業者であって総務省令で定めるものが総務大臣の認可を受けて定める技術的条件を含む。）に適合しないとき。

　二　その自営電気通信設備を接続することにより当該電気通信事業者の電気通信回線設備の保持が経営上困難となることについて当該電気通信事業者が総務大臣の認定を受けたとき。

B　第43条第1項に規定する内容と一致しているので、文章は正しい。

よって、設問の文章は、**AもBも正しい。**

(3) 電気通信事業法第7条〔基礎的電気通信役務の提供〕及び第44条〔管理規程〕に関する問題である。

A　第7条に規定する内容と一致しているので、文章は正しい。

B　第44条第1項の規定により、電気通信事業者は、総務省令で定めるところにより、第41条〔電気通信設備の維持〕第1項から第5項まで（第4項を除く。）又は第41条の2のいずれかに規定する電気通信設備（以下「事業用電気通信設備」という。）の管理規程を定め、電気通信事業の開始前に、総務大臣に<u>届け出</u>なければならないとされているので、文章は誤り。

よって、設問の文章は、**Aのみ正しい。**

(4) 電気通信事業法第55条〔表示が付されていないものとみなす場合〕第1項の規定により、登録認定機関による技術基準適合認定を受けた端末機器であって第53条〔端末機器技術基準適合認定〕第2項又は第68条の8〔表示〕第3項の規定により表示が付されているものが第52条〔端末設備の接続の技術基準〕第1項の総務省令で定める技術基準に適合していない場合において、総務大臣が電気通信回線設備を利用する他の利用者の通信への妨害の発生を防止するため特に必要があると認めるときは、当該端末機器は、第53条第2項又は第68条の8第3項の規定による**表示が付されていない**ものとみなすとされている。

(5) 電気通信事業法第8条〔重要通信の確保〕第1項の規定により、電気通信事業者は、天災、事変その他の非常事態が発生し、又は発生するおそれがあるときは、災害の予防若しくは救援、交通、通信若しくは電力の供給の確保又は秩序の維持のために必要な事項を内容とする通信を優先的に取り扱わなければならない。**公共の利益**のため緊急に行うことを要するその他の通信であって総務省令で定めるものについても、同様とするとされている。

この総務省令（電気通信事業法施行規則第55条〔緊急に行うことを要する通信〕）で定めるものに、火災、集団的疫病、交通機関の重大な事故その他人命の安全に係る事態が発生し、又は発生するおそれがある場合において、その予防、救援、復旧等に関し、緊急を要する事項を内容とする通信であって、予防、救援、復旧等に直接関係がある機関相互間において行われるものがある。

答	
㋐	③
㋑	③
㋒	①
㋓	⑤
㋔	②

次の各文章の 内に、それぞれの[ ]の解答群の中から、「電気通信事業法」又は「電気通信事業法施行規則」に規定する内容に照らして最も適したものを選び、その番号を記せ。 （小計20点）

(1) 電気通信事業法の「業務の改善命令」において規定される、総務大臣が、該当すると認めるときは、電気通信事業者に対し、利用者の利益又は公共の利益を確保するために必要な限度において、業務の方法の改善その他の措置をとるべきことを命ずることができる場合について述べた次の文章のうち、誤っているものは、 （ア） である。 （4点）

① 電気通信事業者の業務の方法に関し通信の秘密の確保に支障があるとき。

② 電気通信事業者が提供する電気通信役務に関する提供条件（料金を除く。）が端末設備の使用の態様を不当に制限するものであるとき。

③ 電気通信事業者が特定の者に対し不当な差別的取扱いを行っているとき。

④ 電気通信事業者が重要通信に関する事項について適切に配慮していないとき。

⑤ 事故により電気通信役務の提供に支障が生じている場合に電気通信事業者がその支障を除去するために必要な修理その他の措置を速やかに行わないとき。

(2) 電気通信事業法に規定する「端末機器技術基準適合認定」、「端末設備の接続の技術基準」、又は「端末設備の接続の検査」について述べた次の文章のうち、誤っているものは、 （イ） である。 （4点）

① 登録認定機関は、その登録に係る技術基準適合認定をしたときは、総務省令で定めるところにより、その端末機器に技術基準適合認定をした旨の表示を付さなければならない。

② 総務省令で定める技術基準により確保されるべき事項の一つとして、電気通信事業者の設置する電気通信回線設備と利用者の接続する端末設備の設置の場所が明確であるようにすることがある。

③ 電気通信事業者は、利用者から端末設備をその電気通信回線設備（その損壊又は故障等による利用者の利益に及ぼす影響が軽微なものとして総務省令で定めるものを除く。）に接続すべき旨の請求を受けたときは、その接続が総務省令で定める技術基準に適合しない場合その他総務省令で定める場合を除き、その請求を拒むことができない。

④ 電気通信回線設備を設置する電気通信事業者は、端末設備に異常がある場合その他電気通信役務の円滑な提供に支障がある場合において必要と認めるときは、利用者に対し、その端末設備の接続が電気通信事業法の規定に基づく総務省令で定める技術基準に適合するかどうかの検査を受けるべきことを求めることができる。この場合において、当該利用者は、正当な理由がある場合その他総務省令で定める場合を除き、その請求を拒んではならない。

(3) 電気通信事業法の「自営電気通信設備の接続」において、電気通信事業者は、自営電気通信設備をその電気通信回線設備に接続すべき旨の請求を受けたとき、その自営電気通信設備を接続することにより当該電気通信事業者の電気通信回線設備の （ウ） が経営上困難となることについて当該電気通信事業者が総務大臣の認定を受けたときは、その請求を拒むことができると規定されている。 （4点）

[① 保 持 ② 提 供 ③ 調 整 ④ 運 用 ⑤ 管 理]

(4) 電気通信事業法施行規則において、電気通信事業者が利用者からの端末設備の接続請求を拒める場合とは、利用者から、端末設備であって （エ） を使用するもの（別に告示で定めるものを除く。）及び公衆電話機その他利用者による接続が著しく不適当なものの接続の請求を受けた場合とされている。 （4点）

[① 直流電圧 ② 強電流電気 ③ 帯域外信号 ④ 電 波 ⑤ 赤外線]

(5) 電気通信事業法に基づき、公共の利益のため緊急に行うことを要するその他の通信として総務省令で定めるものに該当する通信について述べた次の二つの文章は、 （オ） 。 （4点）

A 国会議員又は地方公共団体の長若しくはその議会の議員の選挙の執行又はその結果に関し、緊急を要する事項を内容とする通信であって、選挙管理機関相互間において行われるものは該当する通信である。

B　治安の維持のため緊急を要する事項を内容とする通信であって、警察機関と海上保安機関との間において行われるものは該当する通信である。

　　　［①　Aのみ正しい　　　②　Bのみ正しい　　　③　AもBも正しい　　　④　AもBも正しくない］

解　説

(1)　電気通信事業法第29条〔業務の改善命令〕第1項に関する問題である。

　①、③、④、⑤：①は同項第一号、③は同項第二号、④は同項第三号、⑤は同項第八号に規定する内容と一致しているので、いずれも文章は正しい。

　②：同項第七号の規定により、電気通信事業者が提供する電気通信役務に関する提供条件（料金を除く。）が電気通信回線設備の使用の態様を不当に制限するものであるときとされているので、文章は誤り。

　よって、解答群の文章のうち、誤っているものは、「電気通信事業者が提供する電気通信役務に関する提供条件（料金を除く。）が端末設備の使用の態様を不当に制限するものであるとき。」である。本項では、この他にも、電気通信役務に関する料金についてその額の算出方法が適正かつ明確でないため、利用者の利益を阻害しているとき（第四号）などにおいても、総務大臣が電気通信事業者に対し、必要な限度において業務の方法の改善その他の措置をとるべきことを命ずることができると規定している。

(2)　電気通信事業法第52条〔端末設備の接続の技術基準〕、第53条〔端末機器技術基準適合認定〕及び第69条〔端末設備の接続の検査〕に関する問題である。

　①、③、④：①は第53条第2項、③は第52条第1項、④は第69条第2項に規定する内容と一致しているので、いずれも文章は正しい。

　②：第52条第2項の規定により、端末設備の接続の技術基準は、これにより次の事項が確保されるものとして定められなければならないとされている。設問の文章は、「三」の規定により誤りである。

　　一　電気通信回線設備を損傷し、又はその機能に障害を与えないようにすること。

　　二　電気通信回線設備を利用する他の利用者に迷惑を及ぼさないようにすること。

　　三　電気通信事業者の設置する電気通信回線設備と利用者の接続する端末設備との責任の分界が明確であるようにすること。

　よって、解答群の文章のうち、誤っているものは、「総務省令で定める技術基準により確保されるべき事項の一つとして、電気通信事業者の設置する電気通信回線設備と利用者の接続する端末設備の設置の場所が明確であるようにすることがある。」である。

(3)　電気通信事業法第70条〔自営電気通信設備の接続〕第1項の規定により、電気通信事業者は、電気通信回線設備を設置する電気通信事業者以外の者からその電気通信設備（端末設備以外のものに限る。以下「自営電気通信設備」という。）をその電気通信回線設備に接続すべき旨の請求を受けたときは、次に掲げる場合を除き、その請求を拒むことができないとされている。つまり、以下の「一」又は「二」の場合は請求を拒むことができる。

　　一　その自営電気通信設備の接続が、総務省令で定める技術基準（当該電気通信事業者又は当該電気通信事業者とその電気通信設備を接続する他の電気通信事業者であって総務省令で定めるものが総務大臣の認可を受けて定める技術的条件を含む。）に適合しないとき。

　　二　その自営電気通信設備を接続することにより当該電気通信事業者の電気通信回線設備の**保持**が経営上困難となることについて当該電気通信事業者が総務大臣の認定を受けたとき。

(4)　電気通信事業法第52条〔端末設備の接続の技術基準〕第1項の規定により、電気通信事業者は、利用者から端末設備をその電気通信回線設備（その損壊又は故障等による利用者の利益に及ぼす影響が軽微なものとして総務省令で定めるものを除く。）に接続すべき旨の請求を受けたときは、その接続が総務省令で定める技術基準に適合しない場合その他総務省令で定める場合を除き、その請求を拒むことができないとされている。また、電気通信事業法施行規則第31条〔利用者からの端末設備の接続請求を拒める場合〕の規定により、電気通信事業法第52条第1項の総務省令で定める場合とは、利用者から、端末設備であって**電波**を使用するもの（別に告示で定めるものを除く。）及び公衆電話機その他利用者による接続が著しく不適当なものの請求を受けた場合とするとされている。

(5)　電気通信事業法第8条〔重要通信の確保〕第1項の規定により、電気通信事業者は、天災、事変その他の非常事態が発生し、又は発生するおそれがあるときは、災害の予防若しくは救援、交通、通信若しくは電力の供給の確保又は秩序の維持のために必要な事項を内容とする通信を優先的に取り扱わなければならない。公共の利益のため緊急に行うことを要するその他の通信であって総務省令で定めるものについても、同様とするとされている。この「総務省令で定めるもの」とは、電気通信事業法施行規則第55条〔緊急に行うことを要する通信〕で規定されている通信を指す。

　A　同条の表の「三」に規定する内容と一致しているので、文章は正しい。

　B　同条の表の「二」に規定する内容と一致しているので、文章は正しい。

　よって、設問の文章は、**AもBも正しい**。

答	
㈠	②
㈡	②
㈢	①
㈣	④
㈤	③

工事担任者規則

●工事担任者を要しない工事(第3条)
①専用設備に端末設備等を接続するとき
②船舶又は航空機に設置する端末設備のうち総務大臣が告示する次のものを接続するとき
・海事衛星通信(インマルサット)の船舶地球局設備又は航空機地球局設備に接続する端末設備
・岸壁に係留する船舶に、臨時に設置する端末設備
③適合表示端末機器等を総務大臣が別に告示する次の方式により接続するとき
・プラグジャック方式により接続する接続の方式
・アダプタ式ジャック方式により接続する接続の方式
・音響結合方式により接続する接続の方式
・電波により接続する接続の方式

●資格者証の種類及び工事の範囲(第4条)
工事担任者資格者証の種類は表1のように5種類に分類され、端末設備等の接続に係る工事の範囲がそれぞれ規定されている。なお、第2級アナログ通信については、端末設備の接続工事はできるが、自営電気通信設備の接続は工事の範囲に含まれない。

●資格者証の交付(第38条)
工事担任者資格者証の交付を受けた者は、端末設備等の接続に関する知識及び技術の向上を図るように努めなければならない。

●再交付(第40条)
氏名に変更を生じたとき、又は資格者証を汚し、破り若しくは失ったために資格者証の再交付の申請をするときは、所定の様式の申請書に次に掲げる書類を添えて、総務大臣に提出しなければならない。
・資格者証(資格者証を失った場合を除く。)
・写真1枚
・氏名の変更の事実を証する書類(氏名に変更を生じたときに限る。)

●返納(第41条)
電気通信事業法又は同法に基づく命令の規定に違反して資格者証の返納を命ぜられた者は、その処分を受けた日から10日以内にその資格者証を総務大臣に返納しなければならない。資格者証の再交付を受けた後失った資格者証を発見したときも同様とする。

表1 工事担任者資格者証の種類及び工事の範囲

資格者証の種類	工 事 の 範 囲
第1級アナログ通信	アナログ伝送路設備(アナログ信号を入出力とする電気通信回線設備をいう。以下同じ。)に端末設備等を接続するための工事及び総合デジタル通信用設備に端末設備等を接続するための工事
第2級アナログ通信	アナログ伝送路設備に端末設備を接続するための工事(端末設備に収容される電気通信回線の数が1のものに限る。)及び総合デジタル通信用設備に端末設備を接続するための工事(総合デジタル通信回線の数が基本インタフェースで1のものに限る。)
第1級デジタル通信	デジタル伝送路設備(デジタル信号を入出力とする電気通信回線設備をいう。以下同じ。)に端末設備等を接続するための工事。ただし、総合デジタル通信用設備に端末設備等を接続するための工事を除く。
第2級デジタル通信	デジタル伝送路設備に端末設備等を接続するための工事(接続点におけるデジタル信号の入出力速度が1Gbit/s以下であって、主としてインターネットに接続するための回線に係るものに限る。)。ただし、総合デジタル通信用設備に端末設備等を接続するための工事を除く。
総合通信	アナログ伝送路設備又はデジタル伝送路設備に端末設備等を接続するための工事

端末機器の技術基準適合認定等に関する規則

●対象とする端末機器(第3条)
端末機器技術基準適合認定又は設計についての認証の対象となる端末機器は、次のとおりである。
①アナログ電話用設備又は移動電話用設備に接続される端末機器(電話機、構内交換設備、ボタン電話装置、変復調装置、ファクシミリ、その他総務大臣が別に告示する端末機器(③に掲げるものを除く)

表2 告示されている端末機器

1. 監視通知装置		6. 網制御装置	
2. 画像蓄積処理装置		7. 信号受信表示装置	
3. 音声蓄積装置		8. 集中処理装置	
4. 音声補助装置		9. 通信管理装置	
5. データ端末装置(1〜4を除く)			

②インターネットプロトコル電話用設備に接続される端末機器(電話機、構内交換設備、ボタン電話装置、符号変換装置、ファクシミリその他呼制御を行うもの)

③インターネットプロトコル移動電話用設備に接続される端末機器

④無線呼出用設備に接続される端末機器

⑤総合デジタル通信用設備に接続される端末機器

⑥専用通信回線設備又はデジタルデータ伝送用設備に接続される端末機器

●表示(第10条)

技術基準適合認定をした旨の表示は、図1のマークに A の記号及び技術基準適合認定番号を、設計についての認証を受けた旨の表示は、図1のマークに T の記号及び設計認証番号を付加して行う。

なお、表示の方法は、次のいずれかとする。

・表示を、技術基準適合認定を受けた端末機器の見やすい箇所に付す方法(表示を付すことが困難又は不合理である端末機器にあっては、当該端末機器に付属する取扱説明書及び包装又は容器の見やすい箇所に付す方法)

・表示を、技術基準適合認定を受けた端末機器に電磁的方法により記録し、当該端末機器の映像面に直ちに明瞭な状態で表示することができるようにする方法

・表示を、技術基準適合認定を受けた端末機器に電磁的方法により記録し、特定の操作によって当該端末機器に接続した製品の映像面に直ちに明瞭な状態で表示することができるようにする方法

図1

表3　技術基準適合認定番号等の最初の文字

端末機器の種類	記号
(1) アナログ電話用設備又は移動電話用設備に接続される電話機、構内交換設備、ボタン電話装置、変復調装置、ファクシミリその他総務大臣が別に告示する端末機器(インターネットプロトコル移動電話用設備に接続される端末機器を除く)	A
(2) インターネットプロトコル電話用設備に接続される電話機、構内交換設備、ボタン電話装置、符号変換装置、ファクシミリその他呼の制御を行う端末機器	E
(3) インターネットプロトコル移動電話用設備に接続される端末機器	F
(4) 無線呼出用設備に接続される端末機器	B
(5) 総合デジタル通信用設備に接続される端末機器	C
(6) 専用通信回線設備又はデジタルデータ伝送用設備に接続される端末機器	D

有線電気通信法

●有線電気通信法の目的(第1条)

有線電気通信設備の設置及び使用を規律し、有線電気通信に関する秩序を確立することによって公共の福祉の増進に寄与すること。

●用語の定義(第2条)

有線電気通信	送信の場所と受信の場所との間の線条その他の導体を利用して、電磁的方式により、符号、音響又は影像を送り、伝え、又は受けること
有線電気通信設備	有線電気通信を行うための機械、器具、線路その他の電気的設備

●有線電気通信設備の届出(第3条)

有線電気通信設備を設置しようとする者は、設置の工事の開始の日の2週間前までに、その旨を総務大臣に届け出なければならない。工事を要しないときは、設置の日から2週間以内に届け出なければならない。

●本邦外にわたる有線電気通信設備(第4条)

本邦内の場所と本邦外の場所との間の有線電気通信設備は、電気通信事業者がその事業の用に供する設備として設置する場合を除き、設置してはならない。ただし、特別の事由がある場合において総務大臣の許可を受けたときは、この限りでない。

●有線電気通信設備の技術基準(第5条)

政令で定める有線電気通信設備の技術基準は、これにより、次の事項が確保されるものでなければならない。

①他人の有線電気通信設備に妨害を与えないようにすること。

②人体に危害を及ぼし、又は物件に損傷を与えないようにすること。

●設備の検査等(第6条)

総務大臣は、この法律の施行に必要な限度において、有線電気通信設備を設置した者からその設備に関する報告を徴し、又はその職員に、その事務所、営業所、工場若しくは事業場に立ち入り、その設備若しくは帳簿書類を検査させることができる。この規定により立入検査をする職員は、その身分を示す証明書を携帯し、関係人に提示しなければならない。

●設備の改善等の措置(第7条)

総務大臣は、有線電気通信設備を設置した者に対し、その設備が技術基準に適合しないため他人の設置する有線電気通信設備に妨害を与え、又は人体に危害を及ぼし、若しくは物件に損傷を与えると認めるときは、その妨害、危害又は損傷の防止又は除去のため必要な限度において、その設備の使用の停止又は改造、修理その他の措置を命ずることができる。

●非常事態における通信の確保(第8条)

総務大臣は、天災、事変その他の非常事態が発生し、又は発生するおそれがあるときは、有線電気通信設備を設置した者に対し、災害の予防若しくは救援、交通、通信若しくは電力の供給の確保若しくは秩序の維持のために必要な通信を行い、又はこれらの通信を行うためその有線電気通信設備を他の者に使用させ、若しくはこれを他の有線電気通信設備に接続すべきことを命ずることができる。

法規

2

工担者規則、認定等規則、有線電気通信法

次の各文章の 内に、それぞれの[ ]の解答群の中から、「工事担任者規則」、「端末機器の技術基準適合認定等に関する規則」又は「有線電気通信法」に規定する内容に照らして最も適したものを選び、その番号を記せ。 (小計20点)

(1) 工事担任者規則に規定する「資格者証の種類及び工事の範囲」について述べた次の文章のうち、正しいものは、 (ア) である。 (4点)

① 第一級アナログ通信の工事担任者は、アナログ伝送路設備又はデジタル伝送路設備に端末設備等を接続するための工事を行い、又は監督することができる。

② 第一級デジタル通信の工事担任者は、デジタル伝送路設備に端末設備等を接続するための工事及び総合デジタル通信用設備に端末設備等を接続するための工事を行い、又は監督することができる。

③ 第二級デジタル通信の工事担任者は、デジタル伝送路設備に端末設備等を接続するための工事のうち、接続点におけるデジタル信号の入出力速度が毎秒1ギガビット以下であって、主としてインターネットに接続するための回線に係るものに限る工事を行い、又は監督することができる。ただし、総合デジタル通信用設備に端末設備等を接続するための工事を除く。

④ 第二級アナログ通信の工事担任者は、アナログ伝送路設備に端末設備を接続するための工事のうち、端末設備に収容される電気通信回線の数が1のものに限る工事を行い、又は監督することができる。また、総合デジタル通信用設備に端末設備を接続するための工事のうち、総合デジタル通信回線の数が毎秒64キロビット換算で1のものに限る工事を行い、又は監督することができる。

(2) 工事担任者規則に規定する「資格者証の再交付」及び「資格者証の返納」について述べた次の二つの文章は、 (イ) 。 (4点)

A 工事担任者は、住所に変更を生じたときは、別に定める様式の申請書に、資格者証、写真1枚及び住所の変更の事実を証する書類を添えて、総務大臣に提出しなければならない。

B 工事担任者資格者証の返納を命ぜられた者は、その処分を受けた日から10日以内にその資格者証を総務大臣に返納しなければならない。資格者証の再交付を受けた後失った資格者証を発見したときも同様とする。

[① Aのみ正しい ② Bのみ正しい ③ AもBも正しい ④ AもBも正しくない]

(3) 端末機器の技術基準適合認定等に関する規則に規定する、端末機器の技術基準適合認定番号について述べた次の文章のうち、誤っているものは、 (ウ) である。 (4点)

① インターネットプロトコル電話用設備に接続される端末機器に表示される技術基準適合認定番号の最初の文字は、Eである。

② 移動電話用設備(インターネットプロトコル移動電話用設備を除く。)に接続される端末機器に表示される技術基準適合認定番号の最初の文字は、Aである。

③ 専用通信回線設備に接続される端末機器に表示される技術基準適合認定番号の最初の文字は、Dである。

④ アナログ電話用設備に接続される端末機器に表示される技術基準適合認定番号の最初の文字は、Aである。

⑤ 総合デジタル通信用設備に接続される端末機器に表示される技術基準適合認定番号の最初の文字は、Dである。

(4) 有線電気通信法に規定する「目的」、「定義」、「設備の検査等」又は「技術基準」について述べた次の文章のうち、誤っているものは、　(エ)　である。　　　　　　　　　　　　　　　　　(4点)

① 有線電気通信法は、有線電気通信設備の設置及び使用を規律し、有線電気通信に関する技術基準を確立することによって、公共の福祉の増進に寄与することを目的とする。

② 有線電気通信とは、送信の場所と受信の場所との間の線条その他の導体を利用して、電磁的方式により、符号、音響又は影像を送り、伝え、又は受けることをいう。

③ 有線電気通信設備とは、有線電気通信を行うための機械、器具、線路その他の電気的設備（無線通信用の有線連絡線を含む。）をいう。

④ 総務大臣は、有線電気通信法の施行に必要な限度において、有線電気通信設備を設置した者からその設備に関する報告を徴し、又はその職員に、その事務所、営業所、工場若しくは事業場に立ち入り、その設備若しくは帳簿書類を検査させることができる。

⑤ 有線電気通信設備（政令で定めるものを除く。）の技術基準は、これにより有線電気通信設備が、人体に危害を及ぼし、又は物件に損傷を与えないようにすることが確保されるものとして定められなければならない。

(5) 本邦内の場所と本邦外の場所との間の有線電気通信設備は、電気通信事業者がその事業の用に供する設備として設置する場合を除き、設置してはならない。ただし、特別の事由がある場合において、　(オ)　ときは、この限りでない。　　　　　　　　　　　　　　　　　　　　　　　　(4点)

① 総務省令で定める届出をした　　　② 政令で定められた事項に該当する
③ 国際電気通信連合の承認を得た　　④ 本邦外の電気通信事業者と合意した
⑤ 総務大臣の許可を受けた

(1) 工事担任者規則第4条〔資格者証の種類及び工事の範囲〕に関する問題である。工事担任者資格者証は、端末設備等を接続する電気通信回線の種類や工事の規模等に応じて、5種類が規定されている。アナログ伝送路設備及び総合デジタル通信用設備(ISDN：Integrated Services Digital Network)に端末設備等を接続するための工事を行う「アナログ通信」と、デジタル伝送路設備(ISDNを除く)に端末設備等を接続するための工事を行う「デジタル通信」に分かれ、さらにこれらを統合した「総合通信」がある(表1)。

①：同条の表の規定により、第1級アナログ通信の工事担任者は、アナログ伝送路設備に端末設備等を接続するための工事及び総合デジタル通信用設備に端末設備等を接続するための工事を行い、又は監督することができるとされている。したがって、文章は誤り。アナログ伝送路設備とは、端末設備との接続点において入出力される信号がアナログ信号である電気通信回線設備をいう。電気通信回線設備の内部でデジタル方式で伝送されていても、端末設備との接続点での入出力信号がアナログであればアナログ伝送路設備となる。一方、デジタル伝送路設備とは、端末設備との接続点において入出力される信号がデジタル信号である電気通信回線設備をいう。総合デジタル通信用設備(ISDN)もデジタル伝送路設備であるが、これについては第1級アナログ通信、第2級アナログ通信、および総合通信の工事担任者が接続工事を行う。

②：同条の表の規定により、第1級デジタル通信の工事担任者は、デジタル伝送路設備に端末設備等を接続するための工事を行い、又は監督することができる。ただし、総合デジタル通信用設備に端末設備等を接続するための工事を除くとされている。したがって、文章は誤り。

③：同条の表に規定する内容と一致しているので、文章は正しい。

④：同条の表の規定により、第2級アナログ通信の工事担任者は、アナログ伝送路設備に端末設備を接続するための工事(端末設備に収容される電気通信回線の数が1のものに限る。)及び総合デジタル通信用設備に端末設備を接続するための工事(総合デジタル通信回線の数が基本インタフェースで1のものに限る。)を行い、又は監督することができるとされている。したがって、文章は誤り。

よって、解答群の文章のうち、正しいものは、「**第二級デジタル通信の工事担任者は、デジタル伝送路設備に端末設備等を接続するための工事のうち、接続点におけるデジタル信号の入出力速度が毎秒1ギガビット以下であって、主としてインターネットに接続するための回線に係るものに限る工事を行い、又は監督することができる。ただし、総合デジタル通信用設備に端末設備等を接続するための工事を除く。**」である。

表1　工事担任者資格者証の種類及び工事の範囲

資格者証の種類	工事の範囲
第1級アナログ通信	アナログ伝送路設備(アナログ信号を入出力とする電気通信回線設備をいう。以下同じ。)に端末設備等を接続するための工事及び総合デジタル通信用設備に端末設備等を接続するための工事
第2級アナログ通信	アナログ伝送路設備に端末設備を接続するための工事(端末設備に収容される電気通信回線の数が1のものに限る。)及び総合デジタル通信用設備に端末設備を接続するための工事(総合デジタル通信回線の数が基本インタフェースで1のものに限る。)
第1級デジタル通信	デジタル伝送路設備(デジタル信号を入出力とする電気通信回線設備をいう。以下同じ。)に端末設備等を接続するための工事。ただし、総合デジタル通信用設備に端末設備等を接続するための工事を除く。
第2級デジタル通信	デジタル伝送路設備に端末設備等を接続するための工事(接続点におけるデジタル信号の入出力速度が1Gbit/s以下であって、主としてインターネットに接続するための回線に係るものに限る。)。ただし、総合デジタル通信用設備に端末設備等を接続するための工事を除く。
総合通信	アナログ伝送路設備又はデジタル伝送路設備に端末設備等を接続するための工事

(2) 工事担任者規則第40条〔資格者証の再交付〕及び第41条〔資格者証の返納〕に関する問題である。

A　第40条第1項の規定により、工事担任者は、氏名に変更を生じたとき又は資格者証を汚し、破り若しくは失ったために資格者証の再交付の申請をしようとするときは、別表第12号に定める様式の申請書に次に掲げる書類を添えて、総務大臣に提出しなければならないとされている。

　　一　資格者証(資格者証を失った場合を除く。)
　　二　写真1枚
　　三　氏名の変更の事実を証する書類(氏名に変更を生じたときに限る。)
　　上記より、住所の変更は、資格者証の再交付の要件とはならないことがわかる(そもそも、資格者証には住所を記

載する欄がない）。したがって、文章は誤り。

B　第41条に規定する内容と一致しているので、文章は正しい。

よって、設問の文章は、**Bのみ正しい**。

(3)　端末機器の技術基準適合認定等に関する規則第10条〔表示〕第1項に基づく様式第7号の規定により、技術基準適合認定を受けた端末機器には、図1に示す様式に記号Ａ及び技術基準適合認定番号を付加して表示することとされている。また、同号の注4の規定により、技術基準適合認定番号の最初の文字は、端末機器の種類に従い表1に定めるとおりとされている。

　　この表1より、インターネットプロトコル電話用設備の場合はE、移動電話用設備（インターネットプロトコル移動電話用設備を除く。）の場合はA、専用通信回線設備の場合はD、アナログ電話用設備の場合はAとされているので、①、②、③、④の文章はいずれも正しい。一方、総合デジタル通信用設備の場合は<u>C</u>とされているので、⑤の文章は誤りである。

　　よって、解答群の文章のうち、<u>誤っているもの</u>は、「**総合デジタル通信用設備に接続される端末機器に表示される技術基準適合認定番号の最初の文字は、Dである。**」である。

図1

表2　技術基準適合認定番号の最初の文字

端末機器の種類	記号
(1)　アナログ電話用設備又は移動電話用設備に接続される電話機、構内交換設備、ボタン電話装置、変復調装置、ファクシミリその他総務大臣が別に告示する端末機器（インターネットプロトコル移動電話用設備に接続される端末機器を除く）	A
(2)　インターネットプロトコル電話用設備に接続される電話機、構内交換設備、ボタン電話装置、符号変換装置、ファクシミリその他呼の制御を行う端末機器	E
(3)　インターネットプロトコル移動電話用設備に接続される端末機器	F
(4)　無線呼出用設備に接続される端末機器	B
(5)　総合デジタル通信用設備に接続される端末機器	C
(6)　専用通信回線設備又はデジタルデータ伝送用設備に接続される端末機器	D

(4)　有線電気通信法第1条〔目的〕、第2条〔定義〕、第5条〔技術基準〕及び第6条〔設備の検査等〕に関する問題である。

　　①：第1条の規定により、有線電気通信法は、有線電気通信設備の設置及び使用を規律し、有線電気通信に関する<u>秩序</u>を確立することによって、公共の福祉の増進に寄与することを目的とするとされているので、文章は誤り。有線電気通信法は、他に妨害を与えない限り有線電気通信設備の設置を自由とすることを基本理念としており、総務大臣への設置の届出や、技術基準への適合義務などを規定することで秩序が保たれるよう規律されている。

　　②：第2条第1項に規定する内容と一致しているので、文章は正しい。電磁的方式には、銅線やケーブルなどで電気信号を伝搬させる方式の他に、導波管の中で電磁波を伝搬させる方法や、光ファイバで光を伝搬させる方法が含まれる。

　　③：第2条第2項に規定する内容と一致しているので、文章は正しい。

　　④：第6条第1項に規定する内容と一致しているので、文章は正しい。

　　⑤：第5条第2項の規定により、有線電気通信設備（政令で定めるものを除く。）の技術基準は、これにより次の事項が確保されるものとして定められなければならないとされている。設問の文章は、「二」に規定する内容と一致しているので正しい。

　　　　一　有線電気通信設備は、他人の設置する有線電気通信設備に妨害を与えないようにすること。

　　　　二　有線電気通信設備は、人体に危害を及ぼし、又は物件に損傷を与えないようにすること。

　　よって、解答群の文章のうち、<u>誤っているもの</u>は、「**有線電気通信法は、有線電気通信設備の設置及び使用を規律し、有線電気通信に関する技術基準を確立することによって、公共の福祉の増進に寄与することを目的とする。**」である。

(5)　有線電気通信法第4条〔本邦外にわたる有線電気通信設備〕の規定により、本邦内の場所と本邦外の場所との間の有線電気通信設備は、電気通信事業者がその事業の用に供する設備として設置する場合を除き、設置してはならない。ただし、特別の事由がある場合において、**総務大臣の許可を受けた**ときは、この限りでないとされている。

　　国際通信に用いる有線電気通信設備の設置は、原則として禁止されている。ただし、電気通信事業者が事業用の設備として設置する場合や、特定の事由により総務大臣の許可を受けたときは、設置が認められている。

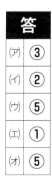

答	
(ア)	③
(イ)	②
(ウ)	⑤
(エ)	①
(オ)	⑤

法規

2
工担者規則、認定等規則、有線電気通信法

次の各文章の ☐☐☐☐☐ 内に、それぞれの[　　]の解答群の中から、「工事担任者規則」、「端末機器の技術基準適合認定等に関する規則」又は「有線電気通信法」に規定する内容に照らして最も適したものを選び、その番号を記せ。 (小計20点)

(1) 工事担任者規則に規定する「資格者証の種類及び工事の範囲」について述べた次の文章のうち、<u>誤っているもの</u>は、☐(ア)☐である。 (4点)

① 第一級アナログ通信の工事担任者は、アナログ伝送路設備又はデジタル伝送路設備に端末設備等を接続するための工事を行い、又は監督することができる。

② 第二級アナログ通信の工事担任者は、アナログ伝送路設備に端末設備を接続するための工事のうち、端末設備に収容される電気通信回線の数が1のものに限る工事を行い、又は監督することができる。また、総合デジタル通信用設備に端末設備を接続するための工事のうち、総合デジタル通信回線の数が基本インタフェースで1のものに限る工事を行い、又は監督することができる。

③ 第一級デジタル通信の工事担任者は、デジタル伝送路設備に端末設備等を接続するための工事を行い、又は監督することができる。ただし、総合デジタル通信用設備に端末設備等を接続するための工事を除く。

④ 第二級デジタル通信の工事担任者は、デジタル伝送路設備に端末設備等を接続するための工事のうち、接続点におけるデジタル信号の入出力速度が毎秒1ギガビット以下であって、主としてインターネットに接続するための回線に係るものに限る工事を行い、又は監督することができる。ただし、総合デジタル通信用設備に端末設備等を接続するための工事を除く。

(2) 工事担任者規則に規定する「資格者証の交付」及び「資格者証の再交付」について述べた次の二つの文章は、☐(イ)☐。 (4点)

A 工事担任者資格者証の交付を受けた者は、事業用電気通信設備の接続に関する知識及び技術の向上を図るように努めなければならない。

B 工事担任者は、資格者証を失ったことが理由で資格者証の再交付の申請をしようとするときは、別に定める様式の申請書に写真1枚を添えて、総務大臣に提出しなければならない。

[① Aのみ正しい　② Bのみ正しい　③ AもBも正しい　④ AもBも正しくない]

(3) 端末機器の技術基準適合認定等に関する規則に規定する、端末機器の技術基準適合認定番号について述べた次の文章のうち、正しいものは、☐(ウ)☐である。 (4点)

① インターネットプロトコル電話用設備に接続される端末機器に表示される技術基準適合認定番号の最初の文字は、Eである。

② インターネットプロトコル移動電話用設備に接続される端末機器に表示される技術基準適合認定番号の最初の文字は、Dである。

③ 移動電話用設備(インターネットプロトコル移動電話用設備を除く。)に接続される端末機器に表示される技術基準適合認定番号の最初の文字は、Cである。

④ 総合デジタル通信用設備に接続される端末機器に表示される技術基準適合認定番号の最初の文字は、Bである。

⑤ 専用通信回線設備に接続される端末機器に表示される技術基準適合認定番号の最初の文字は、Aである。

(4) 有線電気通信法は、有線電気通信設備の設置及び使用を規律し、有線電気通信に関する秩序を確立することによって、☐(エ)☐することを目的とする。 (4点)

[① その利用者の利益を保護　　　　② 高度情報通信社会の構築を推進
③ 公共の福祉の増進に寄与　　　　④ 電気通信事業の健全な発展に貢献
⑤ 電気通信役務の公平かつ安定的な提供を確保]

(5) 総務大臣は、天災、事変その他の非常事態が発生し、又は発生するおそれがあるときは、有線電気通信設備を設置した者に対し、災害の予防若しくは救援、交通、通信若しくは電力の供給の確保若しくは秩序の維持のために必要な通信を行い、又はこれらの通信を行うためその有線電気通信設備を　(オ)　ことを命ずることができる。 (4点)

　① 緊急対応又は安否確認を目的とした通信の用に無償で供すべき
　② 設置した者に調査させ、通信の確保に支障を及ぼす事項を除去すべき
　③ 設置した者に検査させ、その設備の改善措置をとるべき
　④ 他の者に検査させ、若しくは改造その他の措置をとるべき
　⑤ 他の者に使用させ、若しくはこれを他の有線電気通信設備に接続すべき

解　説

(1) 工事担任者規則第4条〔資格者証の種類及び工事の範囲〕に関する問題である。
　①：同条の表の規定により、第1級アナログ通信の工事担任者は、アナログ伝送路設備に端末設備等を接続するための工事及び総合デジタル通信用設備に端末設備等を接続するための工事を行い、又は監督することができるとされている。したがって、文章は誤り。
　②、③、④：同条の表に規定する内容と一致しているので、文章は正しい。
　よって、解答群の文章のうち、誤っているものは、「**第一級アナログ通信の工事担任者は、アナログ伝送路設備又はデジタル伝送路設備に端末設備等を接続するための工事を行い、又は監督することができる。**」である。

(2) 工事担任者規則第38条〔資格者証の交付〕及び第40条〔資格者証の再交付〕に関する問題である。
　A　第38条第2項の規定により、工事担任者資格者証の交付を受けた者は、端末設備等の接続に関する知識及び技術の向上を図るように努めなければならないとされているので、文章は誤り。
　B　第40条第1項に規定する内容と一致しているので、文章は正しい。
　よって、設問の文章は、**Bのみ正しい**。

(3) 端末機器の技術基準適合認定等に関する規則第10条〔表示〕第1項に基づく様式第7号の注4の規定により、技術基準適合認定番号の最初の文字は、端末機器の種類に従い表1に定めるとおりとされている。
　この表1より、インターネットプロトコル移動電話用設備の場合はF、移動電話用設備（インターネットプロトコル移動電話用設備を除く。）の場合はA、総合デジタル通信用設備の場合はC、専用通信回線設備の場合はDとされているので、②、③、④、⑤の文章はいずれも誤りである。一方、インターネットプロトコル電話用設備の場合はEとされているので、①の文章は正しい。
　よって、解答群の文章のうち、正しいものは、「**インターネットプロトコル電話用設備に接続される端末機器に表示される技術基準適合認定番号の最初の文字は、Eである。**」である。

表1　技術基準適合認定番号の最初の文字

端末機器の種類	記号
(1) アナログ電話用設備又は移動電話用設備に接続される電話機、構内交換設備、ボタン電話装置、変復調装置、ファクシミリその他総務大臣が別に告示する端末機器（インターネットプロトコル移動電話用設備に接続される端末機器を除く）	A
(2) インターネットプロトコル電話用設備に接続される電話機、構内交換設備、ボタン電話装置、符号変換装置、ファクシミリその他呼の制御を行う端末機器	E
(3) インターネットプロトコル移動電話用設備に接続される端末機器	F
(4) 無線呼出用設備に接続される端末機器	B
(5) 総合デジタル通信用設備に接続される端末機器	C
(6) 専用通信回線設備又はデジタルデータ伝送用設備に接続される端末機器	D

(4) 有線電気通信法第1条〔目的〕の規定により、有線電気通信法は、有線電気通信設備の設置及び使用を規律し、有線電気通信に関する秩序を確立することによって、**公共の福祉の増進に寄与**することを目的とするとされている。
　有線電気通信法は、他に妨害を与えない限り有線電気通信設備の設置を自由とすることを基本理念としており、総務大臣への設置の届出や、技術基準への適合義務などを規定することで秩序が保たれるよう規律されている。

(5) 有線電気通信法第8条〔非常事態における通信の確保〕第1項の規定により、総務大臣は、天災、事変その他の非常事態が発生し、又は発生するおそれがあるときは、有線電気通信設備を設置した者に対し、災害の予防若しくは救援、交通、通信若しくは電力の供給の確保若しくは秩序の維持のために必要な通信を行い、又はこれらの通信を行うためその有線電気通信設備を**他の者に使用させ、若しくはこれを他の有線電気通信設備に接続すべき**ことを命ずることができるとされている。天災、事変等の非常事態においては、被害状況の把握や、復旧、救援活動などの対策を講じるうえで電気通信の確保が不可欠であるため、総務大臣に所要の措置をとる権限を与えている。これにより、通常は接続されていない有線電気通信設備相互間を接続するなどして、必要な通信を確保することができる。

(ア)	①
(イ)	②
(ウ)	①
(エ)	③
(オ)	⑤

次の各文章の ◯◯◯◯ 内に、それぞれの[ ]の解答群の中から、「工事担任者規則」、「端末機器の技術基準適合認定等に関する規則」又は「有線電気通信法」に規定する内容に照らして最も適したものを選び、その番号を記せ。 (小計20点)

(1) 工事担任者規則に規定する「資格者証の種類及び工事の範囲」について述べた次の文章のうち、誤っているものは、 (ア) である。 (4点)

> ① 第一級アナログ通信の工事担任者は、アナログ伝送路設備に端末設備等を接続するための工事及び総合デジタル通信用設備に端末設備等を接続するための工事を行い、又は監督することができる。
> ② 第二級アナログ通信の工事担任者は、アナログ伝送路設備に端末設備を接続するための工事のうち、端末設備に収容される電気通信回線の数が1のものに限る工事を行い、又は監督することができる。また、総合デジタル通信用設備に端末設備を接続するための工事のうち、総合デジタル通信回線の数が基本インタフェースで1のものに限る工事を行い、又は監督することができる。
> ③ 第一級デジタル通信の工事担任者は、デジタル伝送路設備に端末設備等を接続するための工事及び総合デジタル通信用設備に端末設備等を接続するための工事を行い、又は監督することができる。
> ④ 第二級デジタル通信の工事担任者は、デジタル伝送路設備に端末設備等を接続するための工事のうち、接続点におけるデジタル信号の入出力速度が毎秒1ギガビット以下であって、主としてインターネットに接続するための回線に係るものに限る工事を行い、又は監督することができる。ただし、総合デジタル通信用設備に端末設備等を接続するための工事を除く。
> ⑤ 総合通信の工事担任者は、アナログ伝送路設備又はデジタル伝送路設備に端末設備等を接続するための工事を行い、又は監督することができる。

(2) 工事担任者規則に規定する「資格者証の再交付」について述べた次の二つの文章は、 (イ) 。 (4点)

A 工事担任者は、住所に変更を生じたときは、別に定める様式の申請書に、資格者証、写真1枚及び住所の変更の事実を証する書類を添えて、総務大臣に提出しなければならない。

B 工事担任者は、資格者証を破ったことが理由で資格者証の再交付の申請をしようとするときは、別に定める様式の申請書に、資格者証及び写真1枚を添えて、総務大臣に提出しなければならない。

> [① Aのみ正しい ② Bのみ正しい ③ AもBも正しい ④ AもBも正しくない]

(3) 端末機器の技術基準適合認定等に関する規則に規定する、端末機器の技術基準適合認定番号について述べた次の文章のうち、正しいものは、 (ウ) である。 (4点)

> ① 専用通信回線設備に接続される端末機器に表示される技術基準適合認定番号の最初の文字は、Aである。
> ② 総合デジタル通信用設備に接続される端末機器に表示される技術基準適合認定番号の最初の文字は、Bである。
> ③ 移動電話用設備(インターネットプロトコル移動電話用設備を除く。)に接続される端末機器に表示される技術基準適合認定番号の最初の文字は、Cである。
> ④ デジタルデータ伝送用設備に接続される端末機器に表示される技術基準適合認定番号の最初の文字は、Dである。
> ⑤ インターネットプロトコル電話用設備に接続される端末機器に表示される技術基準適合認定番号の最初の文字は、Fである。

(4) 有線電気通信法に規定する「目的」及び「設備の検査等」について述べた次の二つの文章は、 (エ) 。 (4点)

A 有線電気通信法は、有線電気通信設備の規格及び仕様を規律し、有線電気通信に関する秩序を確立することによって、公共の福祉の増進に寄与することを目的とする。

B 総務大臣は、有線電気通信法の施行に必要な限度において、有線電気通信設備を設置した者からその

設備に関する報告を徴し、又はその職員に、その事務所、営業所、工場若しくは事業場に立ち入り、その設備若しくは帳簿書類を検査させることができる。

［① Aのみ正しい　② Bのみ正しい　③ AもBも正しい　④ AもBも正しくない］

(5) 有線電気通信法の「非常事態における通信の確保」において、総務大臣は、天災、事変その他の非常事態が発生し、又は発生するおそれがあるときは、有線電気通信設備を設置した者に対し、　（オ）　若しくは救援、交通、通信若しくは電力の供給の確保若しくは秩序の維持のために必要な通信を行い、又はこれらの通信を行うためその有線電気通信設備を他の者に使用させ、若しくはこれを他の有線電気通信設備に接続すべきことを命ずることができると規定されている。　　　　　　　　　　　　　　　　(4点)

［① 人命の保護　② 避難の指示　③ 危険の回避　④ 災害の予防　⑤ 公共の福祉］

解説

(1) 工事担任者規則第4条〔資格者証の種類及び工事の範囲〕に関する問題である。

①、②、④、⑤：同条の表に規定する内容と一致しているので、文章は正しい。

③：同条の表の規定により、第1級デジタル通信の工事担任者は、デジタル伝送路設備に端末設備等を接続するための工事を行い、又は監督することができる。ただし、総合デジタル通信用設備に端末設備等を接続するための工事を除くとされている。したがって、文章は誤り。

よって、解答群の文章のうち、誤っているものは、「**第一級デジタル通信の工事担任者は、デジタル伝送路設備に端末設備等を接続するための工事及び総合デジタル通信用設備に端末設備等を接続するための工事を行い、又は監督することができる。**」である。

(2) 工事担任者規則第40条〔資格者証の再交付〕第1項の規定により、工事担任者は、氏名に変更を生じたとき又は資格者証を汚し、破り若しくは失ったために資格者証の再交付の申請をしようとするときは、別表第12号に定める様式の申請書に次に掲げる書類を添えて、総務大臣に提出しなければならないとされている。

一　資格者証(資格者証を失った場合を除く。)
二　写真1枚
三　氏名の変更の事実を証する書類(氏名に変更を生じたときに限る。)

上記より、住所の変更は、資格者証の再交付の要件とはならないことがわかる。一方、資格者証の破損は再交付の要件となり、その申請時には、別に定める様式の申請書に資格者証及び写真1枚を添えて総務大臣に提出することとされている。よって、設問の文章は、**Bのみ正しい**。

(3) 端末機器の技術基準適合認定等に関する規則第10条〔表示〕第1項に基づく様式第7号の注4の規定により、技術基準適合認定番号の最初の文字は、端末機器の種類に従い表1に定めるとおりとされている。

この表1より、専用通信回線設備の場合はD、総合デジタル通信用設備の場合はC、移動電話用設備(インターネットプロトコル移動電話用設備を除く。)の場合はA、インターネットプロトコル電話用設備の場合はEとされているので、①、②、③、⑤の文章はいずれも誤りである。一方、デジタルデータ伝送用設備の場合はDとされているので、④の文章は正しい。

よって、解答群の文章のうち、正しいものは、「**デジタルデータ伝送用設備に接続される端末機器に表示される技術基準適合認定番号の最初の文字は、Dである。**」である。

表1　技術基準適合認定番号の最初の文字

端末機器の種類	記号
(1) アナログ電話用設備又は移動電話用設備に接続される電話機、構内交換設備、ボタン電話装置、変復調装置、ファクシミリその他総務大臣が別に告示する端末機器(インターネットプロトコル移動電話用設備に接続される端末機器を除く)	A
(2) インターネットプロトコル電話用設備に接続される電話機、構内交換設備、ボタン電話装置、符号変換装置、ファクシミリその他呼の制御を行う端末機器	E
(3) インターネットプロトコル移動電話用設備に接続される端末機器	F
(4) 無線呼出用設備に接続される端末機器	B
(5) 総合デジタル通信用設備に接続される端末機器	C
(6) 専用通信回線設備又はデジタルデータ伝送用設備に接続される端末機器	D

(4) 有線電気通信法第1条〔目的〕及び第6条〔設備の検査等〕に関する問題である。

A　第1条の規定により、有線電気通信法は、有線電気通信設備の設置及び使用を規律し、有線電気通信に関する秩序を確立することによって、公共の福祉の増進に寄与することを目的とするとされているので、文章は誤り。

B　第6条第1項に規定する内容と一致しているので、文章は正しい。

よって、設問の文章は、**Bのみ正しい**。

(5) 有線電気通信法第8条〔非常事態における通信の確保〕第1項の規定により、総務大臣は、天災、事変その他の非常事態が発生し、又は発生するおそれがあるときは、有線電気通信設備を設置した者に対し、**災害の予防**若しくは救援、交通、通信若しくは電力の供給の確保若しくは秩序の維持のために必要な通信を行い、又はこれらの通信を行うためその有線電気通信設備を他の者に使用させ、若しくはこれを他の有線電気通信設備に接続すべきことを命ずることができるとされている。

答

(ア)	③
(イ)	②
(ウ)	④
(エ)	②
(オ)	④

次の各文章の 内に、それぞれの[ ]の解答群の中から、「工事担任者規則」、「端末機器の技術基準適合認定等に関する規則」又は「有線電気通信法」に規定する内容に照らして最も適したものを選び、その番号を記せ。 (小計20点)

(1) 工事担任者規則に規定する「資格者証の種類及び工事の範囲」について述べた次の文章のうち、正しいものは、 (ア) である。 (4点)

① 第一級アナログ通信の工事担任者は、アナログ伝送路設備又はデジタル伝送路設備に端末設備等を接続するための工事を行い、又は監督することができる。

② 第二級アナログ通信の工事担任者は、アナログ伝送路設備に端末設備を接続するための工事のうち、端末設備に収容される電気通信回線の数が1のものに限る工事を行い、又は監督することができる。また、総合デジタル通信用設備に端末設備を接続するための工事のうち、総合デジタル通信回線の数が毎秒64キロビット換算で1のものに限る工事を行い、又は監督することができる。

③ 第一級デジタル通信の工事担任者は、デジタル伝送路設備に端末設備等を接続するための工事を行い、又は監督することができる。ただし、総合デジタル通信用設備に端末設備等を接続するための工事を除く。

④ 第二級デジタル通信の工事担任者は、デジタル伝送路設備に端末設備等を接続するための工事のうち、接続点におけるデジタル信号の入出力速度が毎秒100メガビット以下であって、主としてインターネットに接続するための回線に係るものに限る工事を行い、又は監督することができる。ただし、総合デジタル通信用設備に端末設備等を接続するための工事を除く。

(2) 工事担任者規則に規定する「資格者証の再交付」及び「資格者証の返納」について述べた次の二つの文章は、 (イ) 。 (4点)

A 工事担任者は、資格者証を汚したことが理由で資格者証の再交付の申請をしようとするときは、別に定める様式の申請書に資格者証及び写真1枚を添えて、総務大臣に提出しなければならない。

B 工事担任者資格者証の返納を命ぜられた者は、その処分を受けた日から10日以内にその資格者証を総務大臣に返納しなければならない。資格者証の再交付を受けた後失った資格者証を発見したときも同様とする。

[① Aのみ正しい ② Bのみ正しい ③ AもBも正しい ④ AもBも正しくない]

(3) 端末機器の技術基準適合認定等に関する規則に規定する、端末機器の技術基準適合認定番号について述べた次の二つの文章は、 (ウ) 。 (4点)

A 移動電話用設備(インターネットプロトコル移動電話用設備を除く。)に接続される端末機器に表示される技術基準適合認定番号の最初の文字は、Eである。

B 総合デジタル通信用設備に接続される端末機器に表示される技術基準適合認定番号の最初の文字は、Dである。

[① Aのみ正しい ② Bのみ正しい ③ AもBも正しい ④ AもBも正しくない]

(4) 総務大臣は、有線電気通信法の施行に必要な限度において、有線電気通信設備を設置した者からその (エ) を徴し、又はその職員に、その事務所、営業所、工場若しくは事業場に立ち入り、その設備若しくは帳簿書類を検査させることができる。 (4点)

[① 設備の管理規程 ② 工事の完成報告書 ③ 事業計画
④ 設備に関する報告 ⑤ 運営に関する記録]

(5) 有線電気通信設備(その設置について総務大臣に届け出る必要のないものを除く。)を設置した者は、有線電気通信の方式の別、設備の (オ) 又は設備の概要に係る事項を変更しようとするときは、変更の工事の開始の日の2週間前まで(工事を要しないときは、変更の日から2週間以内)に、その旨を総務大臣に届け出なければならない。 (4点)

[① 工事の方法 ② 設置の場所 ③ 使用の態様 ④ 接続の方法 ⑤ 技術的条件]

解 説

(1) 工事担任者規則第4条〔資格者証の種類及び工事の範囲〕に関する問題である。

①：同条の表の規定により、第1級アナログ通信の工事担任者は、アナログ伝送路設備に端末設備等を接続するための工事及び総合デジタル通信用設備に端末設備等を接続するための工事を行い、又は監督することができるとされている。したがって、文章は誤り。

②：同条の表の規定により、第2級アナログ通信の工事担任者は、アナログ伝送路設備に端末設備を接続するための工事（端末設備に収容される電気通信回線の数が1のものに限る。）及び総合デジタル通信用設備に端末設備を接続するための工事（総合デジタル通信回線の数が基本インタフェースで1のものに限る。）を行い、又は監督することができるとされている。したがって、文章は誤り。

③：同条の表に規定する内容と一致しているので、文章は正しい。

④：同条の表の規定により、第2級デジタル通信の工事担任者は、デジタル伝送路設備に端末設備等を接続するための工事（接続点におけるデジタル信号の入出力速度が1Gbit/s以下であって、主としてインターネットに接続するための回線に係るものに限る。）を行い、又は監督することができる。ただし、総合デジタル通信用設備に端末設備等を接続するための工事を除くとされている。したがって、文章は誤り。

　　よって、解答群の文章のうち、正しいものは、「**第一級デジタル通信の工事担任者は、デジタル伝送路設備に端末設備等を接続するための工事を行い、又は監督することができる。ただし、総合デジタル通信用設備に端末設備等を接続するための工事を除く。**」である。

(2) 工事担任者規則第40条〔資格者証の再交付〕及び第41条〔資格者証の返納〕に関する問題である。

A　第40条第1項の規定により、工事担任者は、氏名に変更を生じたとき又は資格者証を汚し、破り若しくは失ったために資格者証の再交付の申請をしようとするときは、別表第12号に定める様式の申請書に次に掲げる書類を添えて、総務大臣に提出しなければならないとされている。したがって、文章は正しい。

　一　資格者証（資格者証を失った場合を除く。）
　二　写真1枚
　三　氏名の変更の事実を証する書類（氏名に変更を生じたときに限る。）

B　第41条に規定する内容と一致しているので、文章は正しい。
　よって、設問の文章は、**AもBも正しい**。

(3) 端末機器の技術基準適合認定等に関する規則第10条〔表示〕第1項に基づく様式第7号の注4の規定により、移動電話用設備（インターネットプロトコル移動電話用設備を除く。）に接続される端末機器に表示される技術基準適合認定番号の最初の文字はA、総合デジタル通信用設備に接続される端末機器に表示される技術基準適合認定番号の最初の文字はCとされている。よって、設問の文章は、**AもBも正しくない**。

(4) 有線電気通信法第6条〔設備の検査等〕第1項の規定により、総務大臣は、有線電気通信法の施行に必要な限度において、有線電気通信設備を設置した者からその**設備に関する報告**を徴し、又はその職員に、その事務所、営業所、工場若しくは事業場に立ち入り、その設備若しくは帳簿書類を検査させることができるとされている。

　本条は、有線電気通信設備の検査について総務大臣の権限を示したものである。なお、立入検査をする職員は、その身分を示す証明書を携帯して関係人に提示することが義務づけられている。

(5) 有線電気通信法第3条〔有線電気通信設備の届出〕第3項の規定により、有線電気通信設備（その設置について総務大臣に届け出る必要のないものを除く。）を設置した者は、有線電気通信の方式の別、設備の**設置の場所**又は設備の概要に係る事項を変更しようとするときは、変更の工事の開始の日の2週間前まで（工事を要しないときは、変更の日から2週間以内）に、その旨を総務大臣に届け出なければならないとされている。

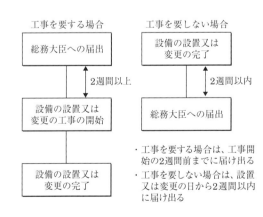

図1　有線電気通信設備の設置又は変更の届出

答	
(ア)	③
(イ)	③
(ウ)	④
(エ)	④
(オ)	②

法規

2　工担者規則、認定等規則、有線電気通信法

　次の各文章の　　　　　内に、それぞれの[　　]の解答群の中から、「工事担任者規則」、「端末機器の技術基準適合認定等に関する規則」又は「有線電気通信法」に規定する内容に照らして最も適したものを選び、その番号を記せ。　　　　　　　　　　　　　　　　　　　　　　　　　　　　　　　　　　　　　　　（小計20点）

(1)　工事担任者規則に規定する「資格者証の種類及び工事の範囲」について述べた次の文章のうち、誤っているものは、　(ア)　である。　　　　　　　　　　　　　　　　　　　　　　　　　　　　　　　　　　（4点）

　　① 　第一級アナログ通信の工事担任者は、アナログ伝送路設備に端末設備等を接続するための工事及び総合デジタル通信用設備に端末設備等を接続するための工事を行い、又は監督することができる。

　　② 　第二級アナログ通信の工事担任者は、アナログ伝送路設備に端末設備を接続するための工事のうち、端末設備に収容される電気通信回線の数が10以下のものに限る工事を行い、又は監督することができる。また、総合デジタル通信用設備に端末設備を接続するための工事のうち、総合デジタル通信回線の数が基本インタフェースで10以下のものに限る工事を行い、又は監督することができる。

　　③ 　第一級デジタル通信の工事担任者は、デジタル伝送路設備に端末設備等を接続するための工事を行い、又は監督することができる。ただし、総合デジタル通信用設備に端末設備等を接続するための工事を除く。

　　④ 　第二級デジタル通信の工事担任者は、デジタル伝送路設備に端末設備等を接続するための工事のうち、接続点におけるデジタル信号の入出力速度が毎秒1ギガビット以下であって、主としてインターネットに接続するための回線に係るものに限る工事を行い、又は監督することができる。ただし、総合デジタル通信用設備に端末設備等を接続するための工事を除く。

　　⑤ 　総合通信の工事担任者は、アナログ伝送路設備又はデジタル伝送路設備に端末設備等を接続するための工事を行い、又は監督することができる。

(2)　工事担任者規則に規定する「工事担任者を要しない工事」及び「資格者証の交付」について述べた次の二つの文章は、　(イ)　。　　　　　　　　　　　　　　　　　　　　　　　　　　　　　　　　　　　　　　（4点）

　A　専用設備(特定の者に電気通信設備を専用させる電気通信役務に係る電気通信設備をいう。)に端末設備等を接続するときは、工事担任者を要しない。

　B　工事担任者資格者証の交付を受けた者は、端末設備等の接続に関する知識及び技術の向上を図るように努めなければならない。

　　[①　Aのみ正しい　　②　Bのみ正しい　　③　AもBも正しい　　④　AもBも正しくない]

(3)　端末機器の技術基準適合認定等に関する規則に規定する、端末機器の技術基準適合認定番号について述べた次の文章のうち、誤っているものは、　(ウ)　である。　　　　　　　　　　　　　　　　　　　　　　（4点）

　　① 　移動電話用設備(インターネットプロトコル移動電話用設備を除く。)に接続される端末機器に表示される技術基準適合認定番号の最初の文字は、Aである。

　　② 　インターネットプロトコル電話用設備に接続される端末機器に表示される技術基準適合認定番号の最初の文字は、Fである。

　　③ 　専用通信回線設備に接続される端末機器に表示される技術基準適合認定番号の最初の文字は、Dである。

　　④ 　総合デジタル通信用設備に接続される端末機器に表示される技術基準適合認定番号の最初の文字は、Cである。

　　⑤ 　デジタルデータ伝送用設備に接続される端末機器に表示される技術基準適合認定番号の最初の文字は、Dである。

(4) 有線電気通信法に規定する「定義」、「技術基準」又は「本邦外にわたる有線電気通信設備」について述べた次の文章のうち、<u>誤っているもの</u>は、　（エ）　である。　　　　　　　　　　　　　　　（4点）

① 有線電気通信とは、送信の場所と受信の場所との間の線条その他の導体を利用して、電磁的方式により、符号、音響又は影像を送り、伝え、又は受けることをいう。

② 有線電気通信設備とは、有線電気通信を行うための機械、器具、線路その他の電気的設備（無線通信用の有線連絡線を含む。）をいう。

③ 有線電気通信法の規定に基づく政令で定める技術基準により確保されるべき事項の一つとして、有線電気通信設備（政令で定めるものを除く。）は、人体に危害を及ぼし、又は物件に損傷を与えないようにすることがある。

④ 本邦内の場所と本邦外の場所との間の有線電気通信設備は、電気通信事業者がその事業の用に供する設備として設置する場合を除き、設置してはならない。ただし、特別の事由がある場合において、本邦外の電気通信事業者と合意したときは、この限りでない。

(5) 総務大臣は、天災、事変その他の非常事態が発生し、又は発生するおそれがあるときは、有線電気通信設備を設置した者に対し、災害の予防若しくは救援、交通、通信若しくは電力の供給の確保若しくは秩序の維持のために必要な通信を行い、又はこれらの通信を行うためその有線電気通信設備を　（オ）　ことを命ずることができる。　　　　　　　　　　　　　　　（4点）

① 緊急を要する事項又は安否確認のために行う通信を無償で提供すべき

② 設置した者に調査させ、通信の確保に支障を及ぼす事項を除去すべき

③ 設置した者に検査させ、その設備の改善措置をとるべき

④ 他の者に使用させ、若しくはこれを他の有線電気通信設備に接続すべき

⑤ 他の者に検査させ、若しくは改造その他の措置をとるべき

法　規

2　工担者規則、認定等規則、有線電気通信法

(1)　工事担任者規則第4条〔資格者証の種類及び工事の範囲〕に関する問題である。

　①、③、④、⑤：同条の表に規定する内容と一致しているので、文章は正しい。

　②：同条の表の規定により、第2級アナログ通信の工事担任者は、アナログ伝送路設備に端末設備を接続するための工事（端末設備に収容される電気通信回線の数が<u>1のもの</u>に限る。）及び総合デジタル通信用設備に端末設備を接続するための工事（総合デジタル通信回線の数が基本インタフェースで<u>1のもの</u>に限る。）を行い、又は監督することができるとされている。したがって、文章は誤り。

　　よって、解答群の文章のうち、<u>誤っているもの</u>は、「**第二級アナログ通信の工事担任者は、アナログ伝送路設備に端末設備を接続するための工事のうち、端末設備に収容される電気通信回線の数が10以下のものに限る工事を行い、又は監督することができる。また、総合デジタル通信用設備に端末設備を接続するための工事のうち、総合デジタル通信回線の数が基本インタフェースで10以下のものに限る工事を行い、又は監督することができる。**」である。

(2)　工事担任者規則第3条〔工事担任者を要しない工事〕及び第38条〔資格者証の交付〕に関する問題である。

　A　利用者は、端末設備又は自営電気通信設備を接続するときは、工事担任者に工事を行わせるか実地に監督させなければならない。ただし、第3条の規定により、次の場合は工事担任者を要しないとされている。設問の文章は、「一」に規定する内容と一致しているので正しい。専用設備は、公衆網とは異なり、特定の利用者間のみで通信に用いられるものである。したがって、端末設備等の接続工事が正しく行われず技術基準に適合しなくても自己の損失を招くだけであり、他に影響を及ぼすことはないので、工事担任者は不要とされている。

　　　一　専用設備（特定の者に電気通信設備を専用させる電気通信役務に係る電気通信設備をいう。）に端末設備又は自営電気通信設備を接続するとき。
　　　二　船舶又は航空機に設置する端末設備（総務大臣が別に告示するものに限る。）を接続するとき。
　　　三　適合表示端末機器、電気通信事業法施行規則第32条〔端末設備の接続の検査〕第1項第四号に規定する端末設備、同項第五号に規定する端末機器又は同項第七号に規定する端末設備を総務大臣が別に告示する方式により接続するとき。

　B　第38条第2項に規定する内容と一致しているので、文章は正しい。工事担任者は、端末設備等の接続に関する知識及び技術の向上を図ることが努力義務として課されている。

　　よって、設問の文章は、**AもBも正しい。**

(3)　端末機器の技術基準適合認定等に関する規則第10条〔表示〕第1項に基づく様式第7号の規定により、技術基準適合認定を受けた端末機器には、図1に示す様式に記号Ａ及び技術基準適合認定番号を付加して表示することとされている。また、同号の注4の規定により、技術基準適合認定番号の最初の文字は、端末機器の種類に従い表1に定めるとおりとされている。

　　この表1より、移動電話用設備（インターネットプロトコル移動電話用設備を除く。）の場合はA、専用通信回線設備の場合はD、総合デジタル通信用設備の場合はC、デジタルデータ伝送用設備の場合はDとされているので、①、③、④、⑤の文章はいずれも正しい。一方、インターネットプロトコル電話用設備の場合は<u>E</u>とされているので、②の文章は誤りである。

　　よって、解答群の文章のうち、<u>誤っているもの</u>は、「**インターネットプロトコル電話用設備に接続される端末機器に表示される技術基準適合認定番号の最初の文字は、Fである。**」である。

図1

表1　技術基準適合認定番号の最初の文字

端末機器の種類	記号
(1)　アナログ電話用設備又は移動電話用設備に接続される電話機、構内交換設備、ボタン電話装置、変復調装置、ファクシミリその他総務大臣が別に告示する端末機器（インターネットプロトコル移動電話用設備に接続される端末機器を除く）	A
(2)　インターネットプロトコル電話用設備に接続される電話機、構内交換設備、ボタン電話装置、符号変換装置、ファクシミリその他呼の制御を行う端末機器	E
(3)　インターネットプロトコル移動電話用設備に接続される端末機器	F
(4)　無線呼出用設備に接続される端末機器	B
(5)　総合デジタル通信用設備に接続される端末機器	C
(6)　専用通信回線設備又はデジタルデータ伝送用設備に接続される端末機器	D

(4) 有線電気通信法第2条〔定義〕、第4条〔本邦外にわたる有線電気通信設備〕及び第5条〔技術基準〕に関する問題である。

①：第2条第1項に規定する内容と一致しているので、文章は正しい。電磁的方式には、銅線やケーブルなどで電気信号を伝搬させる方式の他に、導波管の中で電磁波を伝搬させる方法や、光ファイバで光を伝搬させる方法が含まれる。

②：第2条第2項に規定する内容と一致しているので、文章は正しい。

③：第5条第2項の規定により、有線電気通信設備(政令で定めるものを除く。)の技術基準は、これにより次の事項が確保されるものとして定められなければならないとされている。設問の文章は、「二」に規定する内容と一致しているので正しい。

　　一　有線電気通信設備は、他人の設置する有線電気通信設備に妨害を与えないようにすること。

　　二　有線電気通信設備は、人体に危害を及ぼし、又は物件に損傷を与えないようにすること。

④：第4条の規定により、本邦内の場所と本邦外の場所との間の有線電気通信設備は、電気通信事業者がその事業の用に供する設備として設置する場合を除き、設置してはならない。ただし、特別の事由がある場合において、<u>総務大臣の許可を受けた</u>ときは、この限りでないとされている。したがって、文章は誤り。国際通信に用いる有線電気通信設備の設置は、原則として禁止されている。ただし、電気通信事業者が事業用の設備として設置する場合や、特定の事由により総務大臣の許可を受けたときは、設置が認められている。

　　よって、解答群の文章のうち、<u>誤っているもの</u>は、「**本邦内の場所と本邦外の場所との間の有線電気通信設備は、電気通信事業者がその事業の用に供する設備として設置する場合を除き、設置してはならない。ただし、特別の事由がある場合において、本邦外の電気通信事業者と合意したときは、この限りでない。**」である。

(5) 有線電気通信法第8条〔非常事態における通信の確保〕第1項の規定により、総務大臣は、天災、事変その他の非常事態が発生し、又は発生するおそれがあるときは、有線電気通信設備を設置した者に対し、災害の予防若しくは救援、交通、通信若しくは電力の供給の確保若しくは秩序の維持のために必要な通信を行い、又はこれらの通信を行うためその有線電気通信設備を**他の者に使用させ、若しくはこれを他の有線電気通信設備に接続すべきことを命ずる**ことができるとされている。

　　天災、事変等の非常事態においては、被害状況の把握や、復旧、救援活動などの対策を講じるうえで電気通信の確保が不可欠であるため、総務大臣に所要の措置をとる権限を与えている。

法規

2

工担者規則、認定等規則、有線電気通信法

答	
㊂	②
㊅	③
㊆	②
㊇	④
㊈	④

総則

●用語の定義（第2条）

電話用設備	電気通信事業の用に供する電気通信回線設備であって、主として音声の伝送交換を目的とする電気通信役務の用に供するもの
アナログ電話用設備	電話用設備であって、端末設備又は自営電気通信設備を接続する点においてアナログ信号を入出力とするもの
アナログ電話端末	端末設備であって、アナログ電話用設備に接続される点において2線式の接続形式で接続されるもの
移動電話用設備	電話用設備であって、端末設備又は自営電気通信設備との接続において電波を使用するもの
移動電話端末	端末設備であって、移動電話用設備（インターネットプロトコル移動電話用設備を除く。）に接続されるもの
インターネットプロトコル電話用設備	電話用設備（電気通信番号規則別表第一号に掲げる固定電話番号を使用して提供する音声伝送役務の用に供するものに限る。）であって、端末設備又は自営電気通信設備との接続においてインターネットプロトコルを使用するもの
インターネットプロトコル電話端末	端末設備であって、インターネットプロトコル電話用設備に接続されるもの
インターネットプロトコル移動電話用設備	移動電話用設備（電気通信番号規則別表第四号に掲げる音声伝送携帯電話番号を使用して提供する音声伝送役務の用に供するものに限る。）であって、端末設備又は自営電気通信設備との接続においてインターネットプロトコルを使用するもの
インターネットプロトコル移動電話端末	端末設備であって、インターネットプロトコル移動電話用設備に接続されるもの
無線呼出用設備	電気通信事業の用に供する電気通信回線設備であって、無線によって利用者に対する呼出し（これに付随する通報を含む。）を行うことを目的とする電気通信役務の用に供するもの
無線呼出端末	端末設備であって、無線呼出用設備に接続されるもの
総合デジタル通信用設備	電気通信事業の用に供する電気通信回線設備であって、主として64kbit/sを単位とするデジタル信号の伝送速度により、符号、音声、その他の音響又は影像を統合して伝送交換することを目的とする電気通信役務の用に供するもの

総合デジタル通信端末	端末設備であって、総合デジタル通信用設備に接続されるもの
専用通信回線設備	電気通信事業の用に供する電気通信回線設備であって、特定の利用者に当該設備を専用させる電気通信役務の用に供するもの
デジタルデータ伝送用設備	電気通信事業の用に供する電気通信回線設備であって、デジタル方式により、専ら符号又は影像の伝送交換を目的とする電気通信役務の用に供するもの
専用通信回線設備等端末	端末設備であって、専用通信回線設備又はデジタルデータ伝送用設備に接続されるもの
発信	通信を行う相手を呼び出すための動作
応答	電気通信回線からの呼出しに応ずるための動作
選択信号	主として相手の端末設備を指定するために使用する信号
直流回路	端末設備又は自営電気通信設備を接続する点において2線式の接続形式を有するアナログ電話用設備に接続して電気通信事業者の交換設備の動作の開始及び終了の制御を行うための回路
絶対レベル	一の皮相電力の1mWに対する比をデシベルで表したもの
通話チャネル	移動電話用設備と移動電話端末又はインターネットプロトコル移動電話端末の間に設定され、主として音声の伝送に使用する通信路
制御チャネル	移動電話用設備と移動電話端末又はインターネットプロトコル移動電話端末の間に設定され、主として制御信号の伝送に使用する通信路
呼設定用メッセージ	呼設定メッセージ又は応答メッセージ
呼切断用メッセージ	切断メッセージ、解放メッセージ又は解放完了メッセージ

責任の分界

●責任の分界（第3条）

利用者の接続する端末設備は、事業用電気通信設備との責任の分界を明確にするため、事業用電気通信設備との間に分界点を有しなければならない。

分界点における接続の方式は、端末設備を電気通信回線ごとに事業用電気通信設備から容易に切り離せるものでなければならない。

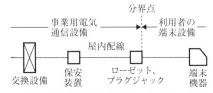

図1　分界点の位置（例）

安全性等

●漏えいする通信の識別禁止（第4条）

端末設備は、事業用電気通信設備から漏えいする通信の内容を意図的に識別する機能を有してはならない。

●鳴音の発生防止（第5条）

端末設備は、事業用電気通信設備との間で鳴音（電気的又は音響的結合により生ずる発振状態）を発生することを防止するために総務大臣が別に告示する条件を満たすものでなければならない。

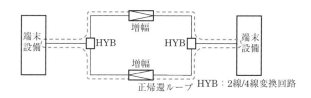

図2　鳴音の発生原理

●絶縁抵抗及び絶縁耐力、接地抵抗（第6条）

・絶縁抵抗及び絶縁耐力

端末設備の機器は、その電源回路と筐体及びその電源回路と事業用電気通信設備との間において次の絶縁抵抗と絶縁耐力を有しなければならない。

使用電圧	絶縁抵抗又は絶縁耐力
300V以下	0.2MΩ以上
300Vを超え750V以下の直流	0.4MΩ以上
300Vを超え600V以下の交流	
750Vを超える直流	使用電圧の1.5倍の電圧を連続して10分間加えても耐えること
600Vを超える交流	

・接地抵抗

端末設備の機器の金属製の台及び筐体は、接地抵抗が100Ω以下となるように接地しなければならない。ただし、安全な場所に危険のないように設置する場合を除く。

●過大音響衝撃の発生防止（第7条）

通話機能を有する端末設備は、通話中に受話器から過大な音響衝撃が発生することを防止する機能を備えなければならない。

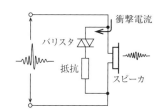

図3　受話音響衝撃防止回路

●配線設備等（第8条）

・**評価雑音電力**　通信回線が受ける妨害であって人間の聴覚率を考慮して定められる実効的雑音電力（誘導によるものを含む。）

　－64dBm以下（定常時）

　－58dBm以下（最大時）

・**絶縁抵抗**　直流200V以上の一の電圧で測定して1MΩ以上

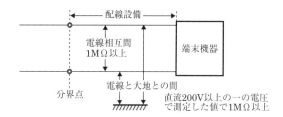

図4　配線設備の絶縁抵抗

●端末設備内において電波を使用する端末設備（第9条）

端末設備を構成する一の部分と他の部分相互間において電波を使用する端末設備は、次の条件に適合しなければならない。

①総務大臣が別に告示する条件に適合する識別符号（端末設備に使用される無線設備を識別するための符号であって、通信路の設定に当たってその照合が行われるものをいう。）を有すること。

②使用する電波の周波数が空き状態であるかどうかについて、総務大臣が別に告示するところにより判定を行い、空き状態である場合にのみ通信路を設定すること。ただし、総務大臣が別に告示するものを除く。

③使用される無線設備は、総務大臣が告示するものを除き、一の筐体に収められており、かつ、容易に開けることができないこと。一の筐体に収めることを要しない無線設備の装置には、電源装置、送話器及び受話器などがある。

次の各文章の ▭ 内に、それぞれの[　]の解答群の中から、「端末設備等規則」に規定する内容に照らして最も適したものを選び、その番号を記せ。 (小計20点)

(1) 用語について述べた次の文章のうち、<u>誤っているもの</u>は、 (ア) である。 (4点)

　　① 移動電話用設備とは、電話用設備であって、端末設備又は自営電気通信設備との接続において電波を使用するものをいう。

　　② 専用通信回線設備とは、電気通信事業の用に供する電気通信回線設備であって、特定の利用者に当該設備を専用させる電気通信役務の用に供するものをいう。

　　③ インターネットプロトコル電話端末とは、端末設備であって、インターネットプロトコル電話用設備又はデジタルデータ伝送用設備に接続されるものをいう。

　　④ 通話チャネルとは、移動電話用設備と移動電話端末又はインターネットプロトコル移動電話端末の間に設定され、主として音声の伝送に使用する通信路をいう。

　　⑤ 絶対レベルとは、一の皮相電力の1ミリワットに対する比をデシベルで表したものをいう。

(2) 安全性等について述べた次の二つの文章は、 (イ) 。 (4点)

　A 端末設備は、事業用電気通信設備から漏えいする通信の内容を意図的に識別する機能を有してはならない。

　B 端末設備は、自営電気通信設備との間で鳴音(電気的又は音響的結合により生ずる発振状態をいう。)を発生することを防止するために総務大臣が別に告示する条件を満たすものでなければならない。

　　[① Aのみ正しい　② Bのみ正しい　③ AもBも正しい　④ AもBも正しくない]

(3) 「絶縁抵抗等」について述べた次の二つの文章は、 (ウ) 。 (4点)

　A 端末設備の機器は、その電源回路と筐体及びその電源回路と事業用電気通信設備との間において、使用電圧が750ボルトを超える直流及び600ボルトを超える交流の場合にあっては、その使用電圧の1.5倍の電圧を連続して20分間加えたときこれに耐える絶縁耐力を有しなければならない。

　B 端末設備の機器の金属製の台及び筐体は、接地抵抗が0.2メガオーム以下となるように接地しなければならない。ただし、安全な場所に危険のないように設置する場合にあっては、この限りでない。

　　[① Aのみ正しい　② Bのみ正しい　③ AもBも正しい　④ AもBも正しくない]

(4) 「配線設備等」において、配線設備等の評価雑音電力(通信回線が受ける妨害であって人間の聴覚率を考慮して定められる実効的雑音電力をいい、誘導によるものを含む。)は、絶対レベルで表した値で定常時においてマイナス64デシベル以下であり、かつ、最大時においてマイナス (エ) デシベル以下であることと規定されている。 (4点)

　　[① 32　② 48　③ 50　④ 54　⑤ 58]

(5) 「端末設備内において電波を使用する端末設備」について述べた次の文章のうち、<u>誤っているもの</u>は、 (オ) である。 (4点)

　　① 総務大臣が別に告示する条件に適合する識別符号を有すること。

　　② 識別符号とは、端末設備に使用される交換設備を識別するための符号であって、通信路の設定に当たってその照合が行われるものをいう。

　　③ 使用される無線設備は、一の筐体に収められており、かつ、容易に開けることができないこと。ただし、総務大臣が別に告示するものについては、この限りでない。

　　④ 使用する電波の周波数が空き状態であるかどうかについて、総務大臣が別に告示するところにより判定を行い、空き状態である場合にのみ通信路を設定するものであること。ただし、総務大臣が別に告示するものについては、この限りでない。

解 説

(1) 端末設備等規則第2条〔定義〕第2項に関する問題である。

①：同項第四号に規定する内容と一致しているので、文章は正しい。移動電話用設備とは、携帯無線通信の電話網のことを指す。

②：同項第十四号に規定する内容と一致しているので、文章は正しい。専用通信回線設備とは、いわゆる専用線のことをいい、特定の利用者間に設置され、その利用者のみがサービスを専有する。

③：同項第七号の規定により、インターネットプロトコル電話端末とは、端末設備であって、<u>インターネットプロトコル電話用設備に接続されるもの</u>をいうとされているので、文章は誤り。インターネットプロトコル電話端末の例として、IP電話機などが挙げられる。

④：同項第二十二号に規定する内容と一致しているので、文章は正しい。

⑤：同項第二十一号に規定する内容と一致しているので、文章は正しい。

よって、解答群の文章のうち、<u>誤っているもの</u>は、「**インターネットプロトコル電話端末とは、端末設備であって、インターネットプロトコル電話用設備又はデジタルデータ伝送用設備に接続されるものをいう。**」である。

(2) 端末設備等規則第4条〔漏えいする通信の識別禁止〕及び第5条〔鳴音の発生防止〕に関する問題である。

A　第4条に規定する内容と一致しているので、文章は正しい。「通信の内容を意図的に識別する機能」とは、他の電気通信回線から漏えいする通信の内容が聞き取れるように増幅する機能や、暗号化された情報を解読する機能などをいう。

B　第5条の規定により、端末設備は、<u>事業用電気通信設備</u>との間で鳴音（電気的又は音響的結合により生ずる発振状態をいう。）を発生することを防止するために総務大臣が別に告示する条件を満たすものでなければならないとされているので、文章は誤り。鳴音（ハウリング）の発生を防止するために、総務大臣が告示で条件を定めている。具体的には、鳴音の発生原因に着目し、端末設備に入力した信号に対する反射した信号の割合（リターンロス）を規定しており、その値を原則2dB以上としている。

よって、設問の文章は、**Aのみ正しい**。

(3) 端末設備等規則第6条〔絶縁抵抗等〕に関する問題である。

A　同条第1項第二号の規定により、端末設備の機器は、その電源回路と筐体及びその電源回路と事業用電気通信設備との間において、使用電圧が750Vを超える直流及び600Vを超える交流の場合にあっては、その使用電圧の1.5倍の電圧を連続して<u>10分間</u>加えたときこれに耐える絶縁耐力を有しなければならないとされているので、文章は誤り。

B　同条第2項の規定により、端末設備の機器の金属製の台及び筐体は、接地抵抗が<u>100Ω以下</u>となるように接地しなければならない。ただし、安全な場所に危険のないように設置する場合にあっては、この限りでないとされている。したがって、文章は誤り。

よって、設問の文章は、**AもBも正しくない**。

(4) 端末設備等規則第8条〔配線設備等〕第一号の規定により、配線設備等の評価雑音電力（通信回線が受ける妨害であって人間の聴覚率を考慮して定められる実効的雑音電力をいい、誘導によるものを含む。）は、絶対レベルで表した値で定常時において－64dBm以下であり、かつ、最大時において－**58**dBm以下でなければならないとされている。

(5) 端末設備等規則第9条〔端末設備内において電波を使用する端末設備〕に関する問題である。

①、②：同条第一号の規定により、端末設備を構成する一の部分と他の部分相互間において電波を使用する端末設備は、総務大臣が別に告示する条件に適合する識別符号（端末設備に使用される<u>無線設備</u>を識別するための符号であって、通信路の設定に当たってその照合が行われるものをいう。）を有するものでなければならないとされている。したがって、①の文章は正しいが、②の文章は誤りである。コードレス電話などでは、親機と子機の間で、誤接続や誤課金の発生を防ぐため、識別符号（IDコード）の照合を行ってから通信路を設定するようにしている。

③：同条第三号に規定する内容と一致しているので、文章は正しい。この規定は、送信機能や識別符号を故意に改造又は変更して他の通信に妨害を与えることがないように定められたものである。

④：同条第二号に規定する内容と一致しているので、文章は正しい。これは、電波の混信を防ぐための規定である。

よって、解答群の文章のうち、<u>誤っているもの</u>は、「**識別符号とは、端末設備に使用される交換設備を識別するための符号であって、通信路の設定に当たってその照合が行われるものをいう。**」である。

答

(ア)	③
(イ)	①
(ウ)	④
(エ)	⑤
(オ)	②

次の各文章の 内に、それぞれの[ ]の解答群の中から、「端末設備等規則」に規定する内容に照らして最も適したものを選び、その番号を記せ。 (小計20点)

(1) 用語について述べた次の文章のうち、誤っているものは、 (ア) である。 (4点)

① アナログ電話用設備とは、電話用設備であって、端末設備又は自営電気通信設備を接続する点においてアナログ信号を入出力とするものをいう。

② 移動電話端末とは、端末設備であって、移動電話用設備(インターネットプロトコル移動電話用設備を除く。)に接続されるものをいう。

③ インターネットプロトコル移動電話用設備とは、移動電話用設備(電気通信番号規則別表に掲げる音声伝送携帯電話番号を使用して提供する音声伝送役務の用に供するものに限る。)であって、端末設備又は自営電気通信設備との接続においてインターネットプロトコルを使用するものをいう。

④ 総合デジタル通信端末とは、端末設備であって、総合デジタル通信用設備に接続されるものをいう。

⑤ 専用通信回線設備等端末とは、端末設備であって、専ら専用通信回線設備に接続されるものをいう。

(2) 直流回路とは、端末設備又は自営電気通信設備を接続する点において2線式の接続形式を有するアナログ電話用設備に接続して電気通信事業者の (イ) の開始及び終了の制御を行うための回路をいう。 (4点)

[① 電源設備からの給電 ② 伝送路設備の選択 ③ 交換設備の動作
④ 共通制御装置の指定 ⑤ 有線電気通信設備からの応答]

(3) 「責任の分界」について述べた次の二つの文章は、 (ウ) 。 (4点)

A 利用者の接続する端末設備は、自営電気通信設備との責任の分界を明確にするため、自営電気通信設備との間に分界点を有しなければならない。

B 分界点における接続の方式は、総務大臣が別に告示する電気的条件及び光学的条件のいずれかの条件に適合するものでなければならない。

[① Aのみ正しい ② Bのみ正しい ③ AもBも正しい ④ AもBも正しくない]

(4) 「絶縁抵抗等」において、端末設備の機器は、その電源回路と筐体及びその電源回路と事業用電気通信設備との間において、使用電圧が300ボルト以下の場合にあっては、 (エ) メガオーム以上の絶縁抵抗を有しなければならないと規定されている。 (4点)

[① 0.1 ② 0.2 ③ 0.4 ④ 0.8 ⑤ 1]

(5) 「配線設備等」について述べた次の二つの文章は、 (オ) 。 (4点)

A 事業用電気通信設備を損傷し、又はその機能に障害を与えないようにするため、総務大臣が別に告示するところにより配線設備等の設置の方法を定める場合にあっては、その方法によるものであること。

B 配線設備等の電線相互間及び電線と大地間の絶縁抵抗は、直流100ボルト以上の一の電圧で測定した値で1メガオーム以上であること。

[① Aのみ正しい ② Bのみ正しい ③ AもBも正しい ④ AもBも正しくない]

解説

(1) 端末設備等規則第2条〔定義〕第2項に関する問題である。

　①：同項第二号に規定する内容と一致しているので、文章は正しい。

　②：同項第五号に規定する内容と一致しているので、文章は正しい。移動電話端末とは、携帯無線通信の端末装置、いわゆる携帯電話機のことをいう。

　③：同項第八号に規定する内容と一致しているので、文章は正しい。

　④：同項第十三号に規定する内容と一致しているので、文章は正しい。総合デジタル通信端末とは、ISDN端末等のことを指す。

　⑤：同項第十六号の規定により、専用通信回線設備等端末とは、端末設備であって、専用通信回線設備又はデジタルデータ伝送用設備に接続されるものをいうとされているので、文章は誤り。専用通信回線設備等端末とは、専用線(特定の利用者のみが専有する電気通信回線設備)又はデジタルデータ伝送用設備(デジタルデータのみを扱う交換網や通信回線)に接続される端末設備のことを指す。

　　よって、解答群の文章のうち、**誤っているもの**は、「**専用通信回線設備等端末とは、端末設備であって、専ら専用通信回線設備に接続されるものをいう。**」である。

(2) 端末設備等規則第2条〔定義〕第2項第二十号の規定により、直流回路とは、端末設備又は自営電気通信設備を接続する点において2線式の接続形式を有するアナログ電話用設備に接続して電気通信事業者の**交換設備の動作**の開始及び終了の制御を行うための回路をいうとされている。

　　直流回路とは、いわゆるループ制御回路のことをいう。端末設備の直流回路を閉じると電気通信事業者の交換設備との間に直流電流が流れ、交換設備は動作を開始する。また、直流回路を開くと電流は流れなくなり、通話が終了する。

(3) 端末設備等規則第3条〔責任の分界〕に関する問題である。

　A　同条第1項の規定により、利用者の接続する端末設備は、事業用電気通信設備との責任の分界を明確にするため、事業用電気通信設備との間に分界点を有しなければならないとされているので、文章は誤り。本条は、故障時に、その原因が利用者側の設備にあるのか事業者側の設備にあるのかを判別できるようにすることを目的としている。一般的には、保安装置、ローゼット、プラグジャックなどが分界点となる(図1)。

　B　同条第2項の規定により、分界点における接続の方式は、端末設備を電気通信回線ごとに事業用電気通信設備から容易に切り離せるものでなければならないとされているので、文章は誤り。

　　よって、設問の文章は、**AもBも正しくない**。

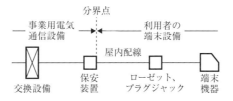

図1　分界点の例

(4) 端末設備等規則第6条〔絶縁抵抗等〕第1項第一号の規定により、端末設備の機器は、その電源回路と筐体及びその電源回路と事業用電気通信設備との間において、使用電圧が300V以下の場合にあっては、**0.2MΩ以上**、300Vを超え750V以下の直流及び300Vを超え600V以下の交流の場合にあっては、0.4MΩ以上の絶縁抵抗を有しなければならないとされている。

　　絶縁抵抗の規定は、保守者及び運用者が機器の筐体や電気通信回線などに触れた場合の感電防止のために定められたもので、電源回路からの漏れ電流が人体の感知電流(直流約1mA、交流約4mA)以下となるように規定されている。

表1　絶縁抵抗と絶縁耐力

使用電圧	絶縁抵抗および絶縁耐力	
	直流電圧	交流電圧
300V	絶縁抵抗0.2MΩ以上	
600V 750V	絶縁抵抗0.4MΩ以上	
	使用電圧の1.5倍の電圧を10分間加えても耐える絶縁耐力	

(5) 端末設備等規則第8条〔配線設備等〕に関する問題である。

　A　同条第四号に規定する内容と一致しているので、文章は正しい。

　B　同条第二号の規定により、配線設備等の電線相互間及び電線と大地間の絶縁抵抗は、直流200V以上の一の電圧で測定した値で1MΩ以上でなければならないとされているので、文章は誤り。

　　よって、設問の文章は、**Aのみ正しい**。

法規

3

端末設備等規則(I)

答

(ア)	⑤
(イ)	③
(ウ)	④
(エ)	②
(オ)	①

次の各文章の 　　　　 内に、それぞれの［　　　］の解答群の中から、「端末設備等規則」に規定する内容に照らして最も適したものを選び、その番号を記せ。 (小計20点)

(1) 用語について述べた次の文章のうち、正しいものは、 (ア) である。 (4点)

　① 電話用設備とは、電気通信事業の用に供する電気通信回線設備であって、主としてアナログ信号の伝送交換を目的とする電気通信役務の用に供するものをいう。

　② インターネットプロトコル電話用設備とは、電話用設備であって、端末設備又は自営電気通信設備との接続においてメディアコンバータを必要とするものをいう。

　③ インターネットプロトコル移動電話端末とは、端末設備であって、インターネットプロトコル移動電話用設備又はデジタルデータ伝送用設備に接続されるものをいう。

　④ 専用通信回線設備等端末とは、端末設備であって、専用通信回線設備又はデジタルデータ伝送用設備に接続されるものをいう。

　⑤ 通話チャネルとは、移動電話用設備と移動電話端末又はインターネットプロトコル移動電話端末の間に設定され、主として制御信号の伝送に使用する通信路をいう。

(2) 責任の分界及び安全性等について述べた次の二つの文章は、 (イ) 。 (4点)

　A 分界点における接続の方式は、端末設備を電気通信回線ごとに事業用電気通信設備から容易に切り離せるものでなければならない。

　B 端末設備は、自営電気通信設備との間で鳴音(電気的又は音響的結合により生ずる発振状態をいう。)を発生することを防止するために総務大臣が別に告示する条件を満たすものでなければならない。

　［① Aのみ正しい　② Bのみ正しい　③ AもBも正しい　④ AもBも正しくない］

(3) 端末設備は、事業用電気通信設備から漏えいする通信の内容を (ウ) する機能を有してはならない。 (4点)

　［① 容易に判別　② 意図的に識別　③ 保存　④ 任意に消去　⑤ 自動的に記録］

(4) 配線設備等の評価雑音電力とは、通信回線が受ける妨害であって人間の聴覚率を考慮して定められる (エ) をいい、誘導によるものを含む。 (4点)

　［① 雑音電力の尖頭値　② 漏話雑音電力　③ 信号送出電力
　④ 実効的雑音電力　⑤ 雑音電力の最大値］

(5) 「配線設備等」について述べた次の二つの文章は、 (オ) 。 (4点)

　A 配線設備等と強電流電線との関係については有線電気通信設備令の規定に適合するものであること。

　B 事業用電気通信設備を損傷し、又はその機能に障害を与えないようにするため、総務大臣が別に告示するところにより配線設備等の設置の方法を定める場合にあっては、その方法によるものであること。

　［① Aのみ正しい　② Bのみ正しい　③ AもBも正しい　④ AもBも正しくない］

解 説

(1) 端末設備等規則第2条〔定義〕第2項に関する問題である。

　①：同項第一号の規定により、電話用設備とは、電気通信事業の用に供する電気通信回線設備であって、主として音声の伝送交換を目的とする電気通信役務の用に供するものをいうとされているので、文章は誤り。

　②：同項第六号の規定により、インターネットプロトコル電話用設備とは、電話用設備(電気通信番号規則別表第1号に掲げる固定電話番号を使用して提供する音声伝送役務の用に供するものに限る。)であって、端末設備又は自営電気通信設備との接続においてインターネットプロトコルを使用するものをいうとされているので、文章は誤り。

　③：同項第九号の規定により、インターネットプロトコル移動電話端末とは、端末設備であって、インターネットプロトコル移動電話用設備に接続されるものをいうとされているので、文章は誤り。インターネットプロトコル移動電話端末とは、IP移動電話(VoLTE：Voice over LTE)システムに対応した電話機のことを指す。

　④：同項第十六号に規定する内容と一致しているので、文章は正しい。

　⑤：同項第二十二号の規定により、通話チャネルとは、移動電話用設備と移動電話端末又はインターネットプロトコル移動電話端末の間に設定され、主として音声の伝送に使用する通信路をいうとされているので、文章は誤り。

　　よって、解答群の文章のうち、正しいものは、「**専用通信回線設備等端末とは、端末設備であって、専用通信回線設備又はデジタルデータ伝送用設備に接続されるものをいう。**」である。

(2) 端末設備等規則第3条〔責任の分界〕及び第5条〔鳴音の発生防止〕に関する問題である。

　A　第3条第2項に規定する内容と一致しているので、文章は正しい。本条は、端末設備の接続の技術基準で確保すべき3原則(電気通信事業法第52条第2項)の1つである責任の分界の明確化を受けて定められたものである。端末設備を電気通信回線ごとに事業用電気通信設備から容易に切り離せる方式としては、電話機のプラグジャック方式が一般的である。なお、「電気通信回線ごとに」とは、ある回線を切り離すのに別の回線を切り離す必要が生じることなく、1回線ずつ別々に切り離すことができるという意味である。

　B　第5条の規定により、端末設備は、事業用電気通信設備との間で鳴音(電気的又は音響的結合により生ずる発振状態をいう。)を発生することを防止するために総務大臣が別に告示する条件を満たすものでなければならないとされているので、文章は誤り。鳴音とは、いわゆるハウリングのことをいう。

　　よって、設問の文章は、**Aのみ正しい。**

(3) 端末設備等規則第4条〔漏えいする通信の識別禁止〕の規定により、端末設備は、事業用電気通信設備から漏えいする通信の内容を**意図的に識別**する機能を有してはならないとされている。本条は、通信の秘密の保護の観点から設けられた規定である。

(4) 端末設備等規則第8条〔配線設備等〕第一号の規定により、配線設備等の評価雑音電力とは、通信回線が受ける妨害であって人間の聴覚率を考慮して定められる**実効的雑音電力**をいい、誘導によるものを含むとされている。

　　人間の聴覚は600Hzから2,000Hzまでは感度がよく、これ以外の周波数では感度が悪くなる特性を有している。この聴覚の周波数特性により雑音電力を重みづけして評価したものが、評価雑音電力である。配線設備等の評価雑音電力は、絶対レベルで表した値で定常時において−64dBm以下、かつ、最大時において−58dBm以下でなければならないとされている。

(5) 端末設備等規則第8条〔配線設備等〕に関する問題である。

　A　同条第三号の規定により、配線設備等と強電流電線との関係については有線電気通信設備令第11条から第15条まで及び第18条に適合するものでなければならないとされている。したがって、文章は正しい。

　B　同条第四号に規定する内容と一致しているので、文章は正しい。

　　よって、設問の文章は、**AもBも正しい。**

法規

3 端末設備等規則（Ⅰ）

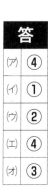

答	
(ア)	④
(イ)	①
(ウ)	②
(エ)	④
(オ)	③

次の各文章の　　　　　内に、それぞれの[　　　]の解答群の中から、「端末設備等規則」に規定する内容に照らして最も適したものを選び、その番号を記せ。　　　　　　　　　　　　　　（小計20点）

(1) 用語について述べた次の文章のうち、誤っているものは、　（ア）　である。　　　　　（4点）

　　① アナログ電話端末とは、端末設備であって、アナログ電話用設備に接続される点において2線式の接続形式で接続されるものをいう。

　　② 移動電話用設備とは、電話用設備であって、端末設備又は自営電気通信設備との接続において電波を使用するものをいう。

　　③ 総合デジタル通信端末とは、端末設備であって、総合デジタル通信用設備に接続されるものをいう。

　　④ インターネットプロトコル電話端末とは、端末設備であって、インターネットプロトコル電話用設備又はデジタルデータ伝送用設備に接続されるものをいう。

　　⑤ 絶対レベルとは、一の皮相電力の1ミリワットに対する比をデシベルで表したものをいう。

(2) 安全性等について述べた次の二つの文章は、　（イ）　。　　　　　　　　　　　　　（4点）

　A 通話機能を有する端末設備は、通話中に受話器から過大な誘導雑音が発生することを防止する機能を備えなければならない。

　B 端末設備は、事業用電気通信設備との間で鳴音（電気的又は音響的結合により生ずる発振状態をいう。）を発生することを防止するために総務大臣が別に告示する条件を満たすものでなければならない。

　　[① Aのみ正しい　② Bのみ正しい　③ AもBも正しい　④ AもBも正しくない]

(3) 「配線設備等」において、配線設備等の電線相互間及び電線と大地間の絶縁抵抗は、直流200ボルト以上の一の電圧で測定した値で　（ウ）　メガオーム以上でなければならないと規定されている。　（4点）

　　[① 0.2　② 0.4　③ 1　④ 2　⑤ 5]

(4) 「端末設備内において電波を使用する端末設備」について述べた次の二つの文章は、　（エ）　。（4点）

　A 総務大臣が別に告示する条件に適合する呼出符号（端末設備に使用される無線設備を識別するための符号であって、通信路の設定に当たってその照合が行われるものをいう。）を有すること。

　B 使用する電波の周波数が空き状態であるかどうかについて、総務大臣が別に告示するところにより判定を行い、空き状態である場合にのみ通信路を設定するものであること。ただし、総務大臣が別に告示するものについては、この限りでない。

　　[① Aのみ正しい　② Bのみ正しい　③ AもBも正しい　④ AもBも正しくない]

(5) 「絶縁抵抗等」において、端末設備の機器は、その電源回路と筐体及びその電源回路と事業用電気通信設備との間において、使用電圧が300ボルトを超え750ボルト以下の直流及び300ボルトを超え600ボルト以下の交流の場合にあっては、　（オ）　メガオーム以上の絶縁抵抗を有しなければならないと規定されている。　　　　　　　　　　　　　　　　　　　　　　　　　　　　　　　　　　（4点）

　　[① 0.2　② 0.3　③ 0.4　④ 0.5　⑤ 1]

解　説

(1) 端末設備等規則第2条〔定義〕第2項に関する問題である。

①：同項第三号に規定する内容と一致しているので、文章は正しい。アナログ電話端末とは、従来の一般電話網に接続される端末設備のことを指す。

②：同項第四号に規定する内容と一致しているので、文章は正しい。電話用設備であって、端末設備又は自営電気通信設備との接続において電波を使用するものを、移動電話用設備という。これは、具体的には携帯無線通信の無線基地局や無線基地局間を結ぶコア網等から成る一連の電気通信設備を指している。

③：同項第十三号に規定する内容と一致しているので、文章は正しい。

④：同項第七号の規定により、インターネットプロトコル電話端末とは、端末設備であって、インターネットプロトコル電話用設備に接続されるものをいうとされているので、文章は誤り。インターネットプロトコル電話端末とは、IP電話機等のことを指す。

⑤：同項第二十一号に規定する内容と一致しているので、文章は正しい。

　　よって、解答群の文章のうち、誤っているものは、「インターネットプロトコル電話端末とは、端末設備であって、インターネットプロトコル電話用設備又はデジタルデータ伝送用設備に接続されるものをいう。」である。

(2) 端末設備等規則第5条〔鳴音の発生防止〕及び第7条〔過大音響衝撃の発生防止〕に関する問題である。

A　第7条の規定により、通話機能を有する端末設備は、通話中に受話器から過大な音響衝撃が発生することを防止する機能を備えなければならないとされているので、文章は誤り。この規定は、誘導雷などによって起こる音響衝撃から人体の耳を保護することを目的としている。

B　第5条に規定する内容と一致しているので、文章は正しい。端末設備に入力した信号が電気的に反射したり、端末設備のスピーカから出た音響が再びマイクに入力されると、相手の端末設備との間で正帰還ループが形成され発振状態となり鳴音(ハウリング)が発生する。

　　よって、設問の文章は、**Bのみ正しい**。

(3) 端末設備等規則第8条〔配線設備等〕第二号の規定により、配線設備等の電線相互間及び電線と大地間の絶縁抵抗は、直流200V以上の一の電圧で測定した値で**1MΩ**以上でなければならないとされている。

(4) 端末設備等規則第9条〔端末設備内において電波を使用する端末設備〕に関する問題である。

A　同条第一号の規定により、端末設備を構成する一の部分と他の部分相互間において電波を使用する端末設備は、総務大臣が別に告示する条件に適合する識別符号(端末設備に使用される無線設備を識別するための符号であって、通信路の設定に当たってその照合が行われるものをいう。)を有するものでなければならないとされているので、文章は誤り。告示により、端末設備の種類別に識別符号長が定められており、たとえば小電力セキュリティシステムの場合は48ビットとされている。

B　同条第二号に規定する内容と一致しているので、文章は正しい。既に使用されている周波数の電波を発射すると混信が生じるので、使用する電波の周波数が空き状態であることを確認してから通信路を設定するようにしている。

　　よって、設問の文章は、**Bのみ正しい**。

(5) 端末設備等規則第6条〔絶縁抵抗等〕第1項第一号の規定により、端末設備の機器は、その電源回路と筐体及びその電源回路と事業用電気通信設備との間において、使用電圧が300V以下の場合にあっては、0.2MΩ以上、300Vを超え750V以下の直流及び300Vを超え600V以下の交流の場合にあっては、**0.4MΩ以上**の絶縁抵抗を有しなければならないとされている。

法規

3
端末設備等規則（Ⅰ）

答	
(ア)	④
(イ)	②
(ウ)	③
(エ)	②
(オ)	③

次の各文章の　　　　　内に、それぞれの[　　]の解答群の中から、「端末設備等規則」に規定する内容に照らして最も適したものを選び、その番号を記せ。　　　　　　　　　　　　　　　　(小計20点)

(1) 用語について述べた次の文章のうち、誤っているものは、　(ア)　である。　　　　　　(4点)
> ① アナログ電話用設備とは、電話用設備であって、端末設備又は自営電気通信設備を接続する点においてアナログ信号を入出力とするものをいう。
> ② 移動電話用設備とは、電話用設備であって、端末設備又は自営電気通信設備との接続において電波を使用するものをいう。
> ③ 総合デジタル通信用設備とは、電気通信事業の用に供する電気通信回線設備であって、主として64キロビット毎秒を単位とするデジタル信号の伝送速度により、専ら符号又は影像を統合して伝送交換することを目的とする電気通信役務の用に供するものをいう。
> ④ インターネットプロトコル電話端末とは、端末設備であって、インターネットプロトコル電話用設備に接続されるものをいう。
> ⑤ デジタルデータ伝送用設備とは、電気通信事業の用に供する電気通信回線設備であって、デジタル方式により、専ら符号又は影像の伝送交換を目的とする電気通信役務の用に供するものをいう。

(2) 「絶縁抵抗等」について述べた次の二つの文章は、　(イ)　。　　　　　　　　　　　(4点)
　A 端末設備の機器の金属製の台及び筐体は、接地抵抗が0.2メガオーム以下となるように接地しなければならない。ただし、安全な場所に危険のないように設置する場合にあっては、この限りでない。
　B 端末設備の機器は、その電源回路と筐体及びその電源回路と事業用電気通信設備との間において、使用電圧が750ボルトを超える直流及び600ボルトを超える交流の場合にあっては、その使用電圧の1.5倍の電圧を連続して20分間加えたときこれに耐える絶縁耐力を有しなければならない。
> ［① Aのみ正しい　② Bのみ正しい　③ AもBも正しい　④ AもBも正しくない］

(3) 端末設備を構成する一の部分と他の部分相互間において電波を使用する端末設備が有することとされる識別符号とは、端末設備に使用される　(ウ)　を識別するための符号であって、通信路の設定に当たってその照合が行われるものをいう。　　　　　　　　　　　　　　　　　　　　　　　　　　　　　(4点)
> ［① 電波の周波数　② メッセージの内容　③ 無線設備
> ④ 無線チャネル　⑤ 配線設備］

(4) 安全性等について述べた次の二つの文章は、　(エ)　。　　　　　　　　　　　　　(4点)
　A 端末設備を構成する一の部分と他の部分相互間において電波を使用する端末設備にあっては、使用される無線設備は、一の筐体に収められており、かつ、容易に開けることができないものでなければならない。ただし、総務大臣が別に告示するものについては、この限りでない。
　B 端末設備は、自営電気通信設備から漏えいする通信の内容を意図的に識別する機能を有してはならない。
> ［① Aのみ正しい　② Bのみ正しい　③ AもBも正しい　④ AもBも正しくない］

(5) 制御チャネルとは、　(オ)　の間に設定され、主として制御信号の伝送に使用する通信路をいう。(4点)
> ［① インターネットプロトコル電話用設備とインターネットプロトコル電話端末
> ② 移動電話用設備と移動電話端末又はインターネットプロトコル移動電話端末
> ③ アナログ電話用設備とアナログ電話端末
> ④ 専用通信回線設備と専用通信回線設備等端末
> ⑤ 無線呼出用設備と無線呼出端末］

解　説

(1) 端末設備等規則第2条〔定義〕第2項に関する問題である。

①：同項第二号に規定する内容と一致しているので、文章は正しい。アナログ電話用設備は、従来のアナログ電話サービスを提供する回線交換方式の電話網である。

②：同項第四号に規定する内容と一致しているので、文章は正しい。移動電話用設備とは、携帯無線通信の電話網のことを指す。

③：同項第十二号の規定により、総合デジタル通信用設備とは、電気通信事業の用に供する電気通信回線設備であって、主として64kbit/sを単位とするデジタル信号の伝送速度により、<u>符号、音声その他の音響又は影像</u>を統合して伝送交換することを目的とする電気通信役務の用に供するものをいうとされているので、文章は誤り。総合デジタル通信用設備とは、ISDNのことを指す。

④：同項第七号に規定する内容と一致しているので、文章は正しい。インターネットプロトコル電話端末とは、IP電話システムに対応した電話機のことを指す。

⑤：同項第十五号に規定する内容と一致しているので、文章は正しい。デジタルデータ伝送用設備とは、デジタルデータのみを扱う交換網や通信回線のことを指す。

よって、解答群の文章のうち、<u>誤っているもの</u>は、「**総合デジタル通信用設備とは、電気通信事業の用に供する電気通信回線設備であって、主として64キロビット毎秒を単位とするデジタル信号の伝送速度により、専ら符号又は影像を統合して伝送交換することを目的とする電気通信役務の用に供するものをいう。**」である。

(2) 端末設備等規則第6条〔絶縁抵抗等〕に関する問題である。

A　同条第2項の規定により、端末設備の機器の金属製の台及び筐体は、接地抵抗が<u>100 Ω以下</u>となるように接地しなければならない。ただし、安全な場所に危険のないように設置する場合にあっては、この限りでないとされている。したがって、文章は誤り。

B　同条第1項第二号の規定により、端末設備の機器は、その電源回路と筐体及びその電源回路と事業用電気通信設備との間において、使用電圧が750Vを超える直流及び600Vを超える交流の場合にあっては、その使用電圧の1.5倍の電圧を連続して<u>10分間</u>加えたときこれに耐える絶縁耐力を有しなければならないとされているので、文章は誤り。絶縁耐力の規定は、事業用電気通信設備に高電圧が印加される危険を防止することを目的としている。

よって、設問の文章は、**AもBも正しくない。**

(3) 端末設備等規則第9条〔端末設備内において電波を使用する端末設備〕第一号の規定により、端末設備を構成する一の部分と他の部分相互間において電波を使用する端末設備が有しなければならない識別符号とは、端末設備に使用される**無線設備**を識別するための符号であって、通信路の設定に当たってその照合が行われるものをいうとされている。

本条は、コードレス電話や無線LAN端末のように親機と子機との間で電波を使用するものに適用される規定である。コードレス電話などでは、親機と子機の間で、誤接続や誤課金の発生を防ぐため、識別符号(IDコード)の照合を行ってから通信路を設定するようにしている。

(4) 端末設備等規則第4条〔漏えいする通信の識別禁止〕及び第9条〔端末設備内において電波を使用する端末設備〕に関する問題である。

A　第9条第三号に規定する内容と一致しているので、文章は正しい。この規定は、送信機能や識別符号(IDコード)を故意に改造又は変更して他の通信に妨害を与えることがないように定められたものである。なお、送信機能や識別符号の書き換えが容易に行えない場合は、一の筐体に収めなくてもよいとされており、その具体的な条件が総務大臣の告示で定められている。

B　第4条の規定により、端末設備は、<u>事業用電気通信設備から漏えいする通信の内容を意図的に識別する機能を有してはならない</u>とされているので、文章は誤り。「通信の内容を意図的に識別する機能」とは、他の電気通信回線から漏えいする通信の内容が聞き取れるように増幅する機能や、暗号化された情報を解読する機能などをいう。

よって、設問の文章は、**Aのみ正しい。**

(5) 端末設備等規則第2条〔定義〕第2項第二十三号の規定により、制御チャネルとは、**移動電話用設備と移動電話端末又はインターネットプロトコル移動電話端末**の間に設定され、主として制御信号の伝送に使用する通信路をいうとされている。

法規

3 端末設備等規則（I）

答	
㈅	③
㈆	④
㈇	③
㈈	①
㈉	②

アナログ電話端末

●アナログ電話端末の基本的機能（第10条）

アナログ電話端末の直流回路は、発信又は応答を行うとき閉じ、通信が終了したとき開くものであること。

●アナログ電話端末の発信の機能（第11条）

①**選択信号の自動送出** 選択信号の自動送出は、直流回路を閉じてから3秒以上経過後に行う。ただし、電気通信回線からの発信音又はこれに相当する可聴音を確認した後に選択信号を送出する場合は、この限りでない。

②**相手端末からの応答の自動確認** 相手端末からの応答を自動的に確認する場合は、電気通信回線からの応答が確認できない場合選択信号送出終了後2分以内に直流回路を開く。

③**自動再発信** 自動再発信を行う場合（自動再発信の回数が15回以内の場合を除く）、その回数は最初の発信から3分間に2回以内とする。この場合、最初の発信から3分を超えて行われる発信は、別の発信とみなす。なお、火災、盗難その他の非常事態の場合、この規定は適用しない。

●アナログ電話端末の選択信号の条件（第12条）

表1 ダイヤルパルスの条件

ダイヤルパルスの種類	ダイヤルパルス速度	ダイヤルパルスメーク率	ミニマムポーズ
10パルス毎秒方式	10±1.0パルス毎秒以内	30%以上42%以下	600ms以上
20パルス毎秒方式	20±1.6パルス毎秒以内	30%以上36%以下	450ms以上

・**ダイヤルパルス速度** 1秒間に断続するパルス数

・**ダイヤルパルスメーク率**

＝｜接時間÷（接時間＋断時間）｜×100%

・**ミニマムポーズ** 隣接するパルス列間の休止時間の最小値

表2 押しボタンダイヤル信号の条件

項 目	条 件	
信号周波数偏差	信号周波数の±1.5%以内	
信号送出電力の許容範囲	低群周波数	図1に示す。
	高群周波数	図2に示す。
	2周波電力差	5dB以内、かつ、低群周波数の電力が高群周波数の電力を超えないこと。
信号送出時間	50ms以上	
ミニマムポーズ	30ms以上	
周 期	120ms以上	

・**低群周波数** 697Hz、770Hz、852Hz、941Hz

・**高群周波数** 1,209Hz、1,336Hz、1,477Hz、1,633Hz

・**ミニマムポーズ** 隣接する信号間の休止時間の最小値

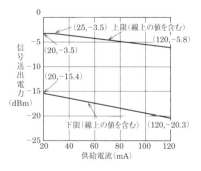

図1 信号送出電力許容範囲（低群周波数）

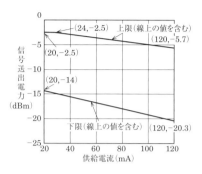

図2 信号送出電力許容範囲（高群周波数）

●アナログ電話端末の緊急通報機能（第12条の2）

アナログ電話端末であって通話の用に供するものは、電気通信番号規則に規定する緊急通報番号を使用した警察機関、海上保安機関又は消防機関への通報（緊急通報）を発信する機能を備えなければならない。

●アナログ電話端末の電気的条件（第13条）

①**直流回路を閉じているとき**

・**直流抵抗** 20mA以上120mA以下の電流で測定した値で50Ω以上300Ω以下。ただし、直流回路の直流抵抗値と電気通信事業者の交換設備からアナログ電話端末までの線路の直流抵抗値の和が50Ω以上1,700Ω以下の場合は、この限りでない。

・**選択信号送出時の静電容量** 3μF以下

②**直流回路を開いているとき**

・**直流抵抗** 1MΩ以上

・**絶縁抵抗** 直流200V以上の一の電圧で測定して1MΩ以上

・**呼出信号受信時の静電容量** 3μF以下

・**呼出信号受信時のインピーダンス** 75V、16Hzの交流に対して2kΩ以上

③**直流電圧の印加禁止** 電気通信回線に対して直流の電圧を加えるものであってはならない。

●アナログ電話端末の送出電力（第14条）

通話の用に供しないアナログ電話端末の送出電力の許容範囲は表3のとおり。

表3 アナログ電話端末の送出電力の許容範囲

項 目		許 容 範 囲
4kHzまでの送出電力		−8dBm（平均レベル）以下で、かつ0dBm（最大レベル）を超えないこと。
不要送出レベル	4kHz〜8kHz	−20dBm以下
	8kHz〜12kHz	−40dBm以下
	12kHz以上の各4kHz帯域	−60dBm以下

●アナログ電話端末の漏話減衰量（第15条）

複数の電気通信回線と接続されるアナログ電話端末の回線相互間の漏話減衰量は、1,500Hzにおいて70dB以上でなければならない。

移動電話端末

●移動電話端末の基本的機能（第17条）
　移動電話端末は、次の機能を備えなければならない。
①**発信を行う場合**　発信を要求する信号を送出する。
②**応答を行う場合**　応答を確認する信号を送出する。
③**通信を終了する場合**　チャネルを切断する信号を送出する。

●移動電話端末の発信の機能（第18条）
①**相手端末からの応答の自動確認**　相手端末からの応答を自動的に確認する場合は、電気通信回線からの応答が確認できない場合選択信号送出終了後1分以内にチャネルを切断する信号を送出し、送信を停止する。

②**自動再発信**　自動再発信を行う場合、その回数は2回以内であること。ただし、最初の発信から3分を超えた場合や、火災、盗難その他の非常の場合を除く。

●送信タイミング（第19条）
　総務大臣が別に告示する条件に適合する送信タイミングで送信する機能を備えること。

●漏話減衰量（第31条）
　複数の電気通信回線と接続される移動電話端末の回線相互間の漏話減衰量は、1,500Hzにおいて70dB以上でなければならない。

インターネットプロトコル電話端末

●インターネットプロトコル電話端末の基本的機能（第32条の2）
　インターネットプロトコル電話端末は、次の機能を備えなければならない。
①**発信又は応答を行う場合**　呼の設定を行うためのメッセージ又は当該メッセージに対応するためのメッセージを送出する。
②**通信を終了する場合**　呼の切断、解放若しくは取消しを行うためのメッセージ又は当該メッセージに対応するためのメッセージを送出する。

●インターネットプロトコル電話端末の発信の機能（第32条の3）
①**相手端末からの応答の自動確認**　相手端末からの応答を自動的に確認する場合は、電気通信回線からの応答が確認できない場合呼の設定を行うためのメッセージ送出終了後2分以内に通信終了メッセージを送出する。
②**自動再発信**　自動再発信を行う場合（自動再発信の回数が15回以内の場合を除く）、その回数は最初の発信から3分間に2回以内とする。ただし、最初の発信から3分を超えた場合や、火災、盗難その他の非常の場合を除く。

インターネットプロトコル移動電話端末

●インターネットプロトコル移動電話端末の基本的機能（第32条の10）
　インターネットプロトコル移動電話端末は、次の機能を備えなければならない。
①**発信を行う場合**　発信を要求する信号を送出する。
②**応答を行う場合**　応答を確認する信号を送出する。
③**通信を終了する場合**　チャネルを切断する信号を送出する。
④**発信又は応答を行う場合**　呼の設定を行うためのメッセージ又は当該メッセージに対応するためのメッセージを送出する。

⑤**通信を終了する場合**　通信終了メッセージを送出する。

●インターネットプロトコル移動電話端末の発信の機能（第32条の11）
①**相手端末からの応答の自動確認**　相手端末からの応答を自動的に確認する場合は、電気通信回線からの応答が確認できない場合呼の設定を行うためのメッセージ送出終了後128秒以内に通信終了メッセージを送出する。
②**自動再発信**　自動再発信を行う場合、その回数は3回以内とする。ただし、最初の発信から3分を超えた場合や、火災、盗難その他の非常の場合を除く。

専用通信回線設備等端末

●電気的条件及び光学的条件（第34条の8）
　専用通信回線設備等端末は、総務大臣が別に告示する電気的条件及び光学的条件のいずれかの条件に適合するものでなければならない。また、電気通信回線に対して直流の電圧を加えるものであってはならない（総務大臣が別に告示する条件において直流重畳が認められる場合を除く）。

表4　メタリック伝送路インタフェースのインターネットプロトコル電話端末及び専用通信回線設備等端末（抜粋）

インタフェースの種類	送出電圧
TTC標準JJ－50.10	110Ωの負荷抵抗に対して6.9V（P－P）以下
ITU－T勧告G.961（TCM方式）	110Ωの負荷抵抗に対して、7.2V（0－P）以下（孤立パルス中央値（時間軸方向））

表5　光伝送路インタフェースのインターネットプロトコル電話端末及び専用通信回線設備等端末（抜粋）

伝送路速度	光出力
6.312Mb/s以下	－7dBm（平均レベル）以下
6.312Mb/sを超え155.52Mb/s以下	＋3dBm（平均レベル）以下

●漏話減衰量（第34条の9）
　複数の電気通信回線と接続される専用通信回線設備等端末の回線相互間の漏話減衰量は、1,500Hzにおいて70dB以上でなければならない。

次の各文章の 内に、それぞれの[ ]の解答群の中から、「端末設備等規則」に規定する内容に照らして最も適したものを選び、その番号を記せ。ただし、 内の同じ記号は、同じ解答を示す。

(小計20点)

(1) アナログ電話端末の「選択信号の条件」における押しボタンダイヤル信号について述べた次の二つの文章は、 (ア) 。 (4点)

A 信号周波数偏差は、信号周波数の±2.5パーセント以内でなければならない。

B 周期とは、信号送出時間と信号受信時間の和をいう。

[① Aのみ正しい ② Bのみ正しい ③ AもBも正しい ④ AもBも正しくない]

(2) 移動電話端末の「漏話減衰量」及び「発信の機能」について述べた次の二つの文章は、 (イ) 。 (4点)

A 複数の電気通信回線と接続される移動電話端末の回線相互間の漏話減衰量は、1,500ヘルツにおいて70デシベル以上でなければならない。

B 自動再発信を行う場合にあっては、その回数は3回以内であること。ただし、最初の発信から2分を超えた場合にあっては、別の発信とみなす。

なお、この規定は、火災、盗難その他の非常の場合にあっては、適用しない。

[① Aのみ正しい ② Bのみ正しい ③ AもBも正しい ④ AもBも正しくない]

(3) インターネットプロトコル電話端末がアナログ電話端末等と通信する場合にあっては、通話の用に供する場合を除き、インターネットプロトコル電話用設備とアナログ電話用設備との接続点においてデジタル信号をアナログ信号に変換した送出電力は、平均レベル(端末設備の使用状態における平均的なレベル(実効値))でマイナス (ウ) dBm以下でなければならない。 (4点)

[① 3 ② 8 ③ 48 ④ 58 ⑤ 64]

(4) インターネットプロトコル移動電話端末の「基本的機能」、「発信の機能」又は「送信タイミング」について述べた次の文章のうち、正しいものは、 (エ) である。 (4点)

① 発信を行う場合にあっては、発信を確認する信号を送出するものであること。

② 応答を行う場合にあっては、応答を要求する信号を送出するものであること。

③ 通信を終了する場合にあっては、呼切断用メッセージを送出するものであること。

④ 発信に際して相手の端末設備からの応答を自動的に確認する場合にあっては、電気通信回線からの応答が確認できない場合呼の設定を行うためのメッセージ送出終了後100秒以内に通信終了メッセージを送出するものであること。

⑤ インターネットプロトコル移動電話端末は、総務大臣が別に告示する条件に適合する送信タイミングで送信する機能を備えなければならない。

(5) 専用通信回線設備等端末(デジタルデータ伝送用設備に接続されるものに限る。以下同じ。)であって、デジタルデータ伝送用設備との接続においてインターネットプロトコルを使用するもののうち、電気通信回線設備を介して接続することにより当該専用通信回線設備等端末に備えられた電気通信の機能(送受信に係るものに限る。以下同じ。)に係る設定を (オ) できるものは、当該専用通信回線設備等端末に備えられた電気通信の機能に係る設定を (オ) するためのアクセス制御機能を有しなければならない。

(4点)

[① 管理 ② 変更 ③ 保持 ④ 実行 ⑤ 記録]

解説

(1) 端末設備等規則第12条〔選択信号の条件〕第二号に基づく別表第2号「押しボタンダイヤル信号の条件」に関する問題である。

A 同号第2の規定により、信号周波数偏差は、信号周波数の±1.5％以内でなければならないとされているので、文章は誤り。

B 同号第2の注3の規定により、周期とは、信号送出時間とミニマムポーズの和をいうとされているので、文章は誤り。ミニマムポーズとは、隣接する信号間の休止時間の最小値をいう。

よって、設問の文章は、**AもBも正しくない**。

(2) 端末設備等規則第18条〔発信の機能〕及び第31条〔漏話減衰量〕に関する問題である。

A 第31条に規定する内容と一致しているので、文章は正しい。

B 第18条第二号の規定により、移動電話端末は、自動再発信を行う場合にあっては、その回数は2回以内でなければならない。ただし、最初の発信から3分を超えた場合にあっては、別の発信とみなすとされている。また、同条第三号の規定により、第二号の規定は、火災、盗難その他の非常の場合にあっては、適用しないとされている。したがって、文章は誤り。

よって、設問の文章は、**Aのみ正しい**。

(3) 端末設備等規則第32条の8〔アナログ電話端末等と通信する場合の送出電力〕及びこれに基づく別表第5号「インターネットプロトコル電話端末又は総合デジタル通信端末のアナログ電話端末等と通信する場合の送出電力」の規定により、インターネットプロトコル電話端末がアナログ電話端末等と通信する場合にあっては、通話の用に供する場合を除き、インターネットプロトコル電話用設備とアナログ電話用設備との接続点においてデジタル信号をアナログ信号に変換した送出電力は、平均レベルで−3dBm以下でなければならないとされている。また、同号の注1の規定により、平均レベルとは、端末設備の使用状態における平均的なレベル(実効値)をいうとされている。

(4) 端末設備等規則第32条の10〔基本的機能〕、第32条の11〔発信の機能〕及び第32条の12〔送信タイミング〕に関する問題である。インターネットプロトコル移動電話端末とは、IP移動電話(VoLTE：Voice over LTE)システムに対応した電話機のことを指す。

①、②、③：第32条の10の規定により、インターネットプロトコル移動電話端末は、次の機能を備えなければならないとされている。①の文章は「一」、②の文章は「二」、③の文章は「三」の規定により、いずれも誤りである。

　一　発信を行う場合にあっては、発信を要求する信号を送出するものであること。
　二　応答を行う場合にあっては、応答を確認する信号を送出するものであること。
　三　通信を終了する場合にあっては、チャネルを切断する信号を送出するものであること。

④：第32条の11第一号の規定により、インターネットプロトコル移動電話端末は、発信に際して相手の端末設備からの応答を自動的に確認する場合にあっては、電気通信回線からの応答が確認できない場合呼の設定を行うためのメッセージ送出終了後128秒以内に通信終了メッセージを送出する機能を備えなければならないとされているので、文章は誤り。

⑤：第32条の12に規定する内容と一致しているので、文章は正しい。

よって、解答群の文章のうち、正しいものは、「**インターネットプロトコル移動電話端末は、総務大臣が別に告示する条件に適合する送信タイミングで送信する機能を備えなければならない。**」である。

(5) 端末設備等規則第34条の10〔インターネットプロトコルを使用する専用通信回線設備等端末〕第一号の規定により、専用通信回線設備等端末(デジタルデータ伝送用設備に接続されるものに限る。以下同じ。)であって、デジタルデータ伝送用設備との接続においてインターネットプロトコルを使用するもののうち、電気通信回線設備を介して接続することにより当該専用通信回線設備等端末に備えられた電気通信の機能(送受信に係るものに限る。以下同じ。)に係る設定を**変更**できるものは、当該専用通信回線設備等端末に備えられた電気通信の機能に係る設定を**変更**するためのアクセス制御機能(不正アクセス行為の禁止等に関する法律第2条第3項に規定するアクセス制御機能をいう。)を有しなければならないとされている。

答	
㋐	④
㋑	①
㋒	①
㋓	⑤
㋔	②

次の各文章の 　　　　 内に、それぞれの[　　]の解答群の中から、「端末設備等規則」に規定する内容に照らして最も適したものを選び、その番号を記せ。　(小計20点)

(1) アナログ電話端末の「選択信号の条件」における押しボタンダイヤル信号について述べた次の文章のうち、誤っているものは、　(ア)　である。　(4点)

① 高群周波数は、1,200ヘルツから1,700ヘルツまでの範囲内における特定の四つの周波数で規定されている。

② 信号送出電力の許容範囲のうち2周波電力差は、5デシベル以内であり、かつ、低群周波数の電力が高群周波数の電力を超えないものでなければならない。

③ 信号周波数偏差は、信号周波数の±1.5パーセント以内でなければならない。

④ 信号送出時間は、50ミリ秒以上でなければならない。

⑤ ミニマムポーズとは、隣接する信号間の休止時間の最大値をいう。

(2) アナログ電話端末であって、通話の用に供するものは、電気通信番号規則別表に掲げる緊急通報番号を使用した警察機関、　(イ)　機関又は消防機関への通報を発信する機能を備えなければならない。　(4点)

[① 海上保安　② 報 道　③ 気 象　④ 検 察　⑤ 医 療]

(3) インターネットプロトコル電話端末の「基本的機能」、「発信の機能」又は「電気的条件等」について述べた次の文章のうち、誤っているものは、　(ウ)　である。　(4点)

① 発信又は応答を行う場合にあっては、呼の設定を行うためのメッセージ又は当該メッセージに対応するためのメッセージを送出するものであること。

② 通信を終了する場合にあっては、呼の切断、解放若しくは取消しを行うためのメッセージ又は当該メッセージに対応するためのメッセージを送出するものであること。

③ 発信に際して相手の端末設備からの応答を自動的に確認する場合にあっては、電気通信回線からの応答が確認できない場合呼の設定を行うためのメッセージ送出終了後2分以内に通信終了メッセージを送出するものであること。

④ 自動再発信を行う場合(自動再発信の回数が15回以内の場合を除く。)にあっては、その回数は最初の発信から2分間に3回以内であること。この場合において、最初の発信から2分を超えて行われる発信は、別の発信とみなす。

　なお、この規定は、火災、盗難その他の非常の場合にあっては、適用しない。

⑤ インターネットプロトコル電話端末は、電気通信回線に対して直流の電圧を加えるものであってはならない。ただし、総務大臣が別に告示する条件において直流重畳が認められる場合にあっては、この限りでない。

(4) 移動電話端末の「漏話減衰量」において、複数の電気通信回線と接続される移動電話端末の回線相互間の漏話減衰量は、1,500ヘルツにおいて　(エ)　デシベル以上でなければならないと規定されている。　(4点)

[① 58　② 64　③ 70　④ 80　⑤ 90]

(5) 「インターネットプロトコルを使用する専用通信回線設備等端末」において規定される専用通信回線設備等端末が適合しなければならない条件について述べた次の二つの文章は、　(オ)　。　(4点)

A 当該専用通信回線設備等端末の電気通信の機能に係るソフトウェアを更新できること。

B 当該専用通信回線設備等端末への電力の供給が停止した場合であっても、アクセス制御機能に係る設定及び更新されたソフトウェアを維持できること。

[① Aのみ正しい　② Bのみ正しい　③ AもBも正しい　④ AもBも正しくない]

解　説

(1) 端末設備等規則第12条〔選択信号の条件〕第二号に基づく別表第2号「押しボタンダイヤル信号の条件」に関する問題である。

① ：同号第2の注1の規定により、高群周波数とは、1,209Hz、1,336Hz、1,477Hz及び1,633Hzをいうとされている。つまり、高群周波数は、1,200Hzから1,700Hzまでの範囲内における特定の4つの周波数で規定されているので、文章は正しい。

②、③、④：同号第2に規定する内容と一致しているので、文章は正しい。押しボタンダイヤル信号方式では、交換設備側が信号を正しく識別できるように、信号周波数偏差、信号送出時間などの条件が規定されている。

⑤：同号第2の注2の規定により、ミニマムポーズとは、隣接する信号間の休止時間の最小値をいうとされているので、文章は誤り。

　よって、解答群の文章のうち、誤っているものは、「ミニマムポーズとは、隣接する信号間の休止時間の最大値をいう。」である。

(2) 端末設備等規則第12条の2〔緊急通報機能〕の規定により、アナログ電話端末であって、通話の用に供するものは、電気通信番号規則別表第12号に掲げる緊急通報番号を使用した警察機関、**海上保安機関**又は消防機関への通報（「緊急通報」という。）を発信する機能を備えなければならないとされている。

　アナログ電話端末の他、移動電話端末、インターネットプロトコル電話端末、インターネットプロトコル移動電話端末、総合デジタル通信端末についても、通話の用に供するものであれば緊急通報機能を備えることが義務づけられている（第28条の2、第32条の6、第32条の23、第34条の4）。

(3) 端末設備等規則第32条の2〔基本的機能〕、第32条の3〔発信の機能〕及び第32条の7〔電気的条件等〕に関する問題である。インターネットプロトコル電話端末とは、IP（Internet Protocol）電話システムに対応した電話機のことを指す。

①、②、③、⑤：①は第32条の2第一号、②は第32条の2第二号、③は第32条の3第一号、⑤は第32条の7第2項に規定する内容と一致しているので、いずれも文章は正しい。

④：第32条の3第二号の規定により、インターネットプロトコル電話端末は、自動再発信を行う場合（自動再発信の回数が15回以内の場合を除く。）にあっては、その回数は最初の発信から3分間に2回以内でなければならない。この場合において、最初の発信から3分を超えて行われる発信は、別の発信とみなすとされている。また、同条第三号の規定により、第二号の規定は、火災、盗難その他の非常の場合にあっては、適用しないとされている。したがって、文章は誤り。

　よって、解答群の文章のうち、誤っているものは、「**自動再発信を行う場合（自動再発信の回数が15回以内の場合を除く。）にあっては、その回数は最初の発信から2分間に3回以内であること。この場合において、最初の発信から2分を超えて行われる発信は、別の発信とみなす。なお、この規定は、火災、盗難その他の非常の場合にあっては、適用しない。**」である。

(4) 端末設備等規則第31条〔漏話減衰量〕の規定により、複数の電気通信回線と接続される移動電話端末の回線相互間の漏話減衰量は、1,500Hzにおいて**70dB**以上でなければならないとされている。漏話減衰量の規定値は、アナログ電話端末及び専用通信回線設備等端末の場合も同じである（第15条、第34条の9）。

(5) 端末設備等規則第34条の10〔インターネットプロトコルを使用する専用通信回線設備等端末〕に関する問題である。
A　同条第三号に規定する内容と一致しているので、文章は正しい。
B　同条第四号に規定する内容と一致しているので、文章は正しい。
　よって、設問の文章は、**A**も**B**も正しい。

答	
(ア)	⑤
(イ)	①
(ウ)	④
(エ)	③
(オ)	③

次の各文章の 内に、それぞれの[ ]の解答群の中から、「端末設備等規則」に規定する内容に照らして最も適したものを選び、その番号を記せ。 (小計20点)

(1) アナログ電話端末の「選択信号の条件」における押しボタンダイヤル信号について述べた次の文章のうち、誤っているものは、 (ア) である。 (4点)
- ① 数字又は数字以外を表すダイヤル番号として規定されている総数は、12種類である。
- ② 信号送出電力の許容範囲として規定されている2周波電力差は、5デシベル以内であり、かつ、低群周波数の電力が高群周波数の電力を超えないものでなければならない。
- ③ 信号周波数偏差は、信号周波数の±1.5パーセント以内でなければならない。
- ④ ミニマムポーズは、30ミリ秒以上でなければならない。
- ⑤ 周期は、120ミリ秒以上でなければならない。

(2) インターネットプロトコル移動電話端末は、発信に際して相手の端末設備からの応答を自動的に確認する場合にあっては、電気通信回線からの応答が確認できない場合呼の設定を行うためのメッセージ送出終了後 (イ) メッセージを送出する機能を備えなければならない。 (4点)
- ① 128秒以内に応答確認
- ② 128秒以内に通信終了
- ③ 3分以内に応答確認
- ④ 3分以内に通信終了

(3) 複数の電気通信回線と接続される専用通信回線設備等端末の回線相互間の漏話減衰量は、 (ウ) ヘルツにおいて70デシベル以上でなければならない。 (4点)
- ① 1,000
- ② 1,200
- ③ 1,500
- ④ 1,700
- ⑤ 2,000

(4) 専用通信回線設備等端末の「電気的条件等」について述べた次の二つの文章は、 (エ) 。 (4点)
- A 専用通信回線設備等端末は、総務大臣が別に告示する電気的条件及び光学的条件のいずれかの条件に適合するものでなければならない。
- B 専用通信回線設備等端末は、電気通信回線に対して音声周波の交流電圧を加えるものであってはならない。ただし、総務大臣が別に告示する条件において音声周波の交流重畳が認められる場合にあっては、この限りでない。
  - ① Aのみ正しい
  - ② Bのみ正しい
  - ③ AもBも正しい
  - ④ AもBも正しくない

(5) 「インターネットプロトコルを使用する専用通信回線設備等端末」において規定される専用通信回線設備等端末が、適合しなければならない条件について述べた次の文章のうち、誤っているものは、 (オ) である。 (4点)
- ① 当該専用通信回線設備等端末の電気通信の機能に係るソフトウェアを更新できること。
- ② 当該専用通信回線設備等端末に備えられた電気通信の機能に係る設定を変更するためのアクセス制御機能を有すること。
- ③ 当該専用通信回線設備等端末への電力の供給が停止した場合であっても、アクセス制御機能に係る設定及び更新されたソフトウェアを維持できること。
- ④ 当該専用通信回線設備等端末が有するアクセス制御機能に係る識別符号であって、初めて当該専用通信回線設備等端末を利用するときにあらかじめ設定されているものの記録を促す機能若しくはこれに準ずるものを有すること又は当該識別符号について当該専用通信回線設備等端末の機器ごとに異なるものが付されていること若しくはこれに準ずる措置が講じられていること。

解説

(1) 端末設備等規則第12条〔選択信号の条件〕第二号に基づく別表第2号「押しボタンダイヤル信号の条件」に関する問題である。

①：同号第1の規定により、押しボタンダイヤル信号のダイヤル番号は、1〜9、0及び＊#ABCDの<u>16種類</u>とされている(図1)。したがって、文章は誤り。

②、③：同号第2に規定する内容と一致しているので、文章は正しい。

④、⑤：同号第2の規定により、信号送出時間は50ms以上、ミニマムポーズは30ms以上、周期は120ms以上でなければならないとされている(図2)。したがって、④及び⑤の文章は正しい。

　よって、解答群の文章のうち、<u>誤っているもの</u>は、「**数字又は数字以外を表すダイヤル番号として規定されている総数は、12種類である。**」である。

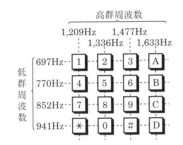

図1　押しボタンダイヤル信号の周波数

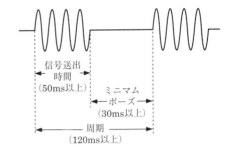

図2　押しボタンダイヤル信号の条件

(2) 端末設備等規則第32条の11〔発信の機能〕第一号の規定により、インターネットプロトコル移動電話端末は、発信に際して相手の端末設備からの応答を自動的に確認する場合にあっては、電気通信回線からの応答が確認できない場合呼の設定を行うためのメッセージ送出終了後**128秒以内**に**通信終了**メッセージを送出する機能を備えなければならないとされている。

(3) 端末設備等規則第34条の9〔漏話減衰量〕の規定により、複数の電気通信回線と接続される専用通信回線設備等端末の回線相互間の漏話減衰量は、**1,500Hz**において70dB以上でなければならないとされている。専用通信回線設備等端末とは、専用通信回線設備(特定の利用者間に設置される専用線)又はデジタルデータ伝送用設備(デジタルデータのみを扱う交換網や通信回線)を利用して通信を行うための端末のことをいう。

(4) 端末設備等規則第34条の8〔電気的条件等〕に関する問題である。

　A　同条第1項に規定する内容と一致しているので、文章は正しい。たとえば光伝送路において、伝送路速度が6.312Mb/s以下のとき光出力は−7dBm(平均レベル)以下でなければならない。

　B　同条第2項の規定により、専用通信回線設備等端末は、電気通信回線に対して<u>直流の電圧</u>を加えるものであってはならない。ただし、総務大臣が別に告示する条件において<u>直流重量</u>が認められる場合にあっては、この限りでないとされている。したがって、文章は誤り。

　よって、設問の文章は、**Aのみ正しい**。

(5) 端末設備等規則第34条の10〔インターネットプロトコルを使用する専用通信回線設備等端末〕に関する問題である。

①〜③：①は同条第三号、②は同条第一号、③は同条第四号に規定する内容と一致しているので、いずれも文章は正しい。

④：同条第二号の規定により、第一号のアクセス制御機能に係る識別符号(不正アクセス行為の禁止等に関する法律第2条第2項に規定する識別符号をいう。以下同じ。)であって、初めて当該専用通信回線設備等端末を利用するときにあらかじめ設定されているもの(二以上の符号の組合せによる場合は、少なくとも一の符号に係るもの。)の<u>変更</u>を促す機能若しくはこれに準ずるものを有すること又は当該識別符号について当該専用通信回線設備等端末の機器ごとに異なるものが付されていること若しくはこれに準ずる措置が講じられていることとされている。したがって、文章は誤り。

　よって、解答群の文章のうち、<u>誤っているもの</u>は、「**当該専用通信回線設備等端末が有するアクセス制御機能に係る識別符号であって、初めて当該専用通信回線設備等端末を利用するときにあらかじめ設定されているものの記録を促す機能若しくはこれに準ずるものを有すること又は当該識別符号について当該専用通信回線設備等端末の機器ごとに異なるものが付されていること若しくはこれに準ずる措置が講じられていること。**」である。

法規

4

端末設備等規則(Ⅱ)

答

(ア)	①
(イ)	②
(ウ)	③
(エ)	①
(オ)	④

次の各文章の 内に、それぞれの[   ]の解答群の中から、「端末設備等規則」に規定する内容に照らして最も適したものを選び、その番号を記せ。　　　　　　　　　　　　　　（小計20点）

(1) 移動電話端末の「基本的機能」、「発信の機能」、「送信タイミング」又は「漏話減衰量」について述べた次の文章のうち、正しいものは、　(ア)　である。　　　　　　　　　　　　　　　　　　　　　　　　　　（4点）

① 発信を行う場合にあっては、呼設定メッセージを送出するものであること。

② 応答を行う場合にあっては、応答メッセージを送出するものであること。

③ 発信に際して相手の端末設備からの応答を自動的に確認する場合にあっては、電気通信回線からの応答が確認できない場合選択信号送出終了後2分以内にチャネルを切断する信号を送出し、送信を停止するものであること。

④ 移動電話端末は、電気通信事業者が別に指定する条件に適合する送信タイミングで送信する機能を備えなければならない。

⑤ 複数の電気通信回線と接続される移動電話端末の回線相互間の漏話減衰量は、1,500ヘルツにおいて70デシベル以上でなければならない。

(2) アナログ電話端末の「選択信号の条件」における押しボタンダイヤル信号について述べた次の文章のうち、誤っているものは、　(イ)　である。　　　　　　　　　　　　　　　　　　　　　　　　　（4点）

① 低群周波数は、600ヘルツから1,000ヘルツまでの範囲内における特定の四つの周波数で規定されている。

② 高群周波数は、1,200ヘルツから1,700ヘルツまでの範囲内における特定の四つの周波数で規定されている。

③ 信号周波数偏差は、信号周波数の±1.5パーセント以内でなければならない。

④ ミニマムポーズは、30ミリ秒以上でなければならない。

⑤ 信号送出時間は、30ミリ秒以上でなければならない。

(3) 責任の分界及び安全性等について述べた次の二つの文章は、　(ウ)　。　　　　　　（4点）

A 利用者の接続する端末設備は、事業用電気通信設備との責任の分界を明確にするため、事業用電気通信設備との間に保安器を有しなければならない。

B 端末設備の機器の金属製の台及び筐体は、接地抵抗が500オーム以下となるように接地しなければならない。ただし、安全な場所に危険のないように設置する場合にあっては、この限りでない。

［① Aのみ正しい　② Bのみ正しい　③ AもBも正しい　④ AもBも正しくない］

(4) インターネットプロトコル電話端末は、発信に際して相手の端末設備からの応答を自動的に確認する場合にあっては、電気通信回線からの応答が確認できない場合呼の設定を行うためのメッセージ送出終了後2分以内に　(エ)　を送出する機能を備えなければならない。　　　　　　　　　　　　　　（4点）

［① 通信終了メッセージ　② 選択信号　③ チャネルを指定する信号
④ 呼切断用メッセージ　⑤ 切断信号］

(5) インターネットプロトコル移動電話端末の「基本的機能」及び「発信の機能」について述べた次の二つの文章は、　(オ)　。　　　　　　　　　　　　　　　　　　　　　　　　　　　（4点）

A 通信を終了する場合にあっては、チャネルを切断する信号を送出するものであること。

B 自動再発信を行う場合にあっては、その回数は3回以内であること。ただし、最初の発信から3分を超えた場合にあっては、別の発信とみなす。

なお、この規定は、火災、盗難その他の非常の場合にあっては、適用しない。

［① Aのみ正しい　② Bのみ正しい　③ AもBも正しい　④ AもBも正しくない］

解　説

(1) 端末設備等規則第17条〔基本的機能〕、第18条〔発信の機能〕、第19条〔送信タイミング〕及び第31条〔漏話減衰量〕に関する問題である。

①、②：第17条の規定により、移動電話端末は、次の機能を備えなければならないとされている。①の文章は「一」、②の文章は「二」の規定により、いずれも誤りである。

　　一　発信を行う場合にあっては、発信を要求する信号を送出するものであること。

　　二　応答を行う場合にあっては、応答を確認する信号を送出するものであること。

　　三　通信を終了する場合にあっては、チャネル(通話チャネル及び制御チャネルをいう。)を切断する信号を送出するものであること。

③：第18条第一号の規定により、移動電話端末は、発信に際して相手の端末設備からの応答を自動的に確認する場合にあっては、電気通信回線からの応答が確認できない場合選択信号送出終了後1分以内にチャネルを切断する信号を送出し、送信を停止する機能を備えなければならないとされている。したがって、文章は誤り。

④：第19条の規定により、移動電話端末は、総務大臣が別に告示する条件に適合する送信タイミングで送信する機能を備えなければならないとされているので、文章は誤り。送信タイミングの条件は、移動電話端末が使用する無線設備ごとに総務大臣の告示で定められている。

⑤：第31条に規定する内容と一致しているので、文章は正しい。漏話減衰量の規定値は、アナログ電話端末及び専用通信回線設備等端末の場合も同じである(第15条、第34条の9)。

　　よって、解答群の文章のうち、正しいものは、「**複数の電気通信回線と接続される移動電話端末の回線相互間の漏話減衰量は、1,500ヘルツにおいて70デシベル以上でなければならない。**」である。

(2) 端末設備等規則第12条〔選択信号の条件〕第二号に基づく別表第2号「押しボタンダイヤル信号の条件」に関する問題である。

①、②：同号第2の注1の規定により、低群周波数とは、697Hz、770Hz、852Hz及び941Hzをいい、高群周波数とは、1,209Hz、1,336Hz、1,477Hz及び1,633Hzをいうとされている。つまり、低群周波数は、600Hzから1,000Hzまでの範囲内における特定の4つの周波数で規定されており、高群周波数は、1,200Hzから1,700Hzまでの範囲内における特定の4つの周波数で規定されている。したがって、①及び②の文章は正しい。

③：同号第2に規定する内容と一致しているので、文章は正しい。

④、⑤：同号第2の規定により、信号送出時間は50ms以上、ミニマムポーズは30ms以上、周期は120ms以上でなければならないとされている。したがって、④の文章は正しいが、⑤の文章は誤りである。

　　よって、解答群の文章のうち、誤っているものは、「**信号送出時間は、30ミリ秒以上でなければならない。**」である。

(3) 端末設備等規則第3条〔責任の分界〕及び第6条〔絶縁抵抗等〕に関する問題である。

A　第3条第1項の規定により、利用者の接続する端末設備は、事業用電気通信設備との責任の分界を明確にするため、事業用電気通信設備との間に分界点を有しなければならないとされているので、文章は誤り。一般的には、保安装置、ローゼット、プラグジャックなどが分界点となる。

B　第6条第2項の規定により、端末設備の機器の金属製の台及び筐(きょう)体は、接地抵抗が100Ω以下となるように接地しなければならない。ただし、安全な場所に危険のないように設置する場合にあっては、この限りでないとされている。したがって、文章は誤り。接地に関する規定は、感電防止を目的としている。

　　よって、設問の文章は、**AもBも正しくない**。

(4) 端末設備等規則第32条の3〔発信の機能〕第一号の規定により、インターネットプロトコル電話端末は、発信に際して相手の端末設備からの応答を自動的に確認する場合にあっては、電気通信回線からの応答が確認できない場合呼の設定を行うためのメッセージ送出終了後2分以内に**通信終了メッセージ**を送出する機能を備えなければならないとされている。

(5) 端末設備等規則第32条の10〔基本的機能〕及び第32条の11〔発信の機能〕に関する問題である。インターネットプロトコル移動電話端末とは、IP移動電話(VoLTE：Voice over LTE)システムに対応した電話機のことを指す。

A　第32条の10第三号に規定する内容と一致しているので、文章は正しい。

B　第32条の11第二号及び第三号に規定する内容と一致しているので、文章は正しい。

　　よって、設問の文章は、**AもBも正しい**。

答

(ア)	**⑤**
(イ)	**⑤**
(ウ)	**④**
(エ)	**①**
(オ)	**③**

次の各文章の 内に、それぞれの[　]の解答群の中から、「端末設備等規則」に規定する内容に照らして最も適したものを選び、その番号を記せ。 (小計20点)

(1) 責任の分界又は安全性等について述べた次の文章のうち、誤っているものは、 （ア） である。(4点)

　① 分界点における接続の方式は、端末設備を電気通信回線ごとに事業用電気通信設備から容易に切り離せるものでなければならない。

　② 端末設備は、事業用電気通信設備との間で鳴音(電気的又は音響的結合により生ずる発振状態をいう。)を発生することを防止するために総務大臣が別に告示する条件を満たすものでなければならない。

　③ 通話機能を有する端末設備は、通話中に受話器から過大な音響衝撃が発生することを防止する機能を備えなければならない。

　④ 配線設備等と強電流電線との関係については有線電気通信設備令の規定に適合するものであること。

　⑤ 配線設備等の電線相互間及び電線と大地間の絶縁抵抗は、直流200ボルト以上の一の電圧で測定した値で0.4メガオーム以上であること。

(2) アナログ電話端末の「選択信号の条件」における押しボタンダイヤル信号について述べた次の文章のうち、誤っているものは、 （イ） である。 (4点)

　① 低群周波数は、600ヘルツから1,000ヘルツまでの範囲内における特定の四つの周波数で規定されている。

　② ミニマムポーズは、30ミリ秒以上でなければならない。

　③ 数字又は数字以外を表すダイヤル番号として規定されている総数は、12種類である。

　④ 周期とは、信号送出時間とミニマムポーズの和をいう。

　⑤ 信号送出時間は、50ミリ秒以上でなければならない。

(3) 専用通信回線設備等端末の「電気的条件等」について述べた次の二つの文章は、 （ウ） 。 (4点)

　A 専用通信回線設備等端末は、電気通信回線に対して直流の電圧を加えるものであってはならない。ただし、総務大臣が別に告示する条件において直流重畳が認められる場合にあっては、この限りでない。

　B 専用通信回線設備等端末は、総務大臣が別に告示する電気的条件及び磁気的条件のいずれかの条件に適合するものでなければならない。

　[① Aのみ正しい　② Bのみ正しい　③ AもBも正しい　④ AもBも正しくない]

(4) 専用通信回線設備等端末(デジタルデータ伝送用設備に接続されるものに限る。以下同じ。)であって、デジタルデータ伝送用設備との接続においてインターネットプロトコルを使用するもののうち、電気通信回線設備を介して接続することにより当該専用通信回線設備等端末に備えられた電気通信の機能(送受信に係るものに限る。以下同じ。)に係る設定を変更できるものは、当該専用通信回線設備等端末に備えられた電気通信の機能に係る設定を変更するための （エ） 機能を有しなければならない。 (4点)

　[① 自動実行　② 優先制御　③ 情報管理　④ アクセス制御　⑤ セキュリティ管理]

(5) インターネットプロトコル電話端末の「基本的機能」について述べた次の二つの文章は、 （オ） 。 (4点)

　A 発信又は応答を行う場合にあっては、呼の設定を行うためのメッセージ又は当該メッセージに対応するためのメッセージを送出するものであること。

　B 通信を終了する場合にあっては、呼の切断、解放若しくは取消しを行うためのメッセージ又は当該メッセージに対応するためのメッセージを送出するものであること。

　[① Aのみ正しい　② Bのみ正しい　③ AもBも正しい　④ AもBも正しくない]

解 説

(1) 端末設備等規則第3条〔責任の分界〕、第5条〔鳴音の発生防止〕、第7条〔過大音響衝撃の発生防止〕及び第8条〔配線設備等〕に関する問題である。

① 第3条第2項に規定する内容と一致しているので、文章は正しい。端末設備を電気通信回線ごとに事業用電気通信設備から容易に切り離せる方式としては、電話機のプラグジャック方式が一般的である。

② 第5条に規定する内容と一致しているので、文章は正しい。端末設備から鳴音が発生すると、他の電気通信回線に漏えいして他の利用者に迷惑を及ぼしたり、過大な電流が流れて回線設備に損傷を与えるおそれがあるので、これを防止する必要がある。

③ 第7条に規定する内容と一致しているので、文章は正しい。一般の電話機には受話器と並列にバリスタが挿入されており、一定レベル以上の電圧が印加されるとバリスタが導通し、過大な衝撃電流は受話器に流れない仕組みになっている。これにより、音響衝撃から人体の耳を保護している。

④ 第8条第三号に規定する内容と一致しているので、文章は正しい。

⑤ 第8条第二号の規定により、配線設備等の電線相互間及び電線と大地間の絶縁抵抗は、直流200V以上の一の電圧で測定した値で1MΩ以上でなければならないとされているので、文章は誤り。

　よって、解答群の文章のうち、誤っているものは、「配線設備等の電線相互間及び電線と大地間の絶縁抵抗は、直流200ボルト以上の一の電圧で測定した値で0.4メガオーム以上であること。」である。

(2) 端末設備等規則第12条〔選択信号の条件〕第二号に基づく別表第2号「押しボタンダイヤル信号の条件」に関する問題である。

① 同号第2の注1の規定により、低群周波数とは、697Hz、770Hz、852Hz及び941Hzをいうとされている。つまり、低群周波数は、600Hzから1,000Hzまでの範囲内における特定の4つの周波数で規定されているので、文章は正しい。

②、⑤ 同号第2の規定により、信号送出時間は50ms以上、ミニマムポーズは30ms以上、周期は120ms以上でなければならないとされているので、②及び⑤の文章は正しい。

③ 同号第1の規定により、押しボタンダイヤル信号のダイヤル番号は、1～9、0及び＊#ABCDの16種類とされているので、文章は誤り。

④ 同号第2の注3に規定する内容と一致しているので、文章は正しい。

　よって、解答群の文章のうち、誤っているものは、「数字又は数字以外を表すダイヤル番号として規定されている総数は、12種類である。」である。

(3) 端末設備等規則第34条の8〔電気的条件等〕に関する問題である。

A　同条第2項に規定する内容と一致しているので、文章は正しい。

B　同条第1項の規定により、専用通信回線設備等端末は、総務大臣が別に告示する電気的条件及び光学的条件のいずれかの条件に適合するものでなければならないとされているので、文章は誤り。

　よって、設問の文章は、**Aのみ正しい**。

(4) 端末設備等規則第34条の10〔インターネットプロトコルを使用する専用通信回線設備等端末〕第一号の規定により、専用通信回線設備等端末(デジタルデータ伝送用設備に接続されるものに限る。以下同じ。)であって、デジタルデータ伝送用設備との接続においてインターネットプロトコルを使用するもののうち、電気通信回線設備を介して接続することにより当該専用通信回線設備等端末に備えられた電気通信の機能(送受信に係るものに限る。以下同じ。)に係る設定を変更できるものは、当該専用通信回線設備等端末に備えられた電気通信の機能に係る設定を変更するための**アクセス制御**機能(不正アクセス行為の禁止等に関する法律第2条第3項に規定するアクセス制御機能をいう。)を有しなければならないとされている。

(5) 端末設備等規則第32条の2〔基本的機能〕の規定により、インターネットプロトコル電話端末は、次の機能を備えなければならないとされている。

　一　発信又は応答を行う場合にあっては、呼の設定を行うためのメッセージ又は当該メッセージに対応するためのメッセージを送出するものであること。

　二　通信を終了する場合にあっては、呼の切断、解放若しくは取消しを行うためのメッセージ又は当該メッセージに対応するためのメッセージ(「通信終了メッセージ」という。)を送出するものであること。

　設問のAの文章は「一」に規定する内容、Bの文章は「二」に規定する内容とそれぞれ一致している。よって、設問の文章は、**AもBも正しい**。

答	
(ｱ)	⑤
(ｲ)	③
(ｳ)	①
(ｴ)	④
(ｵ)	③

■ 有線電気通信設備令

●用語の定義（第1条、施行規則第1条）

電線	有線電気通信を行うための導体（絶縁物又は保護物で被覆されている場合は、これらの物を含む。）であって、強電流電線に重畳される通信回線に係るもの以外のもの
絶縁電線	絶縁物のみで被覆されている電線
ケーブル	光ファイバ並びに光ファイバ以外の絶縁物及び保護物で被覆されている電線
強電流電線	強電流電気の伝送を行うための導体（絶縁物又は保護物で被覆されている場合は、これらの物を含む。）
強電流裸電線	絶縁物で被覆されていない強電流電線
強電流絶縁電線	絶縁物のみで被覆されている強電流電線
強電流ケーブル	絶縁物及び保護物で被覆されている強電流電線
線路	送信の場所と受信の場所との間に設置されている電線及びこれに係る中継器その他の機器（これらを支持し、又は保蔵するための工作物を含む。）
支持物	電柱、支線、つり線その他電線又は強電流電線を支持するための工作物
離隔距離	線路と他の物体（線路を含む。）とが気象条件による位置の変化により最も接近した場合におけるこれらの物の間の距離
周波数	0／200Hz／3,500Hz　低周波 200Hz以下の電磁波／音声周波 200Hzを超え3,500Hz以下の電磁波／高周波 3,500Hzを超える電磁波　「低周波」は設備令施行規則で定義
絶対レベル	一の皮相電力の1mWに対する比をデシベルで表わしたもの
平衡度	通信回線の中性点と大地との間に起電力を加えた場合におけるこれらの間に生ずる電圧と通信回線の端子間に生ずる電圧との比をデシベルで表わしたもの
最大音量	通信回線に伝送される音響の電力を別に告示するところにより測定した値
電圧	750V／7,000V　直流 低圧／高圧／特別高圧　交流 低圧／高圧／特別高圧　600V

●使用可能な電線の種類（第2条の2）

　有線電気通信設備に使用される電線は、絶縁電線又はケーブルでなければならない。ただし、総務省令で定める場合は、この限りでない。

●通信回線（光ファイバを除く）の電気的条件（第3条、第4条）

・**平衡度**　1,000Hzの交流において34dB以上（総務省令で定める場合を除く）

・**線路の電圧**　100V以下（電線としてケーブルのみを使用するとき、又は人体に危害を及ぼし、若しくは物件に損傷を与えるおそれがないときを除く）

・**通信回線の電力**　音声周波の場合は＋10dBm以下、高周波の場合は＋20dBm以下（総務省令で定める場合を除く）

●架空電線の支持物（第5条）

　架空電線の支持物は、その架空電線が他人の設置した架空電線又は架空強電流電線と交差し、又は接近するときは、次の条件を満たすように設置しなければならない。

①他人の設置した架空電線又は架空強電流電線を挟み、又はこれらの間を通ることがないようにすること。

②架空強電流電線（当該架空電線の支持物に架設されるものを除く。）との間の離隔距離は、総務省令で定める値以上とすること。

●架空電線の高さ（第8条、施行規則第7条）

①道路上　……………………路面から5m以上

②横断歩道橋の上　…………路面から3m以上

③鉄道又は軌道の横断　……軌条面から6m以上

●他人の設置した架空電線等との関係（第9条～第12条）

①他人の設置した架空電線との離隔距離が30cm以下となるように設置しないこと。ただし、その他人の承諾を得たとき、又は設置しようとする架空電線（これに係る中継器その他の機器を含む。）がその他人の設置した架空電線に係る作業に支障を及ぼさず、かつ、その他人の設置した架空電線に損傷を与えない場合として総務省令で定めるときを除く。

②他人の建造物との離隔距離が30cm以下となるように設置しないこと。ただし、その他人の承諾を得たときを除く。

③架空電線は、架空強電流電線と交差するとき、又は架空強電流電線との水平距離がその架空電線若しくは架空強電流電線の支持物のうちいずれか高いものの高さに相当する距離以下となるときは、総務省令で定めるところによらなければ設置してはならない。

④架空電線は、総務省令で定めるところによらなければ、架空強電流電線と同一の支持物に架設してはならない。

●屋内電線の絶縁抵抗（第17条）

　屋内電線（光ファイバを除く。）と大地との間及び屋内電線相互間の絶縁抵抗は、直流100Vの電圧で測定した値で1MΩ以上でなければならない。

●屋内電線と屋内強電流電線との交差又は接近（第18条、施行規則第18条）

　屋内電線は、屋内強電流電線との離隔距離を30cm以上としなければ原則として設置できないが、次の場合はこの限りでない。

①屋内強電流電線が低圧の場合

・屋内電線と屋内強電流電線との離隔距離は原則として10cm以上。ただし、屋内強電流電線が300V以下であって、屋内電線と屋内強電流電線との間に絶縁性の隔壁を設置するとき又は屋内強電流電線が絶縁管に収めて設置されているときは10cm未満としてもよい。

・屋内強電流電線が、接地工事をした金属製の、又は絶縁度の高い管、ダクト、ボックスその他これに類するもの（「管等」という。）に収めて設置されているとき、又は強電流ケーブルであるときは、屋内電線は、屋内強電流電線を収容する管等又は強電流ケーブルに接触しないように設置する。

・次のいずれかに該当する場合を除き、屋内電線と屋内強電流電線とを同一の管等に収めて設置してはならない。

イ　屋内電線と屋内強電流電線との間に堅ろうな隔壁を設け、かつ、金属製部分に特別保安接地工事を施したダクト又はボックスの中に屋内電線と屋内強電流電線を収めて設置するとき。

ロ　屋内電線が、特別保安接地工事を施した金属製の電気的遮へい層を有するケーブルであるとき。

ハ　屋内電線が、光ファイバその他金属以外のもので構成されているとき。

②屋内強電流電線が高圧の場合

屋内電線と屋内強電流電線との離隔距離は原則として

15cm以上。ただし、屋内強電流電線が強電流ケーブルであって、屋内電線と屋内強電流電線との間に耐火性のある堅ろうな隔壁を設けるとき又は屋内強電流電線を耐火性のある堅ろうな管に収めて設置するときは15cm未満としてもよい。

●有線電気通信設備の保安（第19条）

有線電気通信設備は、総務省令で定めるところにより、絶縁機能、避雷機能その他の保安機能を持たなければならない。

不正アクセス行為の禁止等に関する法律

●不正アクセス禁止法の目的（第1条）

不正アクセス行為を禁止するとともに、これについての罰則及びその再発防止のための都道府県公安委員会による援助措置等を定めることにより、電気通信回線を通じて行われる電子計算機に係る犯罪の防止及びアクセス制御機能により実現される電気通信に関する秩序の維持を図り、もって高度情報通信社会の健全な発展に寄与すること。

●不正アクセス行為の定義（第2条）

不正アクセス行為とは、次のいずれかに該当する行為をいう。

①アクセス制御機能を有する特定電子計算機に電気通信回線を通じて当該アクセス制御機能に係る他人の識別符号を入力して当該特定電子計算機を作動させ、当該アクセス制御機能により制限されている特定利用をし得る状態にさせる行為。ただし、当該アクセス制御機能を付加したアクセス管理者がするもの及び当該アクセス管理者又は当該識別符号に係る利用権者の承諾を得てするものを除く。

②アクセス制御機能を有する特定電子計算機に電気通信回線を通じて当該アクセス制御機能による特定利用の制限を免れることができる情報（識別符号であるものを除く。）又は指令を入力して当該特定電子計算機を作動させ、その制限されている特定利用をし得る状態にさせる行為。ただし、当該アクセス制御機能を付加したアクセス管理者がするもの及び当該アクセス管理者の承諾を得てするものを除く。

③電気通信回線を介して接続された他の特定電子計算機が

有するアクセス制御機能によりその特定利用を制限されている特定電子計算機に電気通信回線を通じてその制限を免れることができる情報又は指令を入力して当該特定電子計算機を作動させ、その制限されている特定利用をし得る状態にさせる行為。ただし、当該アクセス制御機能を付加したアクセス管理者がするもの及び当該アクセス管理者の承諾を得てするものを除く。

●不正アクセス行為の禁止（第3条）

何人も、不正アクセス行為をしてはならない。

●不正アクセス行為を助長する行為の禁止（第5条）

何人も、業務その他正当な理由による場合を除き、アクセス制御機能に係る他人の識別符号を、当該アクセス制御機能に係るアクセス管理者及び当該識別符号に係る利用権者以外の者に提供してはならない。

●他人の識別符号を不正に保管する行為の禁止（第6条）

何人も、不正アクセス行為の用に供する目的で、不正に取得されたアクセス制御機能に係る他人の識別符号を保管してはならない。

●アクセス管理者による防御措置（第8条）

アクセス制御機能を特定電子計算機に付加したアクセス管理者は、当該アクセス制御機能に係る識別符号又はこれを当該アクセス制御機能により確認するために用いる符号の適正な管理に努めるとともに、常に当該アクセス制御機能の有効性を検証し、必要があると認めるときは速やかにその機能の高度化その他当該特定電子計算機を不正アクセス行為から防御するため必要な措置を講ずるよう努めるものとする。

電子署名及び認証業務に関する法律

●電子署名法の目的（第1条）

電子署名に関し、電磁的記録の真正な成立の推定、特定認証業務に関する認定の制度その他必要な事項を定めることにより、電子署名の円滑な利用の確保による情報の電磁的方式による流通及び情報処理の促進を図り、もって国民生活の向上及び国民経済の健全な発展に寄与すること。

●電磁的記録の真正な成立の推定（第3条）

電磁的記録であって情報を表すために作成されたもの（公務員が職務上作成したものを除く。）は、当該電磁的記録に記録された情報について本人による電子署名（これを行うために必要な符号及び物件を適正に管理することにより、本人だけが行うことができることとなるものに限る。）が行われているときは、真正に成立したものと推定する。

次の各文章の ⬚ 内に、それぞれの[ ]の解答群の中から、「有線電気通信設備令」、「有線電気通信設備令施行規則」、「不正アクセス行為の禁止等に関する法律」又は「電子署名及び認証業務に関する法律」に規定する内容に照らして最も適したものを選び、その番号を記せ。 (小計20点)

(1) 有線電気通信設備令に規定する用語について述べた次の文章のうち、<u>誤っているもの</u>は、 (ア) である。 (4点)

① 支持物とは、電柱、支線、つり線その他電線又は強電流電線を支持するための工作物をいう。

② 絶縁電線とは、絶縁物及び保護物で被覆されている電線をいう。

③ 線路とは、送信の場所と受信の場所との間に設置されている電線及びこれに係る中継器その他の機器(これらを支持し、又は保蔵するための工作物を含む。)をいう。

④ ケーブルとは、光ファイバ並びに光ファイバ以外の絶縁物及び保護物で被覆されている電線をいう。

⑤ 音声周波とは、周波数が200ヘルツを超え、3,500ヘルツ以下の電磁波をいい、高周波とは、周波数が3,500ヘルツを超える電磁波をいう。

(2) 有線電気通信設備令に規定する「架空電線の支持物」及び「架空電線と他人の設置した架空電線等との関係」について述べた次の二つの文章は、 (イ) 。 (4点)

A 架空電線の支持物には、取扱者が昇降に使用する足場金具等を地表上2.5メートル未満の高さに取り付けてはならない。ただし、総務省令で定める場合は、この限りでない。

B 架空電線は、他人の設置した架空電線との離隔距離が30センチメートル以下となるように設置してはならない。ただし、その他人の承諾を得たとき、又は設置しようとする架空電線(これに係る中継器その他の機器を含む。以下同じ。)が、その他人の設置した架空電線に係る作業に支障を及ぼさず、かつ、その他人の設置した架空電線に損傷を与えない場合として総務省令で定めるときは、この限りでない。

[① Aのみ正しい ② Bのみ正しい ③ AもBも正しい ④ AもBも正しくない]

(3) 有線電気通信設備令施行規則の「架空電線の高さ」において、架空電線が道路上にあるときは、横断歩道橋の上にあるときを除き、路面から (ウ) メートル以上であることと規定されているが、交通に支障を及ぼすおそれが少ない場合で工事上やむを得ないときは、この高さとは別の高さが規定されている。 (4点)

[① 3 ② 3.5 ③ 4 ④ 5 ⑤ 6]

(4) 不正アクセス行為の禁止等に関する法律は、不正アクセス行為を禁止するとともに、これについての罰則及びその再発防止のための都道府県公安委員会による援助措置等を定めることにより、電気通信回線を通じて行われる電子計算機に係る (エ) 及びアクセス制御機能により実現される電気通信に関する秩序の維持を図り、もって高度情報通信社会の健全な発展に寄与することを目的とする。 (4点)

[① 不正の監視 ② セキュリティ対策 ③ 脆弱性への対応
④ 犯罪の防止 ⑤ サイバー攻撃の回避]

(5) 電子署名及び認証業務に関する法律において、特定認証業務とは、電子署名のうち、その方式に応じて (オ) だけが行うことができるものとして主務省令で定める基準に適合するものについて行われる認証業務をいう。 (4点)

[① 本 人 ② アクセス管理者 ③ システム管理者
④ 主務大臣 ⑤ 認定認証事業者]

解 説

(1) 有線電気通信設備令第1条〔定義〕に関する問題である。

①：同条第六号に規定する内容と一致しているので、文章は正しい。

②：同条第二号の規定により、絶縁電線とは、絶縁物のみで被覆されている電線をいうとされているので、文章は誤り。一般に、家屋内で配線されるものは絶縁電線である。

③：同条第五号に規定する内容と一致しているので、文章は正しい。

④：同条第三号に規定する内容と一致しているので、文章は正しい。

⑤：同条第八号及び第九号に規定する内容と一致しているので、文章は正しい。なお、周波数が200Hz以下の電磁波は「低周波」と規定されている。

よって、解答群の文章のうち、誤っているものは、「**絶縁電線とは、絶縁物及び保護物で被覆されている電線をいう。**」である。

(2) 有線電気通信設備令第7条の2〔架空電線の支持物〕及び第9条〔架空電線と他人の設置した架空電線等との関係〕に関する問題である。

A　第7条の2の規定により、架空電線の支持物には、取扱者が昇降に使用する足場金具等を地表上1.8m未満の高さに取り付けてはならない。ただし、総務省令で定める場合は、この限りでないとされている。したがって、文章は誤り。関係者以外の者が架空電線の支持物に昇降して墜落事故や損傷事故を起こさないように、足場金具等を地表上1.8m以上の高さに取り付けることを義務づけている。

B　第9条に規定する内容と一致しているので、文章は正しい。

よって、設問の文章は、**Bのみ正しい**。

(3) 有線電気通信設備令第8条〔架空電線の高さ〕の規定に基づく有線電気通信設備令施行規則第7条〔架空電線の高さ〕の規定により、架空電線の高さは、次の各号によらなければならないとされている。

一　架空電線が道路上にあるときは、横断歩道橋の上にあるときを除き、路面から5m（交通に支障を及ぼすおそれが少ない場合で工事上やむを得ないときは、歩道と車道との区別がある道路の歩道上においては、2.5m、その他の道路上においては、4.5m）以上であること。

二　架空電線が横断歩道橋の上にあるときは、その路面から3m以上であること。

三　架空電線が鉄道又は軌道を横断するときは、軌条面から6m（車両の運行に支障を及ぼすおそれがない高さが6mより低い場合は、その高さ）以上であること。

四　架空電線が河川を横断するときは、舟行に支障を及ぼすおそれがない高さであること。

(4) 不正アクセス行為の禁止等に関する法律第1条〔目的〕の規定により、この法律は、不正アクセス行為を禁止するとともに、これについての罰則及びその再発防止のための都道府県公安委員会による援助措置等を定めることにより、電気通信回線を通じて行われる電子計算機に係る**犯罪の防止**及びアクセス制御機能により実現される電気通信に関する秩序の維持を図り、もって高度情報通信社会の健全な発展に寄与することを目的とするとされている。

不正アクセス行為の禁止等に関する法律は、アクセス権限のない者が、他人のID・パスワードを無断で使用したりセキュリティホール(OSやアプリケーションのセキュリティ上の脆弱な部分)を攻撃したりすることによって、ネットワークを介してコンピュータに不正にアクセスする行為を禁止している。この他、不正アクセスを助長する行為や、不正アクセスを行うために他人のID・パスワードを保管する行為なども禁止している。

(5) 電子署名及び認証業務に関する法律第2条〔定義〕第3項の規定により、特定認証業務とは、電子署名のうち、その方式に応じて**本人**だけが行うことができるものとして主務省令で定める基準に適合するものについて行われる認証業務をいうとされている。本人確認方法などが一定の基準を満たした認証業務(特定認証業務)は、主務大臣(総務大臣、法務大臣、および経済産業大臣)から認定を受けることができる。

答	
㋐	②
㋑	②
㋒	④
㋓	④
㋔	①

法規

5 有線電気通信設備令、不正アクセス禁止法、電子署名法

次の各文章の　　　　内に、それぞれの[　　]の解答群の中から、「有線電気通信設備令」、「有線電気通信設備令施行規則」、「不正アクセス行為の禁止等に関する法律」又は「電子署名及び認証業務に関する法律」に規定する内容に照らして最も適したものを選び、その番号を記せ。　　　　　　　　（小計20点）

(1) 有線電気通信設備令に規定する「屋内電線」及び「有線電気通信設備の保安」について述べた次の二つの文章は、　(ア)　。　　　　　　　　　　　　　　　　　　　　　　　　　　（4点）
　A　屋内電線は、屋内強電流電線との離隔距離が60センチメートル以下となるときは、総務省令で定めるところによらなければ、設置してはならない。
　B　有線電気通信設備は、総務省令で定めるところにより、絶縁機能、避雷機能その他の保安機能をもたなければならない。
　　[①　Aのみ正しい　　②　Bのみ正しい　　③　AもBも正しい　　④　AもBも正しくない]

(2) 有線電気通信設備令に規定する用語について述べた次の文章のうち、<u>誤っているもの</u>は、　(イ)　である。　　　　　　　　　　　　　　　　　　　　　　　　　　　　　　　　　　　　（4点）
　①　電線とは、有線電気通信（送信の場所と受信の場所との間の線条その他の導体を利用して、電磁的方式により信号を行うことを含む。）を行うための導体（絶縁物又は保護物で被覆されている場合は、これらの物を含む。）であって、強電流電線に重畳される通信回線に係るものを含んだものをいう。
　②　絶縁電線とは、絶縁物のみで被覆されている電線をいう。
　③　強電流電線とは、強電流電気の伝送を行うための導体（絶縁物又は保護物で被覆されている場合は、これらの物を含む。）をいう。
　④　離隔距離とは、線路と他の物体（線路を含む。）とが気象条件による位置の変化により最も接近した場合におけるこれらの物の間の距離をいう。
　⑤　平衡度とは、通信回線の中性点と大地との間に起電力を加えた場合におけるこれらの間に生ずる電圧と通信回線の端子間に生ずる電圧との比をデシベルで表わしたものをいう。

(3) 有線電気通信設備令施行規則に規定する、屋内電線と高圧の屋内強電流電線との離隔距離を15センチメートル未満とすることができる場合について述べた次の二つの文章は、　(ウ)　。ただし、高圧の屋内強電流電線は強電流ケーブルとする。　　　　　　　　　　　　　　　　　　　　　　　　　（4点）
　A　高圧の屋内強電流電線を耐火性のある堅ろうな管に収めて設置するとき。
　B　屋内電線と高圧の屋内強電流電線との間に耐火性のある堅ろうな隔壁を設けるとき。
　　[①　Aのみ正しい　　②　Bのみ正しい　　③　AもBも正しい　　④　AもBも正しくない]

(4) 不正アクセス行為の禁止等に関する法律の「アクセス管理者による防御措置」において、アクセス制御機能を特定電子計算機に付加したアクセス管理者は、当該アクセス制御機能に係る識別符号又はこれを当該アクセス制御機能により確認するために用いる符号の適正な管理に努めるとともに、常に当該アクセス制御機能の　(エ)　、必要があると認めるときは速やかにその機能の高度化その他当該特定電子計算機を不正アクセス行為から防御するため必要な措置を講ずるよう努めるものとすると規定されている。　（4点）
　　[①　活用を促進し　　②　重要性にかんがみ　　③　有効性を検証し
　　④　機密性を評価し　　⑤　緊要性にかんがみ]

(5) 電子署名及び認証業務に関する法律において、電磁的記録であって情報を表すために作成されたもの（公務員が職務上作成したものを除く。）は、当該電磁的記録に記録された情報について本人による電子署名（これを行うために必要な符号及び物件を適正に管理することにより、本人だけが行うことができることとなるものに限る。）が行われているときは、　(オ)　したものと推定すると規定されている。　　　　（4点）
　　[①　真正に成立　　②　内容を保障　　③　作成を証明　　④　適正に認証　　⑤　円滑に利用]

解　説

(1) 有線電気通信設備令第18条〔屋内電線〕及び第19条〔有線電気通信設備の保安〕に関する問題である。

　A　第18条の規定により、屋内電線は、屋内強電流電線との離隔距離が<u>30cm以下</u>となるときは、総務省令で定めるところによらなければ、設置してはならないとされているので、文章は誤り。

　B　第19条に規定する内容と一致しているので、文章は正しい。有線電気通信設備には、総務省令で定めるところにより、絶縁機能、避雷機能、その他の保安機能を備えることが義務づけられている。ただし、有線電気通信設備の線路が地中電線であって架空電線と接続されない場合や、導体が光ファイバである場合は、この規定は適用されない。

　よって、設問の文章は、**Bのみ正しい**。

(2) 有線電気通信設備令第1条〔定義〕に関する問題である。

　①：同条第一号の規定により、電線とは、有線電気通信（送信の場所と受信の場所との間の線条その他の導体を利用して、電磁的方式により信号を行うことを含む。）を行うための導体（絶縁物又は保護物で被覆されている場合は、これらの物を含む。）であって、強電流電線に重畳される通信回線に<u>係るもの以外のもの</u>をいうとされているので、文章は誤り。電線とは、有線電気通信を行うための導体であり、電話線のような電気通信回線のことを指す。導体を被覆している絶縁物や保護物は電線に含まれるが、強電流電線に重畳される通信回線に係るものは、電線には含まれない。

　②：同条第二号に規定する内容と一致しているので、文章は正しい。

　③：同条第四号に規定する内容と一致しているので、文章は正しい。強電流電線は、電力の送電を行う電力線である。

　④：同条第七号に規定する内容と一致しているので、文章は正しい。線路と他の物体（線路を含む。）の位置が風や温度上昇などの気象条件により変化しても、これらの間の規定距離が確保できるよう、最も接近した状態を離隔距離としている。

　⑤：同条第十一号に規定する内容と一致しているので、文章は正しい。

　よって、解答群の文章のうち、<u>誤っているもの</u>は、「**電線とは、有線電気通信（送信の場所と受信の場所との間の線条その他の導体を利用して、電磁的方式により信号を行うことを含む。）を行うための導体（絶縁物又は保護物で被覆されている場合は、これらの物を含む。）であって、強電流電線に重畳される通信回線に係るものを含んだものをいう。**」である。

(3) 有線電気通信設備令第18条〔屋内電線〕の規定に基づく有線電気通信設備令施行規則第18条〔屋内電線と屋内強電流電線との交差又は接近〕第2項の規定により、屋内電線が高圧の屋内強電流電線と交差し、又はそれらの間の離隔距離が30cm以内に接近する場合には、屋内電線と屋内強電流電線との離隔距離が15cm以上となるように設置しなければならない。ただし、屋内強電流電線が強電流ケーブルであって、<u>屋内電線と屋内強電流電線との間に耐火性のある堅ろうな隔壁を設けるとき</u>、又は<u>屋内強電流電線を耐火性のある堅ろうな管に収めて設置するとき</u>は、この限りでないとされている。よって、設問の文章は、**AもBも正しい**。

(4) 不正アクセス行為の禁止等に関する法律第8条〔アクセス管理者による防御措置〕の規定により、アクセス制御機能を特定電子計算機に付加したアクセス管理者は、当該アクセス制御機能に係る識別符号又はこれを当該アクセス制御機能により確認するために用いる符号の適正な管理に努めるとともに、常に当該アクセス制御機能の**有効性を検証し**、必要があると認めるときは速やかにその機能の高度化その他当該特定電子計算機を不正アクセス行為から防御するため必要な措置を講ずるよう努めるものとするとされている。

　アクセス管理者は、ネットワークに接続されたコンピュータを不正アクセスから防御するための措置を講じるよう努力義務が課されている。

(5) 電子署名及び認証業務に関する法律第3条〔電磁的記録の真正な成立の推定〕の規定により、電磁的記録であって情報を表すために作成されたもの（公務員が職務上作成したものを除く。）は、当該電磁的記録に記録された情報について本人による電子署名（これを行うために必要な符号及び物件を適正に管理することにより、本人だけが行うことができることとなるものに限る。）が行われているときは、**真正に成立**したものと推定するとされている。電磁的記録が「真正に成立した」とは、その電磁的記録が作成者本人の意思にもとづいて作成されたということである。

答

㋐	②
㋑	①
㋒	③
㋓	③
㋔	①

次の各文章の 内に、それぞれの[ ]の解答群の中から、「有線電気通信設備令」、「有線電気通信設備令施行規則」、「不正アクセス行為の禁止等に関する法律」又は「電子署名及び認証業務に関する法律」に規定する内容に照らして最も適したものを選び、その番号を記せ。 (小計20点)

(1) 有線電気通信設備令に規定する用語について述べた次の文章のうち、正しいものは、 (ア) である。 (4点)

① ケーブルとは、絶縁物のみで被覆されている光ファイバ以外の電線をいう。
② 強電流電線とは、強電流電気の伝送を行うための導体のほか、つり線、支線などの工作物を含めたものをいう。
③ 離隔距離とは、線路と他の物体(線路を含む。)とが気象条件による位置の変化により最も接近した場合におけるこれらの物の間の距離をいう。
④ 高周波とは、周波数が3,000ヘルツを超える電磁波をいう。
⑤ 音声周波とは、周波数が300ヘルツを超え、3,000ヘルツ以下の電磁波をいう。

(2) 有線電気通信設備令に規定する「架空電線の支持物」及び「架空電線と他人の設置した架空電線等との関係」について述べた次の二つの文章は、 (イ) 。 (4点)
A 架空電線の支持物には、取扱者が昇降に使用する足場金具等を地表上2.5メートル未満の高さに取り付けてはならない。ただし、総務省令で定める場合は、この限りでない。
B 架空電線は、架空強電流電線と交差するとき、又は架空強電流電線との水平距離がその架空電線若しくは架空強電流電線の支持物のうちいずれか高いものの高さに相当する距離以下となるときは、総務省令で定めるところによらなければ、設置してはならない。
[① Aのみ正しい   ② Bのみ正しい   ③ AもBも正しい   ④ AもBも正しくない]

(3) 有線電気通信設備令施行規則において、架空電線の支持物と架空強電流電線(当該架空電線の支持物に架設されるものを除く。以下同じ。)との間の離隔距離は、架空強電流電線の使用電圧が35,000ボルト以下の特別高圧であって、使用する電線の種別が特別高圧強電流絶縁電線の場合、 (ウ) 以上でなければならないと規定されている。 (4点)
[① 30センチメートル   ② 60センチメートル   ③ 1メートル
④ 1.8メートル   ⑤ 2メートル]

(4) 不正アクセス行為の禁止等に関する法律に規定する「定義」について述べた次の二つの文章は、 (エ) 。 (4点)
A アクセス管理者とは、特定電子計算機の利用(電気通信回線を通じて行うものに限る。)につき当該特定電子計算機の識別符号を管理する者をいう。
B アクセス制御機能を有する特定電子計算機に電気通信回線を通じて当該アクセス制御機能による特定利用の制限を免れることができる情報(識別符号であるものを除く。)又は指令を入力して当該特定電子計算機を作動させ、その制限されている特定利用をし得る状態にさせる行為(当該アクセス制御機能を付加したアクセス管理者がするもの及び当該アクセス管理者の承諾を得てするものを除く。)は、不正アクセス行為に該当する。
[① Aのみ正しい   ② Bのみ正しい   ③ AもBも正しい   ④ AもBも正しくない]

(5) 電子署名及び認証業務に関する法律は、電子署名に関し、電磁的記録の真正な成立の推定、特定認証業務に関する認定の制度その他必要な事項を定めることにより、電子署名の円滑な利用の確保による情報の電磁的方式による (オ) の促進を図り、もって国民生活の向上及び国民経済の健全な発展に寄与することを目的とする。 (4点)
[① 流通及び情報処理   ② 記録及び省資源化   ③ 特定及び保護
④ 保管及び利活用   ⑤ 交換及び決済電子化]

解 説

(1) 有線電気通信設備令第1条〔定義〕に関する問題である。

①：同条第三号の規定により、ケーブルとは、<u>光ファイバ並びに光ファイバ以外の絶縁物及び保護物で被覆されている電線</u>をいうとされているので、文章は誤り。

②：同条第四号の規定により、強電流電線とは、強電流電気の伝送を行うための導体(<u>絶縁物又は保護物で被覆されている場合は、これらの物を含む。</u>)をいうとされているので、文章は誤り。強電流電線とは、いわゆる電力線のことを指す。

③：同条第七号に規定する内容と一致しているので、文章は正しい。線路と他の物体(線路を含む)の位置が風や温度上昇などの気象条件により変化しても、これらの間の規定距離が確保できるよう、最も接近した状態を離隔距離としている。

④：同条第九号の規定により、高周波とは、周波数が<u>3,500Hz</u>を超える電磁波をいうとされているので、文章は誤り。

⑤：同条第八号の規定により、音声周波とは、周波数が<u>200Hzを超え、3,500Hz以下</u>の電磁波をいうとされているので、文章は誤り。

　よって、解答群の文章のうち、正しいものは、「**離隔距離とは、線路と他の物体(線路を含む。)とが気象条件による位置の変化により最も接近した場合におけるこれらの物の間の距離をいう。**」である。

(2) 有線電気通信設備令第7条の2〔架空電線の支持物〕及び第11条〔架空電線と他人の設置した架空電線等との関係〕に関する問題である。

A　第7条の2の規定により、架空電線の支持物には、取扱者が昇降に使用する足場金具等を地表上<u>1.8m</u>未満の高さに取り付けてはならない。ただし、総務省令で定める場合は、この限りでないとされている。したがって、文章は誤り。

B　第11条に規定する内容と一致しているので、文章は正しい。

　よって、設問の文章は、**Bのみ正しい**。

(3) 有線電気通信設備令第5条〔架空電線の支持物〕第二号の規定に基づく有線電気通信設備令施行規則第4条〔架空電線の支持物と架空強電流電線との間の離隔距離〕第二号の規定により、架空電線の支持物と架空強電流電線(当該架空電線の支持物に架設されるものを除く。以下同じ。)との間の離隔距離は、架空強電流電線の使用電圧が35,000V以下の特別高圧であって、使用する電線の種別が特別高圧強電流絶縁電線の場合は**1メートル**以上、強電流ケーブルの場合は50cm以上、その他の強電流電線の場合は2m以上でなければならないとされている。

(4) 不正アクセス行為の禁止等に関する法律第2条〔定義〕に関する問題である。

A　同条第1項の規定により、アクセス管理者とは、電気通信回線に接続している電子計算機(以下「特定電子計算機」という。)の利用(当該電気通信回線を通じて行うものに限る。)につき当該特定電子計算機の<u>動作</u>を管理する者をいうとされているので、文章は誤り。

B　同条第4項第二号に規定する内容と一致しているので、文章は正しい。セキュリティホール(OSやアプリケーションなどのセキュリティ上の脆弱な部分)を突いて識別符号(ID・パスワード)以外の情報又は指令を入力して利用の制限を解除させる行為は、不正アクセス行為として禁止されている。

　よって、設問の文章は、**Bのみ正しい**。

(5) 電子署名及び認証業務に関する法律第1条〔目的〕の規定により、電子署名及び認証業務に関する法律は、電子署名に関し、電磁的記録の真正な成立の推定、特定認証業務に関する認定の制度その他必要な事項を定めることにより、電子署名の円滑な利用の確保による情報の電磁的方式による**流通及び情報処理**の促進を図り、もって国民生活の向上及び国民経済の健全な発展に寄与することを目的とするとされている。

答	
(ア)	③
(イ)	②
(ウ)	③
(エ)	②
(オ)	①

次の各文章の [____] 内に、それぞれの[   ]の解答群の中から、「有線電気通信設備令」、「有線電気通信設備令施行規則」、「不正アクセス行為の禁止等に関する法律」又は「電子署名及び認証業務に関する法律」に規定する内容に照らして最も適したものを選び、その番号を記せ。 (小計20点)

(1) 有線電気通信設備令に規定する「架空電線の支持物」又は「架空電線と他人の設置した架空電線等との関係」について述べた次の文章のうち、誤っているものは、 [(ア)] である。 (4点)

> ① 架空電線の支持物は、その架空電線が他人の設置した架空電線又は架空強電流電線と交差し、又は接近するときは、他人の設置した架空電線又は架空強電流電線を挟み、又はこれらの間を通ることがないように設置しなければならない。ただし、その他人の承諾を得たとき、又は人体に危害を及ぼし、若しくは物件に損傷を与えないように必要な設備をしたときは、この限りでない。
> ② 架空電線の支持物には、取扱者が昇降に使用する足場金具等を地表上1.8メートル未満の高さに取り付けてはならない。ただし、総務省令で定める場合は、この限りでない。
> ③ 架空電線は、架空強電流電線と交差するとき、又は架空強電流電線との水平距離がその架空電線若しくは架空強電流電線の支持物のうちいずれか高いものの高さに相当する距離以下となるときは、総務省令で定めるところによらなければ、設置してはならない。
> ④ 架空電線は、他人の建造物との離隔距離が60センチメートル以下となるように設置してはならない。ただし、その他人の承諾を得たときは、この限りでない。
> ⑤ 架空電線は、総務省令で定めるところによらなければ、架空強電流電線と同一の支持物に架設してはならない。

(2) 有線電気通信設備令において、強電流電線に重畳される通信回線は、次の(ⅰ)及び(ⅱ)により設置しなければならないと規定されている。
(ⅰ) 重畳される部分とその他の部分 [(イ)] ようにすること。
(ⅱ) 重畳される部分に異常電圧が生じた場合において、その他の部分を保護するため総務省令で定める保安装置を設置すること。 (4点)

> ① とを個別に監視し、一方が故障しても他方で監視が継続できる
> ② との間に分界点を設け、責任の分界が明確になる
> ③ とを切り替えて、個別に確認又は試験できる
> ④ とを安全に分離し、且つ、開閉できる
> ⑤ とは容易に切り離すことができない

(3) 有線電気通信設備令施行規則において、架空電線の高さは、架空電線が横断歩道橋の上にあるときは、その路面から [(ウ)] メートル以上でなければならないと規定されている。 (4点)

[① 2.5 ② 3 ③ 4.5 ④ 5 ⑤ 6]

(4) 不正アクセス行為の禁止等に関する法律に規定する事項について述べた次の二つの文章は、 [(エ)]。 (4点)

A アクセス管理者とは、特定電子計算機の利用(電気通信回線を通じて行うものに限る。)につき当該特定電子計算機の動作を管理する者をいう。
B アクセス制御機能を特定電子計算機に付加したアクセス管理者は、当該アクセス制御機能に係る識別符号又はこれを当該アクセス制御機能により確認するために用いる符号の適正な管理に努めるとともに、常に当該アクセス制御機能の有効性を検証し、必要があると認めるときは速やかにその機能の高度化その他当該特定電子計算機を不正アクセス行為から防御するため必要な措置を講ずるよう努めるものとする。

[① Aのみ正しい ② Bのみ正しい ③ AもBも正しい ④ AもBも正しくない]

(5) 電子署名及び認証業務に関する法律に規定する用語について述べた次の二つの文章は、 [(オ)]。(4点)
A 特定認証業務とは、電子署名のうち、その方式に応じて本人だけが行うことができるものとして主務

省令で定める基準に適合するものについて行われる認証業務をいう。

B　電磁的記録とは、電子的方式、磁気的方式その他本人以外は任意に改変することができない方式で作られる記録であって、電子計算機による情報処理の用に供されるものをいう。

　　〔①　Aのみ正しい　　②　Bのみ正しい　　③　AもBも正しい　　④　AもBも正しくない〕

解　説

(1) 有線電気通信設備令第5条〔架空電線の支持物〕、第7条の2、第10条〔架空電線と他人の設置した架空電線等との関係〕、第11条及び第12条に関する問題である。

①：第5条の規定により、架空電線の支持物は、その架空電線が他人の設置した架空電線又は架空強電流電線と交差し、又は接近するときは、次の各号により設置しなければならない。ただし、その他人の承諾を得たとき、又は人体に危害を及ぼし、若しくは物件に損傷を与えないように必要な設備をしたときは、この限りでないとされている。設問の文章は、「一」に規定する内容と一致しているので正しい。

　　一　他人の設置した架空電線又は架空強電流電線を挟み、又はこれらの間を通ることがないようにすること。

　　二　架空強電流電線(当該架空電線の支持物に架設されるものを除く。)との間の離隔距離は、総務省令で定める値以上とすること。

②：第7条の2に規定する内容と一致しているので、文章は正しい。

③：第11条に規定する内容と一致しているので、文章は正しい。架空電線が架空強電流電線と交差する場合や、架空強電流電線との水平距離が支持物の高さ以下となる場合は、支持物が倒壊したときに他方の支持物に影響を及ぼしたり、架空電線又は架空強電流電線が損傷するおそれがあるため、設置の条件が規定されている。

④：第10条の規定により、架空電線は、他人の建造物との離隔距離が30cm以下となるように設置してはならない。ただし、その他人の承諾を得たときは、この限りでないとされている。したがって、文章は誤り。

⑤：第12条に規定する内容と一致しているので、文章は正しい。

　よって、解答群の文章のうち、誤っているものは、「**架空電線は、他人の建造物との離隔距離が60センチメートル以下となるように設置してはならない。ただし、その他人の承諾を得たときは、この限りでない。**」である。

(2) 有線電気通信設備令第13条〔強電流電線に重畳される通信回線〕の規定により、強電流電線に重畳される通信回線は、次の各号により設置しなければならないとされている。

　　一　重畳される部分とその他の部分**とを安全に分離し、且つ、開閉できる**ようにすること。

　　二　重畳される部分に異常電圧が生じた場合において、その他の部分を保護するため総務省令で定める保安装置を設置すること。

(3) 有線電気通信設備令第8条〔架空電線の高さ〕の規定に基づく有線電気通信設備令施行規則第7条〔架空電線の高さ〕第二号の規定により、架空電線の高さは、架空電線が横断歩道橋の上にあるときは、その路面から**3m以上**でなければならないとされている。

(4) 不正アクセス行為の禁止等に関する法律第2条〔定義〕及び第8条〔アクセス管理者による防御措置〕に関する問題である。

A　第2条第1項に規定する内容と一致しているので、文章は正しい。

B　第8条に規定する内容と一致しているので、文章は正しい。

よって、設問の文章は、**AもBも正しい**。

(5) 電子署名及び認証業務に関する法律第2条〔定義〕に関する問題である。

A　同条第3項に規定する内容と一致しているので、文章は正しい。

B　同条第1項の規定により、電磁的記録とは、電子的方式、磁気的方式その他人の知覚によっては認識することができない方式で作られる記録であって、電子計算機による情報処理の用に供されるものをいうとされているので、文章は誤り。電磁的記録はデジタル方式による記録であり、一般に、メモリやCD-ROMなどに格納される。

よって、設問の文章は、**Aのみ正しい**。

法規

5

有線電気通信設備令、不正アクセス禁止法、電子署名法

答	
㈠	④
㈡	④
㈢	②
㈣	③
㈤	①

次の各文章の ____ 内に、それぞれの[ ]の解答群の中から、「有線電気通信設備令」、「有線電気通信設備令施行規則」、「不正アクセス行為の禁止等に関する法律」又は「電子署名及び認証業務に関する法律」に規定する内容に照らして最も適したものを選び、その番号を記せ。ただし、____ 内の同じ記号は、同じ解答を示す。　　　　　　　　　　　　　　　　　　　　　　　　　　　　　　　（小計20点）

(1) 有線電気通信設備令に規定する用語について述べた次の文章のうち、<u>誤っているもの</u>は、 (ア) である。　　　　　　　　　　　　　　　　　　　　　　　　　　　　　　　　　　　　　　　（4点）

① 線路とは、送信の場所と受信の場所との間に設置されている電線及びこれに係る中継器その他の機器（これらを支持し、又は保蔵するための工作物を含む。）をいう。

② 支持物とは、電柱、支線、つり線その他電線又は強電流電線を支持するための工作物をいう。

③ 音声周波とは、周波数が200ヘルツを超え、3,500ヘルツ以下の電磁波をいう。

④ 絶縁電線とは、絶縁物のみで被覆されている電線をいう。

⑤ 絶対レベルとは、一の有効電力の1ミリワットに対する比をデシベルで表わしたものをいう。

(2) 有線電気通信設備令に規定する「架空電線と他人の設置した架空電線等との関係」及び「架空電線の支持物」について述べた次の二つの文章は、 (イ) 。　　　　　　　　　　　　　　　　　　　　　（4点）

A 架空電線は、架空強電流電線と交差するとき、又は架空強電流電線との水平距離がその架空電線若しくは架空強電流電線の支持物のうちいずれか高いものの高さに相当する距離以下となるときは、総務省令で定めるところによらなければ、設置してはならない。

B 架空電線の支持物には、取扱者が昇降に使用する足場金具等を地表上2.5メートル未満の高さに取り付けてはならない。ただし、総務省令で定める場合は、この限りでない。

[① Aのみ正しい　② Bのみ正しい　③ AもBも正しい　④ AもBも正しくない]

(3) 有線電気通信設備令施行規則の「架空電線の高さ」において、架空電線が鉄道又は軌道を横断するときは、軌条面から (ウ) メートル（車両の運行に支障を及ぼすおそれがない高さが (ウ) メートルより低い場合は、その高さ）以上でなければならないと規定されている。　　　　　　　　　（4点）

[① 3　② 3.8　③ 4.5　④ 5　⑤ 6]

(4) 不正アクセス行為の禁止等に関する法律において、 (エ) とは、電気通信回線に接続している電子計算機（以下「特定電子計算機」という。）の利用（当該電気通信回線を通じて行うものに限る。）につき当該特定電子計算機の動作を管理する者をいう。　　　　　　　　　　　　　　　　　　　　（4点）

[① ネットワーク管理責任者　② アクセス管理者　③ 電気通信設備統括管理者
④ 情報システム管理責任者　⑤ セキュリティ管理者]

(5) 電子署名及び認証業務に関する法律において、認証業務とは、 (オ) 電子署名についてその業務を利用する者（以下「利用者」という。）その他の者の求めに応じ、当該利用者が電子署名を行ったものであることを確認するために用いられる事項が当該利用者に係るものであることを証明する業務をいう。（4点）

[① 特定の者に係る　② 不特定多数の者が行う　③ 自らが行う
④ 公的文書に係る　⑤ 公務員が職務上作成した]

解説

(1) 有線電気通信設備令第1条〔定義〕に関する問題である。

①：同条第五号に規定する内容と一致しているので、文章は正しい。線路は、送信の場所と受信の場所との間に設置されている電線の他、電柱、支線等の支持物や、中継器、保安器も含む。ただし、強電流電線は線路には含まれない。

②：同条第六号に規定する内容と一致しているので、文章は正しい。

③：同条第八号に規定する内容と一致しているので、文章は正しい。周波数が200Hz以下の電磁波は「低周波」、200Hzを超え、3,500Hz以下の電磁波は「音声周波」、3,500Hzを超える電磁波は「高周波」と規定されている。

④：同条第二号に規定する内容と一致しているので、文章は正しい。絶縁電線は、銅線の周囲をポリエチレンやポリ塩化ビニルなどの絶縁物で覆った電線である。

⑤：同条第十号の規定により、絶対レベルとは、一の<u>皮相電力</u>の1mWに対する比をデシベルで表わしたものをいうとされているので、文章は誤り。

よって、解答群の文章のうち、<u>誤っているもの</u>は、「絶対レベルとは、一の有効電力の1ミリワットに対する比をデシベルで表わしたものをいう。」である。

(2) 有線電気通信設備令第7条の2〔架空電線の支持物〕及び第11条〔架空電線と他人の設置した架空電線等との関係〕に関する問題である。

A　第11条に規定する内容と一致しているので、文章は正しい。

B　第7条の2の規定により、架空電線の支持物には、取扱者が昇降に使用する足場金具等を地表上<u>1.8m未満</u>の高さに取り付けてはならない。ただし、総務省令で定める場合は、この限りでないとされている。したがって、文章は誤り。墜落事故や施設の損傷事故を未然に防ぐために、足場金具等を取り付ける高さが規定されている。なお、足場金具等が支持物の内部に格納できる構造になっている場合や、人が容易に立ち入るおそれがない場所に支持物を設置する場合などは、この規定は適用されない。

よって、設問の文章は、**Aのみ正しい**。

(3) 有線電気通信設備令第8条〔架空電線の高さ〕の規定に基づく有線電気通信設備令施行規則第7条〔架空電線の高さ〕の規定により、架空電線の高さは、次の各号によらなければならないとされている。

一　架空電線が道路上にあるときは、横断歩道橋の上にあるときを除き、路面から5m（交通に支障を及ぼすおそれが少ない場合で工事上やむを得ないときは、歩道と車道との区別がある道路の歩道上においては、2.5m、その他の道路上においては、4.5m）以上であること。

二　架空電線が横断歩道橋の上にあるときは、その路面から3m以上であること。

三　架空電線が鉄道又は軌道を横断するときは、軌条面から**6m**（車両の運行に支障を及ぼすおそれがない高さが**6m**より低い場合は、その高さ）以上であること。

四　架空電線が河川を横断するときは、舟行に支障を及ぼすおそれがない高さであること。

(4) 不正アクセス行為の禁止等に関する法律第2条〔定義〕第1項の規定により、**アクセス管理者**とは、電気通信回線に接続している電子計算機（以下「特定電子計算機」という。）の利用（当該電気通信回線を通じて行うものに限る。）につき当該特定電子計算機の動作を管理する者をいうとされている。アクセス管理者は、ネットワークに接続されたコンピュータを不正アクセスから防御するための措置を講じるよう努力義務が課されている。

(5) 電子署名及び認証業務に関する法律第2条〔定義〕第2項の規定により、この法律において「認証業務」とは、**自らが行う**電子署名についてその業務を利用する者（以下「利用者」という。）その他の者の求めに応じ、当該利用者が電子署名を行ったものであることを確認するために用いられる事項が当該利用者に係るものであることを証明する業務をいうとされている。

電子商取引を普及・発展させるためには、消費者が安心して取引を行えるような制度や技術を確立することが不可欠であり、電子商取引上のトラブルを防止したり、トラブルが発生したとしても適切な救済措置がとられることが重要である。電子署名及び認証業務に関する法律は、このような認識のもとに制定された。

法規

5

有線電気通信設備令、不正アクセス禁止法、電子署名法

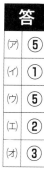

答	
㋐	⑤
㋑	①
㋒	⑤
㋓	②
㋔	③

[監修者紹介]

電気通信工事担任者の会

　工事担任者をはじめとする情報通信技術者の資質の向上を図るとともに、今後の情報通信の発展に寄与することを目的に、1995年に設立された「任意団体」です。現在は、事業目的にご賛同を頂いた国内の電気通信事業者、電気通信建設事業者及び団体、並びに電気通信関連出版事業者からのご支援を受け、運営しています。

　電気通信工事担任者の会では、前述の目的を掲げ、主に次の事業を中心に活動を行なっています。

・工事担任者、電気通信主任技術者、及び電気通信工事施工管理技士、並びに電気通信に関わる資格取得に向けた受験対策支援セミナーの実施、及び受験勉強用教材の作成・出版など、前記の国家試験受験者の学習を支援する事業を中心に、情報通信分野における人材の育成、電気通信技術知識の向上に寄与する事業を行なっています。
・受験対策支援セミナーの種類としては、個人の受験者向けの「公開セミナー」並びに、電気通信事業者、通信建設業界、及び大学等からの依頼に基づく「企業セミナー」があります。

URL：http://www.koutankai.gr.jp/

工事担任者
2024年版
第1級デジタル通信実戦問題

2024年2月28日　　第1版第1刷発行	

監 修 者　電気通信工事担任者の会
編 　 者　株式会社リックテレコム

発 行 人　新関 卓哉
編集担当　塩澤　明・古川美知子
発 行 所　株式会社リックテレコム
〒113-0034　東京都文京区湯島3－7－7
電話　03（3834）8380（代表）
振替　00160－0－133646
URL　https://www.ric.co.jp

装丁　長久 雅行
組版　㈱リッククリエイト
印刷・製本　三美印刷㈱

本書の無断複写、複製、転載、ファイル化等は、著作権法で定める例外を除き禁じられています。

●訂正等
本書の記載内容には万全を期しておりますが、万一誤りや情報内容の変更が生じた場合には、当社ホームページの正誤表サイトに掲載しますので、下記よりご確認ください。
＊正誤表サイトURL
https://www.ric.co.jp/book/errata-list/1

●本書の内容に関するお問い合わせ
FAXまたは下記のWebサイトにて受け付けます。回答に万全を期すため、電話でのご質問にはお答えできませんのでご了承ください。
・FAX：03-3834-8043
・読者お問い合わせサイト：https://www.ric.co.jp/book/のページから「書籍内容についてのお問い合わせ」をクリックしてください。

製本には細心の注意を払っておりますが、万一、乱丁・落丁（ページの乱れや抜け）がございましたら、当該書籍をお送りください。送料当社負担にてお取り替え致します。

ISBN978－4－86594－391－7